基 因 工 程

（第二版）

主　审：洪华珠
主　编：董妍玲　方中明
副主编：葛晓霞　阮景军　刘　航　赵慧君　唐跃辉
参　编：胡祖权　吕　凯　李　岩　王友如　张　婷

华中师范大学出版社

内 容 简 介

本书紧扣现代生物技术最新进展,以当今基因工程应用热门领域为切入点,重点介绍了基因工程在农业、畜牧业和养殖业、工业、医药以及环境保护等领域的应用进展、应用技术和方法。同时,作为一部本科教材,也系统介绍了基因工程操作的常规技术、基因工程的设计策略及操作流程等。本书在第二版编写中更加注重挖掘教学内容的育人元素、创新创业元素等,增加了基因工程技术在企业生产中的实际应用,能有效满足生物类高素质应用型人才培养的需求。

本书可作为普通高等院校尤其是应用型本科院校生物工程、生物技术、生物科学、生物医药、农学等专业的教材,同时也可作为从事生物学领域研究或相关工作人员的参考书。

新出图证(鄂)字 10 号

图书在版编目(CIP)数据

基因工程/董妍玲,方中明主编. —2 版. —武汉:华中师范大学出版社,2022.6
ISBN 978-7-5622-9796-3

Ⅰ.①基… Ⅱ.①董… ②方… Ⅲ.①基因工程 Ⅳ.①Q78

中国版本图书馆 CIP 数据核字(2022)第 100973 号

基 因 工 程
JIYIN GONGCHENG
ⓒ董妍玲 方中明 主编

责任编辑:鲁 丽	责任校对:王 胜	封面设计:胡 灿
编 辑 室:高等教育分社	电话:027-67867364	
出版发行:华中师范大学出版社		
社址:湖北省武汉市洪山区珞喻路 152 号	邮编:430079	
销售电话:027-67861549(发行部)	传真:027-67863291	
网址:http://press.ccnu.edu.cn	电子信箱:press@mail.ccnu.edu.cn	
印刷:湖北新华印务有限公司	督印:刘 敏	
字数:385 千字		
开本:787mm×1092mm 1/16	印张:16.25	
版次:2022 年 6 月第 2 版	印次:2022 年 6 月第 1 次印刷	
印数:1-3000	定价:42.00 元	

欢迎上网查询、购书

前　　言

　　作为现代生物产业的核心技术，基因工程技术的发展对促进国民经济发展发挥了重要作用。鉴于基因工程技术迅猛发展的态势，很多院校的生物类专业开设了"基因工程"课程，并进行重点建设。编者所在的以生物类专业为特色的高校武汉生物工程学院及国家"双一流"高校贵州大学一直以来都非常重视"基因工程"课程的教学及教学研究，编者所负责的"基因工程"课程曾入选湖北省省级精品课程并进行重点建设，还获得了湖北省、贵州省和武汉市等多项教学成果奖。

　　转眼之间，《基因工程》第一版教材编写和出版至今已近十年了，这十年来基因工程发展日新月异，特别是基因编辑技术的诞生，使得其在农业、工业、医药、能源、环境等诸多领域的应用越加广泛。因此，《基因工程》教材在教学过程中需要不断地进行完善，加上众多兄弟院校的支持和关心，因此有必要进行《基因工程》教材第二版的全面修订和编写。本次修订和编写是在华中师范大学教授洪华珠担任主审并全程指导下，在湖北省优秀教师、武汉生物工程学院董妍玲教授和贵州省"千人创新创业人才"及省青年科技奖获得者、贵州大学方中明教授的精心组织下，联合贵州医科大学、湖北师范大学和荆楚理工学院等高校一线教师共同合作完成。

　　第二版中仍然采用突出基因工程应用特色的编写体系，以基因工程的主要应用领域为主线分章节编写，教材首先介绍了基因工程操作常规技术、基因工程设计策略及操作流程，使学生掌握基本的核酸和蛋白质操作技术，在此基础之上，重点介绍了基因工程在农业、畜牧业和养殖业、工业、医药卫生及环境保护等领域的最新应用进展和实用技术。第二版继续保留"拓展阅读"栏目，便于增加学生学习兴趣、开阔学生视野；每章后附有思考题，便于学生更好地思考和掌握相关的知识。同时，为了落实"立德树人""课程思政"等要求，第二版在教学内容上充分挖掘了教学内容的育人元素、创新创业元素等，加大了基因工程技术在企业生产中的实际应用。

　　参与本书编写的有武汉生物工程学院董妍玲教授（第1章、第7章），贵州大学方中明教授（第3章、第6章），武汉生物工程学院葛晓霞教授（第2章、第4章），武汉生物工程学院吕凯副教授（第2章），贵州大学阮景军教授（第5章、第8章），贵州医科大学胡祖权教授（第7章），湖北师范大学王友如教授（第2章），荆楚理工学院刘航博士（第2章）。此外，湖北文理学院赵慧君、周口师范学院唐跃辉、贵州大学李岩、荆楚理工学院张婷等老师为本次修订提供了资料或建议。

　　本教材的编写和出版是在华中师范大学出版社的大力支持下完成的，在此表示衷心感谢！本教材的出版也得到了湖北省一流本科专业建设项目、湖北省教育科学规划2019 年度重点课题、湖北省教育厅 2021 年度教育改革发展专项课题、贵州省研究生教育教学改革重点课题等项目的资助和支持，在此表示衷心感谢！书中引用了很多专家、学者的著作或论文，由于篇幅所限未能全部列出，在此一并表示感谢！书中部分图片及表格资料引自或转引自相关书籍或文献，少数因无法核准而未一一标明出处，在此我们对作者表示诚挚的谢意！由于基因工程发展迅速，日新月异，此书难以囊括所有相关的知识，另外由于编者水平有限，书中难免有不足之处，敬请广大读者批评指正！

编　者

2022 年 2 月

目　　录

1 绪 论

我国高度重视生物产业的发展，2016 年，国务院印发了《"十三五"国家科技创新规划》，提出发展先进高效生物技术，重点部署前沿共性生物技术的创新突破和应用发展。2016 年底，国家发展和改革委员会印发了《"十三五"生物产业发展规划》，进一步提出了生物产业发展的具体规划。2020 年，《中共中央关于制定国民经济和社会发展第十四个五年规划和二〇三五年远景目标的建议》提出要加快壮大包括生物技术产业在内的系列战略性新兴产业。而生物产业不论从理论分析来看还是从实际情况来看，其核心要素之一都是基因工程。近 50 年发展兴起的基因工程技术不仅为基因的结构和功能研究提供了有力的手段，而且在农业、工业、医药、能源、环保等许多领域得到广泛应用。科学界预言，生物经济时代必将来临，基因工程也将成为下一轮国际竞争的核心，基因工程及相关领域的产业将成为 21 世纪的主导产业之一。当前，基因工程正以新的势头迅猛发展，成为当今生命科学领域中最具生命力、最引人注目的前沿学科之一。

1.1 基因工程的基本概念

1.1.1 基因工程的定义

基因工程（genetic engineering）是在分子生物学和分子遗传学综合发展基础上，通过在分子水平上对基因或基因组进行改造，使物种获得新的生物性状的一种崭新技术。

基因工程主要利用重组 DNA 技术获得新的重组基因，继而使之掺入原先没有这类基因的寄主细胞内持续稳定地繁殖，从而改变生物的遗传特性。比如在体外将目的核酸分子与质粒载体分子连接构建重组 DNA 分子，将重组 DNA 分子转入大肠杆菌中表达，使大肠杆菌能够生产我们所需要的产品。除此之外也可以选择病毒等其他载体，使外源基因利于转入相应的动物、植物受体中进行表达，构建具有新遗传特性的转基因动物、植物。基因工程不但可以用来导入外源基因从而使受体增加新的遗传性状，也可以通过基因敲除或者基因缺失等操作，关闭受体某个基因的表达，从而获得有遗传缺陷的动物、植物，通过对其进行遗传性状的分析来研究相应基因的功能。

从实质上讲，基因工程的定义强调了外源 DNA 分子的新组合被引入一种受体细胞中进行复制和表达。这种 DNA 分子的新组合是按工程学的方法进行设计和操作的，这就赋予基因工程以跨越天然物种屏障的能力，以及把来自任何一种生物的基因放置在与其毫无关系的新的生物细胞中的能力，克服了固有的生物种间杂交的限制，扩大和带来了定向创造生物的可能性，这是基因工程的最大特点。

基因工程技术的诞生使人们能够在试管里进行分子水平上的操作，像一项工程那样，按图进行施工操作，构建在生物体内难以自发形成的重组体，然后将重组的遗传物质引入相应的宿主细胞，让其在宿主细胞中进行表达。所以说基因工程实际上是一种在分子水平上操作和在细胞水平上表达的工程。

1.1.2　基因工程的基本原理

基因工程是以分子遗传学为理论基础，以分子生物学的现代方法为手段，根据生物细胞质系统遗传密码的通用性、简并性和碱基配对的一致性理论，将不同来源的基因按预先设计的蓝图，构建重组 DNA 分子，然后转入受体细胞，以改变生物原有的遗传特性，使外源基因在受体细胞中表达，从而获得新品种、生产新产品。

基因工程的第一步是获取目的基因，即用人为的方法将所需要的遗传物质——DNA 分子提取出来。科学家们经过不懈的探索，创造出许多办法来获得特定的目的基因，其中主要有三条途径：一是从供体细胞的 DNA 中直接分离基因；二是人工合成基因；三是通过基因组 DNA 直接 PCR 或者 RT-PCR 并结合普通 PCR 制备目的基因。实施基因工程的第二步是基因表达载体的构建（目的基因与载体结合），也是基因工程的核心。将目的基因与载体结合的过程，实际上是不同来源的 DNA 重新组合的过程，即在离体条件下人们按预先设计的蓝图用适当的工具酶进行"剪切""拼接"，把它与作为载体的 DNA 分子连接起来，在体外构建重组 DNA 分子。实施基因工程的第三步是将重新组合的 DNA 引入受体细胞中，并随着受体细胞的繁殖而复制，实现目的基因的表达，从而达到物种之间的基因交流，打破常规育种难以逾越的物种之间的界限，实现不同物种之间遗传信息的重组和转移，所以基因工程能在较短的时间内创造出传统的有性杂交无法得到的生物品种。在上述三步完成之后，还需要检测外源基因表达产物的生理功能以及目的基因导入受体细胞后是否可以稳定维持和表达其遗传特性等。此外，基因工程生态与进化安全保障机制的建立和安全性评价也是基因工程后期的重要工作。

1.2　基因工程的发展

于 20 世纪 70 年代诞生的基因工程开创了人类按照自己的意愿在体外操纵生命过程的新纪元，后经历 50 余年的发展，基因工程的基本理论和操作已经日趋完善，基因工程已成为现代生物学研究的核心技术之一。

1.2.1　基因工程的诞生和发展

基因工程经历了长期的发展和积累过程：

首先是基因学说的创立、DNA 分子的阐明、基因结构以及遗传信息的中心法则的确立，为基因工程的发展奠定了坚实的理论基础。概括起来，这个阶段的主要成就有：第一，在发现了 DNA 之后，人们经过反复试验，证实了 DNA 才是遗传信息的携带者，而且还证明了 DNA 可以转移，从而明确了遗传的物质基础问题；第二，20 世纪 50 年代揭示了 DNA 分子的互补双螺旋结构模型，随后阐明了 DNA 分子在活体内的半保留复制机理，解决了基因的自我复制和传递问题；第三，在 20 世纪 50 年代末期和 60 年代，提出了遗传信息传递的中心法则和操纵子学说，并成功破译了遗传密码，从而解决了遗传信息的流向和表达问题。这三大问题的解决，已经使人们从理论上看到了基因工程的曙光，激发了人们应用类似于工程技术的程序去主动改造生物遗传特性的愿望。

其次是实施基因工程的技术问题的相继解决，使人们利用基因工程技术创造具有优良性状的新型生物的美好愿望从理论变为现实。这些主要技术中，首要的是发现了能够有效切割和连接 DNA 的系列工具酶，解决了基因工程的"手术刀"和"缝线针"问题。还有质粒、病毒及其他载体的发现和应用，使人们能够把体外切割和重组的 DNA 片段与具备自我复制能力的 DNA 分子连接起来，解决了基因工程的运载工具问题。有趣的是，还有更多的技术，差不多都是在同一时间段得到发展，并很快用于基因工程的研究，于是 70 年代初开展 DNA 重组工作无论在理论上还是技术上都已经成熟。在此基础上，以 H. Boyer 等人为代表的一些科学家发展了重组 DNA 技术，并于 1972 年得到了第一个重组的 DNA 分子。1973 年 Jackson 等人在一次分子生物学学会上首次提出基因可以人工重组，并能在细菌中复制。从此，基因工程应运而生，并有了飞速的发展和广泛的应用(见表 1-1)。

表 1-1 基因工程发展中的某些重要事件

年份	事件
1860 年至 1870 年	奥地利学者孟德尔根据豌豆杂交实验提出遗传因子概念，并总结出孟德尔遗传定律。
1869 年	瑞士生物学家米歇尔(F. Miescher)首次从莱茵河鲑鱼精子中分离到 DNA。
1909 年	丹麦植物学家和遗传学家约翰逊(W. Johanson)首次提出"基因"这一名词，用以表达孟德尔的遗传因子概念。
1944 年	3 位美国科学家分离出细菌的 DNA(脱氧核糖核酸)，并发现 DNA 是携带生命遗传物质的分子。
1953 年	美国科学家沃森(J. D. Watson)和英国科学家克里克(F. H. C. Crick)通过实验提出了 DNA 分子的双螺旋模型。
1957 年	美国科学家阿瑟·科恩伯格(A. Kornberg)在大肠杆菌中发现 DNA 聚合酶 I。
1958 年	M. Meselson 和 F. W. Stahl 证实了 DNA 的复制涉及双螺旋分子两条互补链的分离过程，提出了 DNA 复制的半保留复制模型。克里克提出了中心法则。
1969 年	科学家成功分离出第一个基因。
1970 年	O. H. Smith 等人分离到一种核酸内切限制酶，H. M. Temin 和 D. Baltimore 在 RNA 肿瘤病毒中发现反转录酶。
1971 年	吴瑞博士根据他发明的引物—延伸策略，首次测定了噬菌体两个黏性末端的完整序列。

基因工程

年份	事件
1972 年	以 H. Boyer 和 P. Berg 等人为代表的一批美国科学家发展了关于重组 DNA 的技术，得到了第一个重组 DNA 分子。
1974 年	首次实现了异源真核生物的基因在大肠杆菌中的表达。
1978 年	首次实现了通过大肠杆菌生产由人工合成基因表达的人脑激素和人胰岛素。
1980 年	科学家首次培育出世界上第一个转基因动物——转基因小鼠。
1983 年	科学家首次培育出世界上第一个转基因植物——转基因烟草。
1988 年	美国化学家穆利斯(K. Mullis)发明了 PCR 技术。
1990 年 10 月	被誉为生命科学"阿波罗登月计划"的国际人类基因组计划启动。
1994 年	基因工程番茄获批在美国上市。
1996 年	英国爱丁堡罗斯林研究所宣布第一只克隆羊诞生。
1998 年	一批科学家在美国罗克威尔组建塞莱拉遗传公司，与国际人类基因组计划展开竞争。
1998 年 12 月	一种小线虫完整基因组序列的测定工作宣告完成，这是科学家第一次绘出多细胞动物的基因组图谱。
1999 年 9 月	中国获准加入人类基因组计划，负责测定人类基因组全部序列的 1%。中国是继美、英、日、德、法之后第 6 个国际人类基因组计划参与国，也是参与这一计划的唯一一个发展中国家。
1999 年 12 月	国际人类基因组计划联合研究小组宣布完整破译出人体第 22 对染色体的遗传密码，这是人类首次成功地完成人体染色体完整基因序列的测定。
2000 年 4 月	美国塞莱拉公司宣布破译出一名实验者的完整遗传密码，但遭到不少科学家的质疑。
2000 年 4 月	中国科学家按照国际人类基因组计划的部署，完成了 1% 人类基因组的工作框架图。
2000 年 5 月	德、日等国科学家宣布，已基本完成了人体第 21 对染色体的测序工作。
2000 年 6 月	科学家公布人类基因组工作草图，标志着人类在解读自身"生命之书"的路上迈出了重要一步。
2000 年 12 月	美、英等国科学家宣布绘出拟南芥基因组的完整图谱，这是人类首次破译出一种植物的全部基因序列。
2009 年 3 月	美国政府签署政令，放宽联邦政府资助胚胎干细胞研究的条件。
2011 年 7 月	科学家们利用锌指核酸酶(zinc finger nucleases, ZFNs)第一次在人类干细胞中修饰了单个引起疾病的突变，同时也不用改变干细胞基因组的任何其他部分。同年，科学家利用转录激活因子效应物核酸酶(transcription activator like effector nucleases, TALENs)在人类胚胎干细胞和诱导性多功能干细胞中准确而又高效地编辑基因。在人类多功能细胞中，TALENs 调控位点特异性基因组修饰具有与 ZFNs 相似的效率和精确性。

年份	事件
2012 年 9 月	DNA 元件百科全书项目(encyclopedia of DNA elements project，ENCODE)是继人类基因组计划后又一重要的突破性工程。该项目对大部分非编码序列(约占全基因组的 98%)的功能进行了注释。随着全世界数百万甚至上千万个体完成了个人基因组数据的解读和分析，目前已经出现了一些基于 DNA 信息更加引人注目的新兴技术，比如 DNA 刑侦、新药预测，并在这些领域取得了革命性的进展。我们也已经迎来一个由 DNA 数据带来的革命性时代。
2013 年 1 月	CRISPR-Cas 技术是继锌指核酸酶(ZFNs)和类转录激活因子效应物核酸酶(TALEN)等技术之后的第三代基因组定点编辑技术，具有效率高、速度快、生殖系转移能力强及简单经济的特点。两名科学家因为共同发现 CRISPR-Cas9 基因编辑技术而获得了 2020 年诺贝尔化学奖。
2017 年 7 月	Nature 在同一期杂志上报道了两项基于肿瘤突变的个性化治疗疫苗，在黑色素瘤患者治疗中取得成功。2018 年癌症免疫疗法的两位先驱詹姆斯·艾利森教授与本庶佑教授获 2018 年诺贝尔生理学或医学奖，这说明继手术、放疗、化疗之后，第四大肿瘤治疗技术——免疫治疗逐渐兴起并成为肿瘤治疗的未来趋势。
2018 年 8 月	美国食品药品监督管理局(FDA)批准了首个基于 RNA 干扰(RNAi)机制的药物，用于治疗遗传性转甲状腺素蛋白淀粉样变性(hereditary transthyretin amyloidosis, hATTR)引起的神经损伤，这是在 RNAi 机制被发现 20 年后首次面世的创新类药物。核酸及其降解物、衍生物具有良好的治疗作用，我们也正迎来 mRNA 药物、RNAi 药物等的全新时代。核酸药物理论上可以达到传统药物无法替代的效果，对于一些单基因疾病核酸药物非常有优势。
2020 年 7 月	三位科学家合作开发了新的无 CRISPR 的 DNA 编辑器，无须引导 RNA，可用于线粒体 DNA 编辑，线粒体(细胞产生能量的细胞器)中的基因组参与疾病和关键的生物学功能，精确地改变这种 DNA 的能力将使科学家更多地了解这些基因和突变的影响，也将彻底突破细胞核中 DNA 编辑的技术无法到达线粒体基因组的困境。

自从基因工程技术诞生以来，建立了多种分别适用于微生物、动物及植物转基因的载体受体系统，克隆出了一批有用的目的基因，研制出了数十种自然界难以提取到的基因工程药物，培育出了一大批具有特殊性状的转基因动植物和微生物。从此，基因工程的发展日新月异。

1.2.2 我国基因工程的发展

在基因工程诞生和发展的关键时期，我国基因工程的研究相对落后，但随着全国科学大会的召开，我国迎来了科学研究的春天，中国科学家有机会充分发挥自己的智慧和创造力，迎头赶上并超过发达国家的水平。正如美国一家基因工程公司总裁 R. A. Swanson 所说："中国首先成功地合成了胰岛素，蛋白质研究上的实力将有助于加速重组 DNA 工作的进展，中国科学家有能力很快在生物学领域领先。"

正如外国友人所料，20 世纪 80 年代中期以来，我国基因工程蓬勃发展、成绩喜人，进入了快速发展时期。我国科技人员紧跟世界新技术的发展步伐，在基因工程研究的关键技术和成果产业化方面均有突破性的进展。我国某些基因工程药物和转基因作物开始进入应用阶段，并已走在世界先进行列，取得了举世瞩目的成就。例如：

1985年，我国科学家朱作言院士在国际上首先研制成功了转基因鱼。

1991年，我国首例B型血友病的基因治疗临床试验获得了成功。

1994年，中国科学院曾邦哲提出转基因禽类金蛋计划和"输卵管生物反应器"（oviduct bioreactor）以及"系统遗传学"（system genetics）等名词概念、方法和原理。

1997年，中国科学院国家基因研究中心采用独立制定的高效"指纹—锚标"战略，在世界上首次成功构建了高分辨率的水稻基因组物理图谱。

1997年，农业部首次批准了转基因抗虫棉商业化种植，此后国产转基因抗虫棉已有多个品种通过审定。迄今为止，转基因抗虫棉仍是我国商业化种植面积最大的转基因农作物。

1999年9月，中国获准加入人类基因组计划，负责测定人类基因组全部序列的1%。正是这个"1%项目"使中国走进生物产业的国际先进行列，也使中国得以分享人类基因组计划的全部成果、资源与技术。2000年4月底，中国科学家按照国际人类基因组计划的部署，完成了1%人类基因组的工作框架图。

2012年3月18日，转基因生物新品种培育重大专项棉花项目在北京召开新闻发布会，宣布我国第二代转基因棉花即优质纤维棉花转基因研究取得重大进展。

2012年11月，北京生命科学研究所资深研究员、清华大学生物医学交叉研究院教授李文辉博士团队找到了乙肝和丁肝病毒入侵人体细胞的共同受体——钠离子-牛磺胆酸共转运蛋白（sodium taurocholate cotransporting polypeptide，NTCP）。2020年11月，李文辉获全球乙肝研究和治疗领域最高奖——巴鲁克·布隆伯格奖，这是迄今为止我国科学家首次获此殊荣。

2020年4月，上海科技大学等单位组成抗新冠联合攻关团队，在国际上率先解析了新冠病毒关键药靶主蛋白酶与抑制剂复合物的高分辨率三维结构（这也是世界上首个被解析的新冠病毒蛋白质的三维空间结构），并发现了依布硒和双硫仑等老药或临床药物是靶向主蛋白酶的抗病毒小分子，且二者已被美国食品药品监督管理局批准进入临床Ⅱ期试验，用于新冠肺炎的治疗。

2020年6月，中科院微生物研究所研究开发了具有自主知识产权，并获得临床批件的新型冠状病毒肺炎（COVID-19）重组蛋白疫苗。

2020年9月，中国科学院高福院士团队在国际权威学术期刊 *The EMBO Journal* 上在线发表了题为"Structures of the SARS-CoV-2 nucleocapsid and their perspectives for drug design"（《新冠病毒N蛋白结构及药物设计展望》）的文章，揭示了新冠病毒N蛋白这一重要检测靶点和药物靶点的结构特征，为特异性靶向N蛋白的免疫快速诊断方法及抑制剂的开发提供了理论依据。

目前，《中共中央关于制定国民经济和社会发展第十四个五年规划和二〇三五年远景目标的建议》提出：加快壮大新一代信息技术、生物技术、新能源、新材料、高端装备、新能源汽车、绿色环保以及航空航天、海洋装备等产业。继《国家中长期科学和技术发展规划纲要（2006—2020年）》之后，生物技术再次被国家确定为重大工程项目，而基因工程是生物技术的核心技术，随着我国科学技术的不断发展，基因工程在农业、畜牧业、养殖业、工业、医药卫生和环境保护等领域内的应用越来越广泛，为不断提高人类生活质量和水平做出了重要贡献。

拓展阅读

部分与基因研究相关的诺贝尔奖获奖信息

姓名	国籍	获奖原因	获奖年份
F. Jacob	法国	发现酶和病毒合成的遗传控制机制	1965
A. M. Lwoff	法国		
J. Monod	法国		
H. M. Temin	美国	发现肿瘤病毒与细胞遗传物质之间的相互作用	1975
R. Dulbecco	美国		
D. Baltimore	美国		
P. Berg	美国	核酸生化的基础研究，特别是重组DNA技术	1980
F. Sanger	英国	核酸的序列测定技术（酶法）	1980
W. Gilbert	美国	核酸的序列测定技术（化学降解法）	1980
M. Bishop	美国	发现逆转录病毒癌基因的细胞起源	1989
H. Varmus	美国		
K. B. Mullis	美国	发明PCR技术	1993
M. Smith	加拿大	发明定点突变技术及其在蛋白质工程中的应用	1993
S. Brenner	英国	发现器官发育和程序性细胞死亡的基因调控	2002
H. R. Horvitz	美国		
J. E. Sulston	英国		
A. Fire	美国	发现RNA干扰——双链RNA诱发的沉默现象	2006
C. Mello	美国		
R. D. Kornberg	美国	在真核转录的分子基础研究领域做出贡献	2006
M. Capecchi	美国	在利用胚胎干细胞引入特异性基因修饰的原理上的发现	2007
M. J. Evans	英国		
O. Smithies	美国		
O. Shimomura	美国	发现和开发绿色荧光蛋白质（GFP）	2008
M. Chalfie	美国		
R. Y. Tsien	美国		
T. Lindalhl	瑞典	在DNA修复的机制研究领域做出贡献	2015
P. Modrich	美国		
A. Sancar	美国		
E. Charpentier	法国	开发了一种基因组的编辑方法，即CRISPR-Cas9	2020
J. A. Doudna	美国		

1.3 基因工程应用概况

基因工程是在分子水平上对生物遗传物质进行人为干预，让我们能够利用DNA分子重组技术，按预先设计的蓝图创造出许多新的遗传结合体，创造出具有新奇遗传性状的新型生物，增强了人们改造动物、植物和微生物的主观能动性及预见性。因此，基因工程异军突起，在许多行业产生了巨大的冲击波，在农业生产、畜牧业与养殖业、工业、医药卫生和环境保护等领域中都得到了广泛的应用。

1.3.1 农业生产中的基因工程

1.3.1.1 基因工程在大田作物中的应用

由于全球人口压力不断增加，专家们估计，今后40年内，全球的人口将比目前增加50%，粮食产量需增加75%。粮食危机、资源短缺、环境恶化、效益衰退等成了全球性难题，也对传统农业提出了严峻的挑战。因而利用基因工程改良农作物已势在必行，大田作物的基因工程成为基因工程最为活跃的领域。在很短时间内，基因工程在培育农作物新品种、品质改良、作物增产、防除杂草、防治病虫害及方便农业机械收割等方面已取得重大进展，一场新的绿色革命近在眼前。大田作物的基因工程，使人们在很短时间内达到了提高作物产量，改善品质，增强作物抗逆性、抗病虫害能力的目的。目前转基因作物种植面积持续扩大，在国内外已经形成了产业化。国际农业生物技术应用服务组织(ISAAA)的数据显示，到2010年，转基因作物的商业种植已经经历了15个春秋，全球转基因作物累计种植面积超过10亿公顷。目前全球转基因作物以转基因大豆、玉米、棉花和油菜为主，我国转 Bt 基因棉花种植面积已达500万～600万公顷，不过中国从未批准转基因水稻的种植，转基因水稻还只是在研究之中。

在增加产量的同时，近几年利用基因工程改良作物品质也取得了不少进展，如美国国际植物研究所的科学家们从大豆中获取蛋白质合成基因，并成功地将其导入马铃薯中，培育出高蛋白马铃薯品种，其蛋白质含量接近大豆，营养价值大大提高，得到了农场主及消费者的普遍欢迎。在油料作物方面，人们用生物信息学和基因工程技术相结合来调控植物油脂合成途径，获得高品质的食用油和工业用油。

1.3.1.2 基因工程在园艺作物中的应用

经过育种学家们的多年努力，基因工程在园艺作物果实品质改良中的应用已取得很大进展，不但在许多栽培品种、杂种及砧木品种中成功地建立了再生体系，还将许多可改良园艺作物重要园艺性状或抗性的优良基因转入园艺作物中去，提高了水果的品质和果树的抗逆性。

保鲜问题一直是水果产业发展的瓶颈，采摘后腐烂造成的损失使种植者、经营者承担着巨大的经济风险。采用基因工程技术延长果实保鲜期是针对水果采摘前的生理变化而采取的一系列保鲜措施，如将 S-腺苷甲硫氨酸水解酶基因（S-adenosyl methionine，SAM)转入两个草莓栽培品种中并获得稳定的转基因植株，可以延长果实保鲜期；克隆香蕉果实 *ACC* 合成酶基因，并用根癌农杆菌转化白兰瓜子叶，通过培养得到转 *ACC* 脱氨酶基因的白兰瓜植株，可以延长白兰瓜的保鲜期。

1.3.2 林木花卉中的基因工程

1.3.2.1 基因工程在林木生产中的应用

林木基因工程能够提高木材质量和产量，减少对天然林木的采伐，在更大程度上保留了原始林木种类。同时，转基因林木为生物燃料生产提供了经济实惠的原材料，缓解了其对水和其他资源的需求。林木基因工程可带来的经济效益包括增加生物量产出，提高抗旱、抗盐、抗冻和抗病虫害等性状，增强受污染地域植物的修复能力和对碳的固定能力等。林木基因工程目前的研究重点在于高效引入和表达特征性状表达基因，从而达到增强林木对生物和非生物胁迫的耐受性、成根能力及植物除污等目的。全世界目前开展的转基因多年生木本植物的实地试验超过 700 个。

1.3.2.2 基因工程在花卉产业中的应用

植物基因工程的发展为改良和修饰花卉性状提供了巨大潜力，打破了物种之间交流的界限，为花卉的定向育种提供了技术保障。近年来，已在花色、花形、株型、生长发育、香味、采后保鲜等方面取得了重要进展。目前花卉基因工程已广泛应用于月季、香石竹、菊花、郁金香、百合、兰花、康乃馨、非洲菊、火鹤花、金鱼草、石斛、草原龙胆、唐菖蒲和圆锥石头花等各种重要花卉。

此外，转基因技术对特种濒危动物等的保护也具有一定的意义。

1.3.3 畜牧业、养殖业中的基因工程

1.3.3.1 家畜的基因工程

转基因动物的培育成功，对人类利用基因工程改良家畜的品种有很大鼓舞，人们想以此培育出可以加快生长速度、提高饲料的利用率、增加瘦肉量和具有抗病等特征的猪、牛、羊。早期研究就证明把人生长激素融合基因导入猪受精卵，培育的猪瘦肉量增加。另外将菠菜的一种基因植入猪受精卵，成功地培育出不饱和脂肪酸含量高的转基因猪。但由于家畜是人们的日常食品，需要更加严格的安全评估，并且外源基因在转基因动物中遗传和表达的稳定性问题还需要进一步解决，所以转基因家畜并没有像转基因农作物那样广泛应用。

牛、羊的产奶量大，通过转基因家畜来生产基因药物，最理想的表达场所是乳腺。因为乳腺是一个外泌器官，乳汁不进入体内循环，不会影响到转基因动物本身的生理代谢反应。转基因动物的乳腺可以源源不断地提供目的基因的表达（产生药物蛋白质），不但产量高、易提纯，而且表达的产物已经过充分修饰和加工，具有稳定的生物活性，因此又称为"动物乳腺生物反应器"。作为生物反应器的转基因动物又可无限繁殖，故具有成本低、周期短和效益好的优点。一些从转基因家畜乳汁中分离得到的药物蛋白正用于临床试验。

1.3.3.2 家禽的基因工程

禽类由于具有体格小、世代周期短、繁殖力强、成本低，并且目的基因可在卵中得到表达，尤其是卵中表达的重组蛋白糖基化结构更接近于人类蛋白质、易提纯等优点，近些年来转基因禽类得到了广泛发展与应用。利用转基因技术，可以将抗病或其他有利性状的基因导入优良品系家禽体内，以达到改良家禽生产性能及抗病育种的目的，或者生产药用或保健蛋白。

1.3.3.3 水产养殖的基因工程

1985 年朱作言院士等研究者将人的 *GH* 基因导入鲫鱼的受精卵，培育出世界上第一批转基因鱼。到目前为止，国内外已获得几十种转基因鱼，在促进生长，提高鱼类抗逆性、抗病性等方面取得了显著成绩。通过转基因水生生物可以生产一些生物活性物质，以满足医药方面的需要，如研制携带人胰岛素的转基因鱼以提供人类需要的胰岛素等。

在利用转基因动物的过程中，应注意以下问题：一是基因的来源是否安全可控；二是所用技术是否存在不稳定因素；三是伦理上的约束是否恰当。

1.3.4 工业领域中的基因工程

基因工程在工业领域中对食品工业的影响最为深远，基因工程技术在食品领域中的作用目前涉及对食品资源的改造、对食品品质的改造、新产品的开发、食品添加剂的生产以及食品卫生检测等方面。转基因农牧产品的发展在改善食品原料品质方面发挥了巨大作用。比如，豆类植物中蛋氨酸的含量普遍较低，但赖氨酸的含量很高；而谷类作物中两者的含量正好相反，通过基因工程技术，可将谷类植物基因导入豆类植物，开发蛋氨酸含量高的转基因大豆。

微生物基因工程技术可以用来改良食品工业用菌种，提高食品加工性能和生产工艺。例如，人们把编码麦芽糖透性酶及麦芽糖酶的基因转移至生产面包的酵母菌中，使该酵母产生麦芽糖透性酶及麦芽糖酶的量大大提高，从而在面包发酵过程中产生较多的 CO_2 气体，使面包膨发性能良好、松软可口。此外，基因工程在改进食品检测技术方面也有独到之处，如 DNA 探针杂交技术用于食品检测具有特异性强、灵敏度高及操作简便快速等特点。

酿造工业和发酵工业对微生物菌种的要求很高，利用现有的分子和遗传学技术可以从多方面对生产菌株进行修饰和改造，各种新菌种很快被开发和研制出来。这些基因工程菌的应用大大提高了发酵产品的产量和质量，同时还能压缩生产周期，降低生产成本，降低生产能耗，简化生产工艺，提高产品的生产效率。基因工程成为解决酿造业和发酵业各种问题的最有效、最快捷的途径，如酶制剂的快速发展和产量的大幅提高也对其他化工、轻工等行业影响巨大。

在石油开采的后期，加入能加速原油中蜡质分解的基因工程菌，可以降低原油的黏度，提高油层的内部压力，从而使储存在深处的石油得到充分的开采。近年来，基因工程在生物能源领域的应用也相当多，在乙醇发酵开发和生物柴油开发中都广泛应用了基因工程菌。

此外，基因工程也让肥料、农药和饲料等农资企业的生产发生巨大变化，相继出现了重组根瘤菌、重组联合固氮菌、基因工程 Bt 杀虫剂、重组病毒杀虫剂以及饲料用抗菌肽和酶制剂等新产品，极大提高了这些农资产品的功能并节省了成本。

总之，基因工程问世几十年来，无论是在基础理论研究领域，还是在工业生产实际应用方面，都取得了惊人的成绩，给国民经济发展和人类社会进步带来了深刻而广泛的影响，同时为食品工业、生物能源、酿造和发酵工业以及农业生产开拓了广阔的发展空间。

1.3.5　医药卫生领域中的基因工程

20 世纪 80 年代至 90 年代，基因工程技术掀起了一场新的医药革命，基因治疗、转基因动物、动物体细胞克隆的成功使这场生命科学领域的新观念、新思维不断更新。在新世纪，这场革命将会越来越频繁地对传统的观念发起挑战。

1.3.5.1　基因工程药物

目前，以基因工程药物为主导的基因工程应用产业已成为全球发展最快的产业之一，发展前景非常广阔。基因工程药物主要包括细胞因子、抗体、疫苗、激素、溶血栓药物和寡核苷酸药物等。它们对预防人类的肿瘤、心血管疾病、遗传病、糖尿病、包括艾滋病在内的各种传染病、类风湿疾病等有重要作用。在很多领域，特别是疑难病症上，基因工程药物起到了传统化学药物难以达到的防治效果，现已通过生物工程技术成功开发了人血球蛋白、干扰素、乙肝疫苗等令人鼓舞的新药。目前，随着对生物高新技术的掌握，人们已把目标集中在研究抗病毒以及抗癌特效药方面。学者们根据当代基因工程的发展速度，纷纷预测，在 21 世纪中叶，人们将有望用基因工程的方法征服癌症。

1.3.5.2　基因治疗

人类对基因的研究不断深入，逐渐发现许多疾病是由于基因结构与功能发生改变而引起的。所谓基因治疗是指用基因工程的技术方法，将正常的基因转入病患者的细胞中，以取代病变基因，从而表达所缺乏的产物，或者通过关闭或降低异常表达的基因等途径，达到治疗某些遗传病的目的。目前已发现的遗传病有 6 500 多种，其中由单基因缺陷引起的就有 3 000 多种。第一例基因治疗是美国在 1990 年进行的，当时，两个分别为 4 岁和 9 岁的小女孩由于体内腺苷脱氨酶缺乏而患上了严重的联合免疫缺陷症，科学家对她们进行了基因治疗并取得了成功。这一开创性的工作标志着基因治疗已经从实验研究过渡到临床试验。科学家将不仅能发现有缺陷的基因，而且还能掌握如何对遗传病进行基因诊断、修复、治疗和预防，这是生物技术发展的前沿领域。

基因治疗的最新进展是将基因枪技术用于基因治疗。其方法是将特定的 DNA 用改进的基因枪技术导入小鼠的肌肉、肝脏、脾、肠道和皮肤，获得成功的表达。这一成功预示着人们可能利用基因枪传送药物到人体内的特定部位，以取代传统的接种疫苗，并用基因枪技术来治疗遗传病。目前，科学家们正在研究的是胎儿基因疗法。如果现在的实验疗效得到进一步确证的话，就有可能将胎儿基因疗法扩大到其他遗传病，以防止新生儿患遗传病，进而从根本上提高人类后代的健康水平。

除了基因工程药物和基因治疗之外，基因工程还能广泛用于一些肿瘤、遗传疾病和某些传染性疾病(如新冠肺炎)的诊断。如运用基因工程设计制造的 DNA 探针检测肝炎病毒等病毒感染及遗传缺陷，不但准确而且快捷。此外，基因工程还可以用于性别、亲缘关系以及法医方面的鉴定。

总之，基因工程将在疾病防治、健康保健乃至延年益寿方面给人类带来革命性变化，这勾起了人们对未来美好生活的无限憧憬。

1.3.6　环境保护领域中的基因工程

基因工程对环境保护有积极意义。对于一些破坏生态平衡的动植物(例如一直危害我国淡水区域生态平衡的水葫芦、农业卫生上的害虫)，有什么方法既能高效地杀死它们，又不会对其他生物造成影响？今天，人们可以明确回答，基因工程可以解决这一难题：既然人们可以通过转基因技术将显示优良性状的基因转入农作物和家畜家禽中，也就能将可以置某种生物于死地的基因导入有害生物中，起到控制和杀灭它们的作用。同样，基因工程在污染物处理和废弃物利用中也能发挥重要作用。

丰富多样的微生物能有效分解植物秸秆、畜禽粪便、工业废水、生活垃圾等多种污染源，但由于污染物成分和环境因素的复杂性，要求用于环境净化的微生物不仅应有很强的降解能力和对环境的耐受性，而且在降解功能方面要具有多样性。采用传统的底物选择压力筛选分离菌株的方法很难获得理想的菌株，而采用基因工程的方法可对不同菌株中的特异性降解基因进行修饰、累加、转移，提高微生物净化环境的能力，使其吞食和分解多种污染环境的物质。通常一种细菌只能分解石油中的一种烃类，用 DNA 重组技术把降解芳烃、萜烃、多环芳烃、脂肪烃的不同菌体基因连接并转移到某一菌体中，构建出可同时降解以上 4 种有机物的"超级细菌"，把它用于清除石油污染，在数小时内可将水上浮油中 2/3 的烃类降解完。基因工程菌还在吞食转化汞、镉等重金属以及分解 DDT 等毒害物质方面有广泛的应用。

除了微生物之外，近 20 年植物基因工程研究成果在污染物的净化中显示出巨大的经济效益，并展示了植物基因工程在未来环境中的广阔应用前景。用基因工程手段来改进一些生长快、生物量大的植物，使其对重金属具有高耐受性和富集能力，通过研究转基因植物的修复能力，获得可应用于重金属污染治理的超富集植物新品种。人们从能够脱汞的细菌中得到一些基因，如有机汞裂解酶($merB$)和汞还原酶($merA$)基因，把这些基因转到美国鹅掌楸、拟南芥和烟草植物中，获得了表达，并能够有效地消除汞离子造成的环境污染。

在环境监测与评价中基因工程也能显示出神奇的作用，例如，利用基因工程做成的 DNA 探针能够十分灵敏地检测环境中的病毒、细菌等污染物；利用基因工程培育的指示生物能十分灵敏地反映环境污染的情况，却不易因环境污染而大量死亡，甚至还可以吸收和转化污染物。

1.4 基因工程的安全性

基因工程是令人类充满无限遐想的一门科学，是当代最复杂、最尖端的科学技术之一。但正如核技术的发展给人类带来清洁、廉价、高效的能源，同时也给人类社会带来核辐射、核污染一样，基因工程也是一柄双刃剑，存在一些潜在的风险，也将面临一系列来自社会伦理道德方面的巨大挑战。因此，基因工程的安全性是一个受到广泛关注的问题，同时也存在着不同的意见。对于这些争议，作为科技界的一员，我们应该在保持清醒头脑和良知的同时，做出认真、深入、细致并令人信服的研究，让基因工程真正为社会和人类服务。

1.4.1 基因工程安全性评价

转基因生物毕竟不是自然进化而来，公众对转基因生物安全问题的关注和担忧是很自然的，但随着科学研究的不断深入，这种关注和担忧会更趋于理性和科学，所以转基因生物的安全性评价是任重而道远的课题。基因技术本身是能够进行精确的分析和评估的，科学的评估方法能够有效地规避风险。目前基因工程安全性评估主要集中在环境安全性评价和食品、药物的安全性评价两方面。

环境安全性评价的核心问题是转基因植物释放到田间后，会不会将所转基因移到野生植物中，会不会破坏自然生态环境、打破原有生物种群的动态平衡。主要存在三方面影响：转基因植物演变成农田杂草的可能性，基因漂流到近缘野生种的可能性，对生物类群的影响。

基因工程环境安全性评价最不容忽视的是基因污染(gene pollution)。所谓基因污染，是指转基因生物的外源基因通过花粉传授等途径扩散到其他物种并转入、整合到其他生物的基因组中，使得其他生物或其产品中混杂有转基因成分，造成自然界基因库的混杂和污染。有些生物学家又将这种过程称为基因漂移(gene flow)。这是因为转基因生物可能通过有性繁殖将所携带的重组基因扩散到同类生物，包括自然界的野生物种中，成为后者基因组的一部分。与其他形式的环境污染不同，植物与微生物的生长和无性繁殖也可能使基因污染成为一种蔓延性的灾难。而更为可怕的是，这种基因污染有可能是不可逆转的。

食品、药物的安全性评价涉及面很广，人们对此最为关注。美国食品药品监督管理局(FDA)提出主要可从五个方面进行安全性评价：受体植物的安全性，基因供体的安全性，外源基因表达的蛋白质的安全性，经基因转化后植物中新出现的油脂的安全性，新出现的碳水化合物的安全性。

国际经济合作与发展组织(OECD)于1993年提出了食品安全性评价的实质等同性原则。所谓实质等同性原则，即以转基因食品与非转基因食品比较的相对安全性作为评价依据，只要转基因食品与传统食品实质等同，具有实质等同性，则可以认为是安全的。基于实质等同性的检测和评价措施是一种分析比较的过程，这种比较按食品的使用情况可以在整个植物体、食物部分或者食物成分三个水平上进行，比较项目应该包括两者的分子特征、表型特征、重要的营养物质、毒素和过敏原等。在进行实质等同性评价时，一般要考虑以下主要方面：①有毒物质——必须确保转入的外源基因或基因产物对人畜无害；②过敏原——在基因工程中如果将过敏原形成的基因转入目标植物，则会引起人体的过敏反应(这种反应可能是致命的)，因此转基因食品中不能含有已知或未知的过敏原；③营养成分——转基因食品的某些营养成分或营养质量产生变化，可能使人体出现某种病症。

运用实质等同性概念来形成一个多学科的体系进行安全性评价是目前的主流观点，为了对转基因食品的安全性进行科学评价，有人又增加了科学原则、个案原则和逐步原则。个案原则主要基于转基因食品的研发是通过不同的技术路线，选择不同的供体、受体和转入不同的目的基因，在相同的供体和受体中也会采用不同来源的目的基因，因此，用个案原则分析和评价食品安全性可以最大限度地发现安全隐患，保障食品安全。逐步原则可以在两个层次上理解：第一，对转基因产品管理是分阶段审批，在不同的阶段要解决的安全问题不同；第二，由于转入目的基因的安全风险是不同方面的，如毒性、致敏性、标记基因的毒性、抗营养成分或天然毒素等，评价也要分步骤进行。

我国在转基因植物生物安全评价的实验研究方面也做了很多卓有成效的工作，如中国农科院植物保护所吴孔明博士带领他的团队，花费了近十年的时间，以大量的数据和试验结果验证了转 *Bt* 基因棉花对目标和非目标昆虫的影响，转 *Bt* 基因棉花在生态风险方面的研究取得了进展。

2021 年，为解决草地贪夜蛾虫害和草害等重大问题，农业农村部组织开展了转基因大豆和玉米的产业化试点工作。参加试点的耐除草剂大豆和抗虫耐除草剂玉米均已获得生产应用安全证书，经过了近 10 年的食用安全和环境安全评价。在转基因大豆和玉米的产业化试点之后，2021 年 12 月，农业农村部编制印发的《"十四五"全国种植业发展规划》，明确提出"启动实施农业生物育种重大项目，有序推进转基因大豆产业化应用"。

目前，我国已培育出一批具有竞争力的作物新品种。国产抗虫棉市场份额达 99%以上，转基因番木瓜在南部沿海地区产业化种植，有效遏制了环斑病毒对产业的毁灭性危害。当前，中国转基因育种的技术水平已经进入国际第二方阵的前列，初步形成了自主基因、自主技术、自主品种的创新格局，育种研发取得重大进展，实现了由跟踪国际先进水平到自主创新的跨越式转变。

此外，2019 年、2020 年，农业农村部相继批准了 7 个转基因耐除草剂大豆和转基因抗虫耐除草剂玉米的安全证书。中国自主研发的耐除草剂大豆获准在阿根廷商业化种植，抗虫大豆、抗旱玉米、抗虫水稻、抗旱小麦、抗蓝耳病猪等已形成梯次储备。

1.4.2　基因工程的安全管理

基因工程确实存在一些负面的风险，但必须看到基因工程具有巨大的美好前景。动植物基因工程很可能是解决全球粮食问题的最佳选择，因此不能因噎废食，唯一的办法是因势利导，加强管理。

1.4.2.1 基因工程安全管理的概况

目前，世界主要发达国家和部分发展中国家都制定了各自对转基因生物的管理法规，负责对其安全性进行评价和监控。如美国是在原有联邦法律的基础上增加转基因生物的内容，分别由农业部动植物卫生检疫局(APHIS)、环保署(EPA)以及食品药品监督管理局(FDA)负责环境和食品各方面的安全性评价和审批。

由于各国在法规和管理方面存在着很大的差异，特别是许多发展中国家尚未制定相应的法律法规，一些国际组织如经合组织(OECD)、联合国工业发展组织(UNIDO)、粮农组织(FAO)和世界卫生组织(WHO)等在近年来都组织和召开了多次专家会议，积极组织国家间的协调，试图建立多数国家(尤其是发展中国家)能够接受的生物技术产业统一管理标准和程序。但由于存在许多争议，目前尚未形成统一的条文。

实际上，转基因技术已是迄今为止全球发展速度最快、应用范围最广、产业影响最大的现代生物技术。在产业化应用方面，转基因作物自 1996 年首次商业化种植以来，全球种植面积由最初的 2 550 万亩增加到 28.6 亿亩，作物种类已由玉米、大豆、棉花、油菜 4 种扩展到马铃薯、苜蓿、茄子、甘蔗、苹果等 32 种。美国、巴西、阿根廷是农产品的主要出口国，也是转基因作物种植面积最大的三个国家。美国生产的50%左右的转基因大豆和 80%左右的转基因玉米都在美国国内销售，欧盟每年进口大量转基因大豆、玉米等农产品，日本每年进口的大豆、玉米、油菜籽中转基因产品占比均在 90%以上。

如今，世界种业已进入"常规育种＋生物技术＋信息化"的育种"4.0 时代"，正迎来以基因编辑、全基因组选择、人工智能等技术融合发展为标志的新一轮科技革命。基因资源争夺日益激烈，世界各国和跨国公司加大力度开展基因功能及基因遗传多样性的研究和开发利用，发展新型生物育种技术，争夺知识产权。生物技术的应用正在深刻改变全球农产品生产和贸易格局，"一个基因一个产业"已经成为现实。随着我国保障粮食安全形势日益严峻，出于抢占世界农业发展制高点需要，转基因技术是必争之地。政府部门应该在发展的同时，把安全放到最重要的位置，对转基因食品的商业化实行严格的审批和规范的管理制度，将其风险防患于未然，避免给人类健康与生态环境带来不必要的伤害，使转基因食品能够健康、有序和可持续发展。

1.4.2.2 中国基因工程的安全管理

我国十分重视基因工程的安全管理工作，以科学规范的管理为转基因技术的利用提供安全保障。政府部门对基因工程的安全管理制定了"积极研究、慎重推广、加强管理、稳妥推进"的方针。

1993 年 12 月 24 日，中华人民共和国国家科学技术委员会颁布了《基因工程安全管理办法》，由总则、安全等级和安全性评价、申报和审批、安全控制措施、法律责任和附则共 6 章组成。1996 年 7 月，中华人民共和国农业部颁布了《农业生物基因工程安全管理实施办法》。1998 年，农业部农业生物基因工程安全管理办公室和农业部生物基因工程安全委员会共对 2 批 68 项申请进行了评审，同意商品化申请 2 项，同意环境释放10 项，同意和认可中间试验 39 项，暂不同意或不认可 16 项。2001 年 5 月 23 日，国务院公布了《农业转基因生物安全管理条例》，自公布之日起施行。2002 年 1 月以后，农业部相继公布了《农业转基因生物安全评价管理办法》《农业转基因生物进口安全管理办法》《农业转基因生物标识管理办法》和《农业转基因生物加工审批办法》4 个配套文件。对于突如其来的基因污染问题，中国已积极面对，出台了一系列应对方案。继农业部《农业转基因生物标识管理办法》于 2002 年 3 月 20 日开始实施之后，卫生部《转基因食品卫生管理办法》也于 2002 年 7 月 1 日生效，消费者的知情权和健康权也渐渐受到重视。2021 年以来，国家相继发布《国家级转基因大豆、玉米品种审定标准》、新《种子法》、《农业转基因生物监管工作方案》等，加快推进生物育种研发应用，依法依规严格监管，严肃查处非法制种、知识产权侵权等违法违规行为，保障农业转基因研发应用健康有序发展。

总之，我国已在基因工程安全管理方面做了大量工作，未来需要科学工作者进一步完善转基因生物安全性评价体系，对农业转基因生物安全问题进行长期的跟踪研究，同时政府部门也要进一步做好基因工程的立法和监督工作。

思 考 题

1. 什么是基因工程？
2. 简述基因工程的基本原理。
3. 举例说明基因工程的应用。

2 基因工程操作常规技术

基因工程研究之所以从 20 世纪 70 年代开始迅猛发展，最主要的原因之一是基因操作和基因工程技术的进步。基因操作的主要技术包括核酸分子的克隆、杂交、凝胶电泳、核酸序列测定以及基因的定点突变和 PCR 扩增、基因表达等。本章主要介绍 DNA 和 RNA 操作的基本技术、蛋白质操作的基本技术，以及基因组学研究方法。

2.1 DNA 操作的基本技术

2.1.1 基因组 DNA 提取技术

无论是原核还是真核生物的基因组 DNA，在细胞中都以与蛋白质结合的状态存在，不利于对 DNA 进行操作和分析，因此必须将 DNA 与细胞中的其他成分分离并纯化，核酸样品的质量直接关系到实验的成败。

2.1.1.1 基因组 DNA 提取条件

分离纯化基因组 DNA 应保证核酸一级结构的完整性并排除蛋白质、脂类、糖类等其他分子的污染。为保证分离基因组 DNA 的完整性及纯度，应尽量简化操作步骤，缩短操作时间，以减少各种不利因素对核酸的破坏。在实验过程中，应注意以下条件及要求：①减少化学因素对 DNA 的降解——避免过碱、过酸对核酸链中磷酸二酯键的破坏，操作多在 pH 4~10 条件下进行；②减少物理因素对 DNA 的降解——避免强烈振荡、搅拌和细胞突然置于低渗液中等操作，以避免破坏相对分子质量大的线性 DNA 分子；③防止核酸的生物降解——避免细胞内、外各种核酸酶对核酸链中磷酸二酯键的水解作用，DNA 酶需要 Mg^{2+}、Ca^{2+} 的激活，因此实验中常利用金属二价离子螯合剂 EDTA、柠檬酸盐，基本抑制 DNA 酶的活性。

2.1.1.2 基因组 DNA 提取步骤

提取真核基因组 DNA 的方法总体上由两部分组成：先温和裂解细胞及溶解 DNA，使 DNA 与组蛋白分离，完整地以可溶形式独立分离出来，接着采用化学或酶学方法去除蛋白质、RNA 及其他分子。其具体的操作步骤可分为：

1）细胞的破碎

真核细胞的破碎有各种手段，包括超声波法、匀浆法、液氮破碎法、低渗法等物理方法及蛋白酶 K 和去污剂温和处理法。为获得相对分子质量大的 DNA 分子，避免物理操作导致 DNA 链的断裂，一般多采用温和处理法裂解细胞。

2）去除与 DNA 结合的蛋白质

酚是极强的蛋白质变性剂，氯仿不仅能加速有机相与水相的分离，而且可以去除蔗糖等。因此，在 DNA 提取和纯化中一般采用酚/氯仿抽提法。用酚：氯仿：异戊醇（25：24：1），可得到 10 kb～20 kb 的 DNA，交替使用酚和氯仿可以增加去除蛋白质的效果。氯仿中加入少量异戊醇可以减少蛋白质变性过程中产生的大量气泡。

3）沉淀基因组 DNA

常用的方法是：加入一定量的预冷的异丙醇或乙醇，大分子基因组 DNA 即以絮状沉淀形式析出。

在提取过程中，DNA 分子不可避免地受到机械剪切力的影响，发生机械断裂，产生大小不同的片段，因此分离基因组 DNA 应尽量在温和的条件下操作，如尽量减少酚/氯仿抽提，混匀过程要轻缓，以保证获得较完整的 DNA。因为不同生物种类或同一种类的不同组织器官中其细胞的结构及成分不同，其基因组 DNA 的分离方法也呈现一定的差异。因此，在提取不同样本的 DNA 时，如不同物种或组织样本中富含某种特殊成分（多糖和酚类物质），应参照已报道的文献和实践经验建立相应的实验体系，以获得可用的 DNA 大分子。提取基因组 DNA 后，需通过琼脂糖凝胶电泳以及紫外法对 DNA 进行定性和定量检测。

2.1.2　质粒 DNA 提取技术

质粒（plasmid）是存在于细菌细胞质中独立于染色体外的遗传因子，能进行自我复制，但依赖于宿主编码的酶和蛋白质，大多数为双链、闭环 DNA 分子，少数为线形，大小为 1 kb～200 kb。质粒并不是细菌生长所必需的，但可以赋予细菌抵御外界环境因素不利影响的能力，如对抗生素的抗性等。F 质粒（又称 F 因子或性质粒）、R 质粒（抗药性因子）和 Col 质粒（产大肠杆菌素因子）等都是常见的天然质粒。

按照在细胞内的复制特性，质粒可分为紧密控制型（stringent control）和松弛控制型（relaxed control）两类。前者只在细胞周期的一定阶段进行复制，当染色体不复制时，它也不能复制，通常每个细胞内只含有 1 个或几个质粒分子，如 F 因子。后者在整个细胞周期中随时可以复制，在每个细胞中有许多拷贝，一般在 20 个以上，如 Col E1 质粒。在使用原核生物蛋白质合成抑制剂氯霉素时，细胞内蛋白质合成、染色体 DNA 复制和细胞分裂均受到抑制，紧密型质粒复制停止，而松弛型质粒继续复制，质粒拷贝数可由原来的 20 多个扩增至 1 000 个～3 000 个，此时质粒 DNA 占总 DNA 的含量可由原来的 2% 增加至 40%～50%。

利用同一复制系统的不同质粒不能在同一宿主细胞中共同存在，当两种质粒同时导入同一细胞时，它们在复制及随后分配到子细胞的过程中彼此竞争，细胞生长几代后，占少数的质粒将会丢失，因而在细胞后代中只有两种质粒中的一种，这种现象被称为质粒的不相容性（incompatibility）。但利用不同复制系统的质粒则可以稳定地共存于同一宿主细胞中。

质粒通常含有编码某些酶的基因，其表型包括对抗生素的抗性、产生某些抗生素、降解复杂有机物、产生大肠杆菌素和肠毒素及某些限制性内切酶与修饰酶等。细菌质粒是重组 DNA 技术中常用的载体(vector)，质粒载体是在天然质粒的基础上为适应实验室操作而进行人工构建的。与天然质粒相比，质粒载体通常带有一个或一个以上的选择性标记基因(如抗生素抗性基因)和一个人工合成的含有多个限制性内切酶识别位点的多克隆位点序列，并去掉了大部分非必需序列，以便于基因工程操作。常用的质粒载体大小一般在 1 kb 至 10 kb 之间，如 pBR322、pUC 系列、pGEM 系列和 pBS 等。

通常使用的质粒 DNA 分离方法有三种：碱裂解法、煮沸法和去污法(如 Triton 或 SDS 裂解法)。目前质粒提取试剂盒主要采用的是碱裂解法，利用树脂进行 DNA 分离和纯化。从细菌中分离质粒 DNA 的方法都包括三个基本步骤：培养细菌使质粒扩增，收集和裂解细胞，分离和纯化质粒 DNA。采用溶菌酶可以破坏菌体细胞壁，十二烷基硫酸钠(SDS)和 Triton X-100 可使细胞膜裂解。经溶菌酶和 SDS 或 Triton X-100 处理后，细菌染色体 DNA 会缠绕附着在细胞碎片上，同时由于细菌染色体 DNA 比质粒大得多，易受机械力和核酸酶等的作用而被切断成不同大小的线性片段。当用强热或酸、碱处理时，细菌的线性染色体 DNA 变性，而质粒 DNA 的两条链不会分开，当外界条件恢复正常时，线状染色体 DNA 片段难以复性，而是与变性的蛋白质和细胞碎片缠绕在一起，可通过离心除去，而质粒 DNA 双链又恢复原状，重新形成天然的超螺旋分子，并以溶解状态存在于液相中，可以利用异丙醇将其凝聚成沉淀进行收集，提取的质粒溶于 TE 中，可在 4 ℃下短期保存或在 −20 ℃和 −70 ℃下长期保存。

在提取质粒的过程中，由于存在机械力损伤，因此除了超螺旋 DNA 外，还会产生其他形式的质粒 DNA。如有一条链发生一处或多处断裂，形成松弛型的开环 DNA (open circular DNA，ocDNA)；两条链在同一处断裂，则形成线状 DNA (linear DNA)。当提取的质粒 DNA 电泳时，同一质粒 DNA 超螺旋形式的泳动速度要比开环和线状分子形式的泳动速度快。

2.1.3 凝胶电泳技术

琼脂糖或聚丙烯酰胺凝胶电泳是基因工程常用的技术。当用低浓度的溴化乙锭 (ethidium bromide，EB) 或其他核酸染料染色，在紫外光下至少可以检测出 1 ng～10 ng 的 DNA 条带，从而可以确定 DNA 片段在凝胶中的位置，也可以从电泳后的凝胶中回收特定的 DNA 条带，用于克隆操作。

琼脂糖和聚丙烯酰胺可以制成各种形状、大小和孔隙度的凝胶。琼脂糖凝胶分离 DNA 片段大小范围较广，不同浓度琼脂糖凝胶可分离长度从 200 bp 至近 50 kb 的 DNA 片段。琼脂糖通常用水平装置在强度和方向恒定的电场下电泳。聚丙烯酰胺分离小片段 DNA (5 bp～500 bp)效果较好，其分辨率极高，甚至相差 1 bp 的 DNA 片段也能分开。聚丙烯酰胺凝胶电泳很快，可容纳相对大量的 DNA，但制备和操作比琼脂糖凝胶困难。聚丙烯酰胺凝胶采用垂直装置进行电泳。

琼脂糖凝胶的作用主要是在 DNA 制备电泳中作为一种固体支持基质，其密度取决于琼脂糖的浓度。在电场中，在中性 pH 下带负电荷的 DNA 向阳极迁移，其迁移率由下列多种因素决定：

2.1.3.1　DNA 的相对分子质量大小

线状双链 DNA 分子在一定浓度琼脂糖凝胶中的迁移率与 DNA 相对分子质量对数成反比，分子越大则所受阻力越大，也越难于在凝胶孔隙中蠕行，因而迁移得越慢。

2.1.3.2　琼脂糖浓度

一个给定大小的线状 DNA 分子，其迁移率在不同浓度的琼脂糖凝胶中各不相同。DNA 电泳迁移率的对数与凝胶浓度呈线性关系。凝胶浓度的选择取决于 DNA 相对分子质量的大小。分离小于 0.5 kb 的 DNA 片段所需胶浓度是 1.2%～1.5%，分离大于 10 kb 的 DNA 分子所需胶浓度为 0.3%～0.7%，DNA 片段大小在两者之间则所需胶浓度为 0.8%～1.0%。

2.1.3.3　DNA 分子的构象

当 DNA 分子处于不同构象时，它在电场中的移动距离不仅和相对分子质量有关，还和它本身的构象有关。相同相对分子质量的线状、开环和超螺旋 DNA 在琼脂糖凝胶中的移动速度是不一样的，超螺旋 DNA 移动最快。

2.1.3.4　电源电压

在低电压时，线状 DNA 片段的迁移率与所加电压成正比。但是随着电场强度的增加，不同相对分子质量的 DNA 片段的迁移率将以不同的幅度增长，片段越大，因电场强度升高引起的迁移率升高幅度也越大，因此电压增加，琼脂糖凝胶的有效分离范围将缩小。要使大于 2 kb 的 DNA 片段的分辨率达到最大，所加电压不得超过 5 V·cm^{-1}。

2.1.3.5　嵌入染料的存在

核酸染料溴化乙锭、GoldView、GelRed 等用于检测琼脂糖凝胶中的 DNA 时，染料会嵌入堆积的碱基对之间并拉长线状和带缺口的环状 DNA，使其刚性更强，还会使线状 DNA 迁移率降低 15%。

2.1.3.6　离子强度影响

电泳缓冲液的组成及其离子强度影响 DNA 的电泳迁移率。在没有离子存在（如误用蒸馏水配制凝胶）时，电导率最小，DNA 几乎不移动，在高离子强度的缓冲液（如误加 10×电泳缓冲液）中，则电导很高并明显产热，严重时会引起凝胶熔化或 DNA 变性。对于天然的双链 DNA，常用的几种电泳缓冲液有 TAE［Tris-乙酸和 EDTA］、TBE(Tris-硼酸和 EDTA)、TPE(Tris-磷酸和 EDTA)，一般配制成浓缩母液，室温下保存。

2.1.4　聚合酶链式反应

2.1.4.1　聚合酶链式反应概念和原理

聚合酶链式反应(polymerase chain reaction，PCR)是一种体外扩增 DNA 或 RNA

的方法，利用半保留复制的原理，以待扩增的 DNA 为模板，在体外由引物介导的酶促合成特异 DNA 片段。包括三个基本步骤：①变性——目的双链 DNA 片段在 94 ℃下解链；②退火——两种寡核苷酸引物在适当温度（50 ℃～65 ℃）下与模板上的目的序列按照碱基互补配对原则通过氢键配对；③延伸——在 DNA 聚合酶合成 DNA 的最适温度（68 ℃、72 ℃）下，以目的 DNA 为模板合成新的 DNA 片段。由这三个基本步骤组成一轮循环，理论上每一轮循环将使目的 DNA 扩增 1 倍，这些经合成产生的 DNA 又可作为下一轮循环的模板，所以经 25～35 轮循环就可使 DNA 扩增达 10^6 倍。

2.1.4.2 PCR 反应体系

PCR 反应体系中通常包括 7 种成分：引物、底物、Mg^{2+}、模板、DNA 聚合酶、反应缓冲液和水。每一组分的具体要求如下：

1）引物

PCR 反应产物的特异性由一对上下游引物所决定。引物的好坏往往是 PCR 成败的关键。引物设计和选择目的 DNA 序列区域时可遵循下列原则：

（1）常见引物长度约为 16 bp～30 bp，太短会降低退火温度，影响引物与模板配对，从而使非特异性增高；太长则容易形成茎环结构，影响扩增效率。有时候因为特殊目的如加上启动子序列或人工接头等引物长度会较长。

（2）解链温度（T_m 值）和退火温度。T_m 值的高低决定退火温度，通常 PCR 的退火温度要求高于 55 ℃，两个引物之间的 T_m 值差异最好在 2 ℃～5 ℃，才能保证正确退火。对于小于 20 个碱基的引物，其 T_m 值可按下式粗略估计引物的解链温度：$T_m = 4(G+C)+2(A+T)$。

（3）引物中的 G+C 含量。为了保证引物有较高的退火温度，引物中的 G+C 含量应控制在 40 ％～60 ％，4 种碱基应随机分布，尽量避免嘌呤或嘧啶的连续排列，以及 T 在 3′末端重复排列。引物的 3′末端最好是 G 或 C，但不要形成 GC 连排。

（4）引物的内配对。引物 3′端最好与目的序列阅读框架中密码子第一或第二位核苷酸对应，以减少由于密码子摆动产生的不配对。在引物内，尤其在 3′端应不存在二级结构。两引物之间尤其在 3′端不能互补，以防出现引物二聚体，减少产量。两引物间最好不存在 4 个连续碱基的同源性或互补性。

（5）引物标记。引物 5′端对扩增特异性影响不大，可在引物设计时加上限制酶位点、核糖体结合位点、起始密码子、缺失或插入突变位点以及标记生物素、荧光素、地高辛等。通常应在 5′端限制酶位点外再加 1 至 2 个保护碱基。

（6）引物与模板的非特异性配对。引物不与模板结合位点以外的序列互补，所扩增产物本身无稳定的二级结构，以免产生非特异性扩增，影响产量。

（7）引物浓度。PCR 反应中的引物终浓度一般为 0.5 $\mu mol \cdot L^{-1}$～1.0 $\mu mol \cdot L^{-1}$，引物过多会产生错误引导或产生引物二聚体，过低则降低产量。

2）底物

脱氧核糖核苷三磷酸（dNTP）是 DNA 合成的底物，PCR 反应体系中含有等摩尔浓度的 4 种 dNTP，即 dATP、dTTP、dCTP、dGTP。dNTP 原液可配成 5 mmol $\cdot L^{-1}$～10 mmol $\cdot L^{-1}$ 并分装，−20 ℃贮存。一般反应中每种 dNTP 的终浓度为 20 $\mu mol \cdot$

$L^{-1} \sim 200\ \mu mol \cdot L^{-1}$。理论上 4 种 dNTP 各 20 $\mu mol \cdot L^{-1}$，足以在 100 μL 反应液中合成 2.6 μg 的 DNA。当 dNTP 终浓度大于 50 mmol $\cdot L^{-1}$ 时可抑制 Taq DNA 聚合酶的活性。4 种 dNTP 的浓度应该相等，以减少合成中由于某种 dNTP 的不足出现的错误掺入。

3）Mg^{2+}

Mg^{2+} 浓度对 Taq DNA 聚合酶影响很大，它可影响酶的活性和真实性，影响引物的退火和解链温度，影响产物的特异性以及引物二聚体的形成等。通常 Mg^{2+} 浓度范围为 0.5 mmol $\cdot L^{-1} \sim 2$ mmol $\cdot L^{-1}$。对于一种新的 PCR 反应，可以用 0.1 mmol $\cdot L^{-1} \sim 5$ mmol $\cdot L^{-1}$ 的递增浓度的 Mg^{2+} 进行预备实验，选出最适的 Mg^{2+} 浓度。在 PCR 反应混合物中，应尽量减少有高浓度的带负电荷的基团，例如磷酸基团或 EDTA 等可能影响 Mg^{2+} 离子浓度的物质，以保证最适 Mg^{2+} 浓度。

4）模板

PCR 反应必须以 DNA 为模板进行扩增，模板 DNA 可以是单链分子，也可以是双链分子，可以是线状分子，也可以是环状分子(线状分子比环状分子的扩增效果稍好)。就模板 DNA 而言，影响 PCR 的主要因素是模板的数量和纯度。一般反应中的模板数量为 10^2 个 $\sim 10^5$ 个拷贝，对于单拷贝基因，需要 0.1 μg 的人基因组 DNA、10 ng 的酵母 DNA、1 ng 的大肠杆菌 DNA。扩增多拷贝序列时，用量更少。灵敏的 PCR 可从一个细胞、一根头发、一个孢子或一个精子提取的 DNA 中分析目的序列。模板量过多则可能增加非特异性产物，DNA 中的蛋白质、蛋白酶、核酸酶、十二烷基硫酸钠、尿素和 EDTA 等杂质也会影响 PCR 的效率。

5）DNA 聚合酶

一般 Taq DNA 聚合酶活性半衰期为 92.5 ℃ 130 min，95 ℃ 40 min，97 ℃ 5 min。现在人们又发现许多新的耐热的 DNA 聚合酶，这些酶的活性在高温下可维持更长时间。Taq DNA 聚合酶的酶活性单位定义为 74 ℃，30 min，掺入 10 nmol $\cdot L^{-1}$ dNTP 到核酸中所需的酶量。Taq DNA 聚合酶的一个致命弱点是它的出错率，一般 PCR 中出错率为 2×10^{-4} bp/每轮循环，在利用 PCR 克隆和进行序列分析时尤应注意。在 100 μL PCR 反应液中，1.5 U ~ 2 U 的 Taq DNA 聚合酶就足以进行 30 轮循环，所用的酶量可根据 DNA、引物及其他因素的变化进行适当的增减。酶量过多会使产物非特异性增加，过少则使产量降低。现在常用的很多 DNA 聚合酶都是在 Taq DNA 聚合酶的基础上进行遗传修饰后的产物，如 *Pwo* DNA 聚合酶、*Pfu* DNA 聚合酶、*Tth* DNA 聚合酶和 *Vent* DNA 聚合酶等都具有很高的扩增效率和保真度。

反应结束后，如果需要利用这些产物进行下一步实验，需要预先灭活 Taq DNA 聚合酶。灭活 Taq DNA 聚合酶的方法有：①PCR 产物经酚/氯仿抽提，乙醇沉淀。②加入 10 mmol $\cdot L^{-1}$ 的 EDTA 螯合 Mg^{2+}。③99 ℃ ~ 100 ℃加热 10 min。目前已有直接纯化 PCR 产物的试剂盒可用。

6）反应缓冲液

PCR 反应需要在一定的缓冲体系中进行，缓冲液除了 pH 缓冲能力外，还会添加一些对反应有帮助的成分。反应缓冲液一般含 10 mmol $\cdot L^{-1} \sim 50$ mmol $\cdot L^{-1}$ Tris-HCl(20 ℃下 pH 为 8.3～8.8)、50 mmol $\cdot L^{-1}$ KCl 和适当浓度的 Mg^{2+}。Tris-HCl 在

20 ℃时 pH 为 8.3～8.8，但在实际 PCR 反应中，pH 为 6.8～7.8。50 mmol·L^{-1} 的 KCl 有利于引物的退火。另外，反应液中可加入 5 mmol·L^{-1} 的二硫苏糖醇（DDT）或 100 μg·mL^{-1} 的牛血清白蛋白（BSA），它们可稳定酶活性。各种 Taq DNA 聚合酶商品都有自己特定的一些缓冲液。

2.1.4.3 PCR 反应程序

PCR 反应程序主要有三步：高温变性、低温退火和中温延伸。

1）高温变性

在第一轮循环前，在 94 ℃下变性 5 min～10 min 非常重要，它可使模板 DNA 完全解链，然后加入 Taq DNA 聚合酶，这样可减少聚合酶在低温下仍有活性从而延伸非特异性配对的引物与模板复合物所造成的错误。若变性不完全，往往使 PCR 失败，因为未变性完全的 DNA 双链会很快复性，减少 DNA 产量。一般变性温度与时间为 94 ℃ 1 min。在变性温度下，双链 DNA 解链只需几秒钟即可完成，所耗时间主要是为使反应体系完全达到适当的温度。对于富含 GC 的序列，可适当提高变性温度。但变性温度过高或时间过长都会导致酶活性的损失。

2）低温退火

引物退火的温度和所需时间的长短取决于引物的碱基组成、引物的长度、引物与模板的配对程度以及引物的浓度。实际使用的退火温度比扩增引物的 T_m 值约低 5 ℃。一般当引物中的 GC 含量高、长度较长并与模板完全配对时，应提高退火温度。退火温度越高，所得产物的特异性越高。有些反应甚至可将退火与延伸两步合并，只用两种温度（例如用 60 ℃和 94 ℃）完成整个扩增循环，既省时间又提高了特异性。退火一般仅需数秒钟即可完成，反应中所需时间主要是为使整个反应体系达到合适的温度。通常退火温度和时间为 55 ℃～65 ℃，1 min～2 min。

3）中温延伸

延伸反应温度通常为 72 ℃，接近于 Taq DNA 聚合酶的最适反应温度 75 ℃。实际上，引物所在的序列延伸在退火时即已开始，因为 Taq DNA 聚合酶的作用温度范围可从 20 ℃至 85 ℃。延伸反应时间的长短取决于目的序列的长度和浓度。在一般反应体系中，Taq DNA 聚合酶每分钟约可合成 2 kb 长的 DNA，延伸时间过长会导致产物非特异性增加。但对很低浓度的目的序列，则可适当增加延伸反应的时间。一般在扩增反应完成后，都需要一步较长时间（10 min～30 min）的延伸反应，以获得尽可能完整的产物，这对以后进行克隆或测序反应尤为重要。

当其他参数确定之后，循环次数主要取决于 DNA 浓度。一般而言，25～30 轮循环已经足够。循环次数过多，会使 PCR 产物中非特异性产物大量增加。如果经 25～30 轮循环扩增后产物量仍不够，则需要进一步扩增，可将扩增的 DNA 样品稀释 10^3～10^5 倍作为模板，重新加入各种反应底物进行扩增，这样经 60 轮循环后，扩增水平可达 10^9～10^{10}。

扩增产物的量还与扩增效率有关，扩增产物的量可用下列公式表示：

$$C = C_0(1+P)^n$$

其中：C 为扩增产物量，C_0 为起始 DNA 量，P 为扩增效率，n 为循环次数。

在扩增后期，由于产物积累，使原来呈指数扩增的反应变成平坦的曲线，产物不再随循环数而明显上升，这称为平台效应。平台期会使原先由于错配而产生的低浓度非特异性产物继续大量扩增，达到较高水平。因此，应适当调节循环次数，在平台期前结束反应，减少非特异性产物。

例如，以基因组 DNA 作为模板的 PCR 反应程序如下：

Step 1 = 94 ℃，2 min

Step 2 = 94 ℃，30 s

Step 3 = 55 ℃~65 ℃，30 s

Step 4 = 72 ℃，1 min

Step 5 = 重复 Step 2~4，30 次循环

Step 6 = 72 ℃，5 min~10 min

Step 7 = 4 ℃，保存

2.1.4.4 实时定量 PCR

在 PCR 反应结束之后，可以通过凝胶电泳的方法对扩增的特定产物进行定性分析，也可以通过放射性核素掺入标记后的光密度扫描来进行定量分析。无论定性还是定量，分析的都是 PCR 终产物。但是在许多情况下，我们所感兴趣的是经 PCR 信号放大之前的起始模板量，例如我们想知道某一转基因植物转基因的拷贝数或者某一特定基因在特定组织中的表达量，在这种需求下荧光定量 PCR 技术应运而生。实时荧光定量 PCR 是 20 世纪 90 年代末期发明的一项新技术，它可以对整个 PCR 过程中的扩增 DNA 的累积速率绘制动态变化图，从而消除传统 PCR 技术在测定终端产物丰度时有较大变异系数的问题。所谓的实时荧光定量 PCR 就是通过对 PCR 扩增反应中每一个循环产物荧光信号的实时监测，从而实现对起始模板定量及定性的分析。实时荧光定量 PCR 反应引入了一种荧光化学物质，在带透明盖的塑料小管中进行，激发光可直接透过管盖，使其中的荧光被激发。随着 PCR 反应的进行，PCR 反应产物不断累积，引入的荧光化学物质的荧光信号强度也等比例增加。每经过一个循环，就收集一个荧光强度信号，这样就可以通过荧光强度变化监测产物量的变化，从而得到一条荧光扩增曲线图（如图 2-1 所示）。

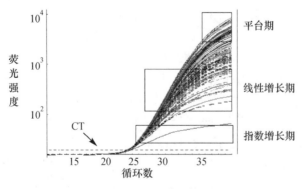

图 2-1　实时荧光扩增曲线图

一般而言，荧光扩增曲线可以分成四个阶段：荧光背景信号阶段、荧光信号指数扩增阶段、线性增长期和平台期。在荧光背景信号阶段，扩增的荧光信号被荧光背景信号所掩盖，无法判断产物量的变化。而在平台期，扩增产物已不再呈指数级的增加，PCR 的终产物量与起始模板量之间没有线性关系，所以根据最终的 PCR 产物量不能计算出起始 DNA 拷贝数。只有在荧光信号指数扩增阶段，PCR 产物量的对数值与起始模板量之间存在线性关系，我们可以选择在这个阶段进行定量分析。为了定量和比较的方便，在实时荧光定量 PCR 技术中引入了两个非常重要的概念：荧光阈值和 Ct 值。荧光阈值是在荧光扩增曲线上人为设定的一个值，它可以设定在荧光信号指数扩增阶段任意位置上，但一般我们确定的荧光阈值的缺省设置是 3 个～15 个循环的荧光信号的标准偏差的 10 倍。每个反应管内的荧光信号到达设定的阈值时所经历的循环数被称为 Ct 值（cycle threshold value），亦称阈值。对 Ct 值与起始模板的关系研究表明，每个模板的 Ct 值与该模板的起始拷贝数的对数存在线性关系，起始拷贝数越多，Ct 值越小。利用已知起始拷贝数的标准品可作出标准曲线，其中横坐标代表起始拷贝数的对数，纵坐标代表 Ct 值（如图 2-2 所示）。因此，只要获得未知样品的 Ct 值，即可从标准曲线上计算出该样品的起始拷贝数。

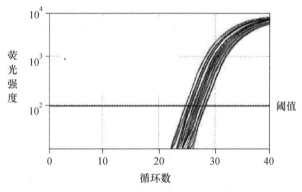

图 2-2　荧光定量标准曲线

通过以上介绍，我们知道通过检测荧光信号指数扩增阶段的荧光信号，即可获得该样品的起始拷贝数。下面介绍实时荧光定量 PCR 中常用的荧光探针和荧光染料，以及实时荧光定量 PCR 技术的应用。

2.1.4.5　荧光探针和荧光染料

实时荧光定量 PCR 的探针包括探针类和非探针类两种类型，探针类是利用与靶序列特异杂交的探针来指示扩增产物的增加，非探针类则是利用荧光染料或者特殊设计的引物来指示扩增的增加。前者由于增加了探针的识别步骤，特异性更高，后者则简便易行。

1）SYBR Green I

SYBR Green I 是一种结合于 DNA 双链小沟的染料，结合后其荧光大大增强。加入 PCR 反应体系中的荧光染料仅能与双链的 DNA 结合，被激发出绿色荧光，其荧光强弱反映 PCR 产物的量，这一性质使其用于扩增产物的检测非常理想。SYBR Green

Ⅰ的最大吸收波长约为 497 nm，最大发射波长约为 520 nm。在 PCR 反应体系中，加入过量 SYBR 荧光染料，SYBR 荧光染料特异性地掺入 DNA 双链后，发射荧光信号，而不掺入链中的 SYBR 染料分子不会发射任何荧光信号，从而保证荧光信号的增加与 PCR 产物的增加完全同步。SYBR Green Ⅰ工作原理如图 2-3 所示。SYBR Green Ⅰ在核酸的实时检测方面有很多优点，由于它与所有的双链 DNA 相结合，不必因为模板不同而特别定制，因此设计的程序通用性好，且价格相对较低。利用荧光染料可以指示双链 DNA 熔点的性质，通过溶解曲线分析可以识别扩增产物和引物二聚体，因而可以区分非特异扩增，还可以实现单色多重测定。此外，由于一个 PCR 产物可以与多分子的染料结合，因此 SYBR Green Ⅰ的灵敏度很高。但是，由于 SYBR Green Ⅰ与所有的双链 DNA 相结合，因此由引物二聚体、单链二级结构以及错误的扩增产物引起的假阳性会影响定量的精确性。通过测量升高温度后荧光的变化可以帮助降低非特异性产物的影响。由溶解曲线来分析产物的均一性有助于分析由 SYBR Green Ⅰ得到的定量结果。

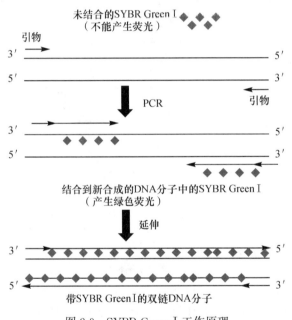

图 2-3　SYBR Green Ⅰ工作原理

2）TaqMan 探针

TaqMan 探针是一种寡核苷酸探针，它的荧光与目的序列的扩增相关。它设计为与目标序列上游引物和下游引物之间的序列配对。荧光基团（report，R）连接在探针的 5′端，而淬灭剂（quencher，Q）则在 3′端。当完整的探针与目标序列配对时，荧光基团发射的荧光因与 3′端的淬灭剂接近而被淬灭。但在进行延伸反应时，聚合酶的 5′外切酶活性对探针进行酶切，使得荧光基团与淬灭剂分离（如图 2-4 所示）。TaqMan 探针适合于各种耐热的聚合酶。随着扩增循环数的增加，释放出来的荧光基团不断累积，因此荧光强度与扩增产物的数量呈正比关系。

3）分子信标（molecular beacon）

分子信标与 TaqMan 技术相似，该技术在 PCR 反应体系中加入荧光标记的探针与

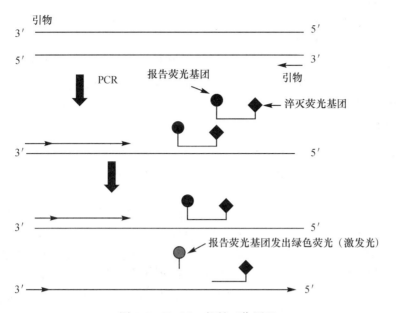

图 2-4　TaqMan 探针工作原理

靶序列杂交，通过检测荧光值的变化，可进行基因分型。分子信标是一种茎环结构的荧光标记的寡核苷酸，环状区域与靶序列互补，从而特异性结合。环状区一般为 15 bp～30 bp，茎状区一般为 5 bp～7 bp。荧光发生基团连接在茎臂的 5′端，而荧光淬灭基团则连接于 3′端。自由状态时，在此发夹结构中，位于分子一端的荧光基团与位于分子另一端的淬灭基团紧紧靠近(7 nm～10 nm)，发生荧光谐振能量传递，荧光基团发出的荧光被淬灭基团吸收并以热能的形式散发，荧光基团产生的能量以红外而不是可见光形式释放出来，从而荧光被淬灭，当分子信标与靶分子结合时，荧光基团和淬灭基团间的距离增大，分子信标的荧光几乎 100％恢复，检测到的荧光强度与溶液中的靶标量成正比(如图 2-5 所示)。

图 2-5　分子信标工作原理

2.1.4.6　实时荧光定量 PCR 技术的应用

实时荧光定量 PCR 技术可以对 DNA、RNA 样品进行定量和定性分析。定量分析包括绝对定量分析和相对定量分析。绝对定量分析可以得到某个样本中基因的拷贝数和浓度，相对定量分析可以对用不同方式处理的两个样本中的基因表达水平进行比较。此外，我们还可以对 PCR 产物或样品进行定性分析。例如，利用溶解曲线分析识别扩增产物和引物二聚体，以区分非特异扩增；利用特异性探针进行基因型分析及 SNP 检测等。目前实时荧光 PCR 技术最主要的应用集中在以下几个方面：

（1）DNA 或 RNA 的绝对定量分析：包括病原微生物或病毒含量的检测、转基因动植物转基因拷贝数的检测、RNA 基因失活率的检测等。

（2）基因表达差异分析：例如比较经过不同处理（如药物处理、物理处理、化学处理等）样本之间特定基因的表达差异、特定基因在不同时相的表达差异以及 cDNA 芯片或差显结果的确证。

（3）基因分型：例如 SNP 检测、甲基化检测等。

随着实时荧光定量 PCR 技术的推广和普及，该技术必然会得到更广泛的应用。

2.1.5 DNA 印迹杂交

Southern 印迹杂交（Southern blotting）是 1975 年英国爱丁堡大学的 E. M. Southern 首创的，Southern 印迹杂交也因此而得名。Southern 印迹杂交技术的基本原理是：具有一定同源性的两条核酸单链在一定的条件下，可按碱基互补的原则形成双链，此杂交过程是高度特异的。一般利用琼脂糖凝胶电泳分离经限制性内切酶消化的基因组 DNA 片段，将胶上的 DNA 变性并在原位将单链 DNA 片段转移至尼龙膜或其他固相支持物上，经干烤或者紫外线照射固定，再与相对应结构的标记探针进行杂交，用放射自显影或酶反应显色，从而检测特定 DNA 分子的分量。

早期的 Southern 印迹是将凝胶中的 DNA 变性后，经毛细管的虹吸作用转移到硝酸纤维素膜上。印迹方法有电转法、真空转移法，滤膜发展了尼龙膜、化学活化膜（如 APT、ABM 纤维素膜）等。DNA 的印迹杂交具有很高的灵敏度和高度的特异性，因而该技术在分子生物学领域已广泛应用于克隆基因的筛选，酶切图谱的制作，基因组中特定基因序列的定性、定量检测和疾病的诊断等方面，该技术在临床诊断上的应用也日趋增多。

Southern 印迹杂交技术包括两个主要过程：一是将待测定核酸分子通过一定的方法转移并结合到一定的固相支持物（硝酸纤维素膜或尼龙膜）上，即印迹（blotting）；二是固定于膜上的核酸与同位素标记的探针在一定的温度和离子强度下退火，即分子杂交过程。详细步骤如下：

（1）待测核酸样品的制备。

（2）琼脂糖凝胶电泳分离待测 DNA 样品。

（3）电泳凝胶预处理。

DNA 样品在制备和电泳过程中始终保持双链结构。为了有效地实现 Southern 印迹转移，对电泳凝胶做预处理十分必要。相对分子质量超过 10 kb 的较大的 DNA 片段与较短的相对分子质量小的 DNA 相比，需要更长的转移时间。所以为了使 DNA 片段在合理的时间内从凝胶中移动出来，必须将最长的 DNA 片段控制在大约 2 kb 以下，DNA 的大片段必须被打出缺口以缩短其长度。因此，通常是将电泳凝胶浸泡在 $0.25 \ mol \cdot L^{-1}$ 的 HCl 溶液中短暂地脱嘌呤处理之后，移至碱性溶液中浸泡，使 DNA 变性并断裂形成较短的单链 DNA 片段，再用中性 pH 的缓冲液中和凝胶中的缓冲液。这样，DNA 片段经过碱变性作用，亦会保持单链状态而易于同探针分子发生杂交作用。

（4）转膜，即将凝胶中的单链 DNA 片段转移到固相支持物上。DNA 是沿与凝胶平面垂直的方向移出并转移到膜上，因此，凝胶中的 DNA 片段虽然在碱变性过程中已经变性成单链，转移后各个 DNA 片段在膜上的相对位置与在凝胶中的相对位置仍然一样，故而称为印迹。用于转膜的固相支持物有多种，如硝酸纤维素膜（NC膜）、尼龙膜、化学活化膜和滤纸等，其中常用的是NC膜和尼龙膜。

（5）探针标记。用于Southern印迹杂交的探针可以是纯化的DNA片段或寡核苷酸片段，探针可以用放射性物质标记或用非放射性物质标记。常见的放射性标记物有^{32}P、^3H、^{35}S、^{14}C、^{125}I，其中以^{32}P、^3H、^{35}S最为常用，常用的非放射性标记物有生物素、地高辛和荧光素等。放射性标记物灵敏度高，效果好；非放射性标记物没有半衰期，安全性好。人工合成的短寡核苷酸可以用T4多聚核苷酸激酶进行末端标记。探针标记的方法主要有切口平移法（nick translation）、随机引物合成法、ABC标记法和PCR扩增标记法。

①切口平移法。当双链DNA分子的一条链上产生切口时，$E.\ coli$ DNA聚合酶Ⅰ具有$5'{\to}3'$的核酸外切酶活性和聚合酶活性，能从切口的$5'$端除去核苷酸，也可将核苷酸连接到切口的$3'$羟基末端。该酶可使切口沿着DNA链移动，用放射性核苷酸代替原先无放射性的核苷酸，将放射性同位素掺入到合成新链中。最合适的切口平移片段一般包含50个～500个核苷酸。

②随机引物合成法。随机引物合成双链探针是使寡核苷酸引物与DNA模板结合，在Klenow酶的作用下，合成DNA探针。该方法的优点是：Klenow片段没有$5'{\to}3'$外切酶活性，反应稳定，可以获得大量的有效探针；反应时对模板的要求不严格，用微量制备的质粒DNA模板也可进行反应。

③ABC标记法。将生物素（Biotin）共价交联在dUTP的碱基上，通过反转录标记或缺口前移标记将这种单体掺入到探针中，杂交反应结束后，洗去非特异性结合的探针，然后用生物素结合蛋白（Avidin）处理薄膜，使得Avidin与探针上的生物素分子形成复合物，这就是ABC标记法。生物素结合蛋白分子上可以接有自然光或高强度荧光发射物质，也可连上特殊的酶分子（如碱性磷酸单酯酶或辣根酶等），由其催化相应底物的显色反应。

④PCR扩增标记法。在PCR扩增时加入标记的dNTP，不仅能对探针DNA进行标记，还可对探针进行大量扩增，尤其适合探针浓度很低的情况下进行标记。

（6）预杂交。将固定于膜上的DNA片段与探针进行杂交之前，必须先进行一个预杂交的过程。因为能结合DNA片段的膜同样能够结合探针DNA，在进行杂交前，必须将膜上所有能与DNA结合的位点全部封闭，这就是预杂交的目的。预杂交是将转印后的滤膜置于一个浸泡在水浴摇床的封闭塑料袋中进行的，袋中装有预杂交液，使预杂交液不断在膜上流动。预杂交液实际上就是不含探针的杂交液，可以自制或从公司购买，不同的杂交液配方相差较大，杂交温度也不同。

（7）Southern杂交。转印后的滤膜在预杂交液中温育4 h～6 h，即可加入标记的探针DNA（探针DNA预先经加热变性成为单链DNA分子），进行杂交反应。杂交是在相对高离子强度的缓冲盐溶液中进行。杂交过夜，然后在较高温度下用盐溶液洗膜。

（8）洗膜。取出NC膜，在2×SSC溶液中漂洗5 min。采用核素标记的探针或发光剂标记的探针进行杂交还需注意的关键一步就是洗膜。在洗膜过程中，要不断振荡，不断用放射性检测仪探测膜上的放射强度。当放射强度指示数值较环境背景高1～2倍时，即停止洗膜。洗完的膜浸入2×SSC中2 min，取出膜，用滤纸吸干膜表面的水分，并用保鲜膜包裹。注意保鲜膜与NC膜之间不能有气泡。

（9）显色。

2.1.6　DNA 测序技术

最早建立的 DNA 测序技术有两种，即 Sanger 双脱氧末端终止法和化学降解法。人类基因组计划的实施和完成，推动了 DNA 测序技术的快速发展，从以 Sanger 法为代表的第一代测序技术，发展到以焦磷酸法和桥式 PCR 法为代表的第二代测序技术（next generation sequencing，NGS），以纳米孔测序为代表的第三代测序技术，甚至单细胞测序技术也已应运而生（图 2-6）。

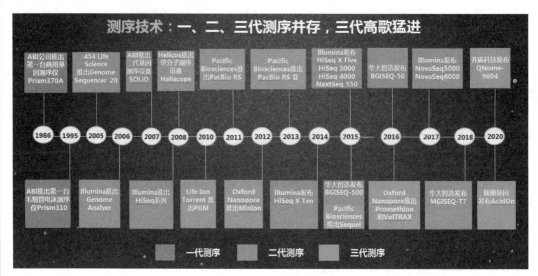

图 2-6　测序技术发展历程

2.1.6.1　Sanger 双脱氧末端终止法

1977 年 Sanger 建立起双脱氧末端终止法测定 DNA 序列的技术，5 年后，在 Sanger 实验室工作的洪国藩将这项技术与 M13 DNA 克隆系统相结合，完成了噬菌体 DNA 的全序列（48 502 bp）测定，这是当时国际上完成的第一例生物基因组测序工作。双脱氧末端终止法的原理很快被用于设计第一台全自动 DNA 序列分析仪。

这种方法的化学本质是在 DNA 的聚合过程中通过酶促反应的特异性终止进行测序，反应的终止依赖于特殊的反应底物 $2'$，$3'$-双脱氧核苷三磷酸（ddNTP），它们与 DNA 聚合反应所需的底物 $2'$-脱氧核糖核苷三磷酸（dNTP）结构相同，而其 $3'$ 位是氢原子而非羟基。在 DNA 聚合酶存在的情况下，ddNTP 同样能根据模板链的要求，与新生链的 $3'$ 末端游离羟基形成磷酸二酯键。一旦 ddNTP 掺入 DNA 的新生链中，聚合反应立即终止，因为 ddNTP 不能提供下一步聚合反应所需的 $3'$ 末端羟基，而且新生 DNA 链终止的 $3'$ 末端就是模板所要求的双脱氧核苷酸。

待测 DNA 片段经克隆扩增后，重组分子进行碱或热变性处理，同时选择一段与待测 DNA 单链互补的引物，并标记上放射性同位素。在 4 个反应管中分别加入待测 DNA 模板链、引物分子、4 种 dNTP 和 DNA 聚合酶，另外还需在 4 个反应管中各加入一种合适量的 ddNTP。聚合反应开始后，在 A 管中，由于 dATP 和 ddATP 的同时存在，两者均可能在模板链出现 T 的时候掺入 DNA 新生链中。如果 dATP 掺入，则聚合反应继续进行下去，直到碰到模板链上的下一个 T；如果 ddATP 掺入，则聚合反应立即终止。由于模板 DNA 分子的大量存在，因此可以肯定 DNA 模板链上任何出现 T 的地方均存在着相应的新生链部分聚合反应产物，它们由一系列以 A 为末端的不同长度的 DNA 片段组成。同理，在分别含有 ddCTP、ddGTP 和 ddTTP 的反应管 C、G 和 T 中，也相应地合成了三套分别以 C、G 和 T 为末端的不同长度的 DNA 片段。最后将这些反应产物热变性，分别点样进行聚丙烯酰胺凝胶电泳，经放射自显影即可从 X-胶片上直接读出待测 DNA 片段的序列。而待测 DNA 模板链的序列则是它的互补序列。Sanger 双脱氧末端终止法测序原理如图 2-7 所示。

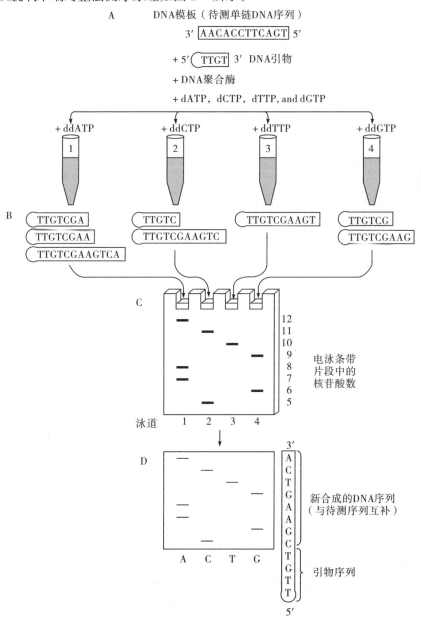

图 2-7　Sanger 双脱氧末端终止法测序原理

2.1.6.2　化学降解法

化学降解法又叫 Maxam-Gilbert 法，是 1977 年由 A. M. Maxam 和 W. Gilbert 首先建立的 DNA 片段序列测定方法，其原理为：将一个 DNA 片段的 5′端磷酸基作放射性标记，再分别采用不同的化学方法修饰和裂解特定碱基，从而产生一系列长度不一而 5′端被标记的 DNA 片段，这些以特定碱基结尾的片段群通过凝胶电泳分离，再经放射自显影，确定各片段末端碱基，从而得出目的 DNA 的碱基序列，如图 2-8 所示。

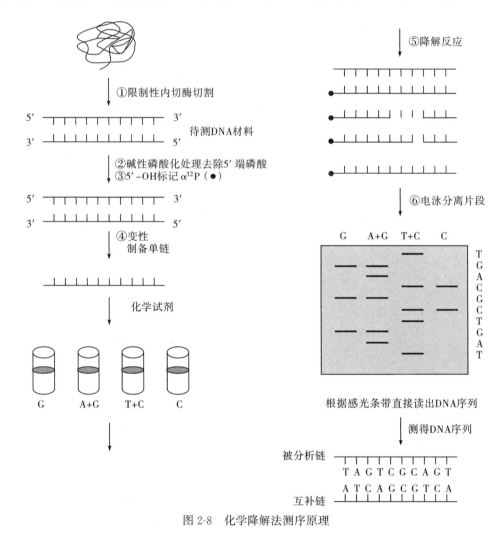

图 2-8　化学降解法测序原理

2.1.6.3　自动测序

自动测序实际上已成为当今 DNA 序列分析的主流。常见的 DNA 测序仪有 ABI 373 型、377 型、310 型、3700 型和 3100 型等，其中 310 型使用较多。其原理是采用毛细管电泳技术，并应用四色荧光染料标记的 ddNTP(标记终止物法)，因此通过单引物 PCR 测序反应，生成的 PCR 产物则是相差 1 个碱基的 3′末端为 4 种不同荧光染料的单链 DNA 混合物，使得 4 种荧光染料的测序 PCR 产物可在一根毛细管内电泳，从而避免了泳道间迁移率差异的影响，大大提高了测序的精确度。由于相对分子质量大小不同，其在毛细管电泳中的迁移率也不同，当其通过毛细管读数窗口段时，激光检测器窗口中的 CCD(charge-coupled device) 摄影机检测器就可对荧光分子逐个进行检测，激发的荧光经光栅分光，以区分代表不同碱基信息的不同颜色的荧光，并在 CCD 摄影机上同步成像，分析软件可自动将不同荧光转变为 DNA 序列，从而达到 DNA 测序的目的。分析结果能以凝胶电泳图谱、荧光吸收峰图或碱基排列顺序等多种形式输出。

由于该仪器具有 DNA 测序、PCR 片段大小分析和定量分析等功能，因此可进行 DNA 测序、杂合子分析、单链构象多态性分析(SSCP)、微卫星序列分析和长片段 PCR、RT-PCR(定量 PCR)等分析，临床上除可进行常规 DNA 测序外，还可进行单核苷酸多态性(SNP)分析、基因突变检测、法医学上的亲子和个体鉴定、微生物与病毒的分型与鉴定等。

2.1.6.4　第二代测序技术

尽管第一代测序技术可以达到 1 000 bp 的测序读长、99.999% 的高准确性，但也存在速度慢、成本高、通量低等方面的不足，致使其不能得到大众化的应用。随着 2001 年人类基因组计划的完成，人们进入了后基因组时代，即功能基因组时代，深度测序和重复测序等大规模基因组测序需求越来越多，第二代测序技术，即大规模平行测序技术应运而生。第二代测序平台的出现不仅令 DNA 测序费用降到了以前的百分之一，并且由于其高通量的特征，一次能对几十万到几百万条 DNA 分子进行测序，使得对一个物种的转录组测序或基因组深度测序变得方便易行。常见的二代测序仪有 Roche 公司的 454 测序仪、Illumina 公司的 Solexa 测序仪、ABI 公司的 SOLiD 测序仪和 Life Technologies 公司的 Ion torrent 测序仪。

1) 焦磷酸测序

焦磷酸测序即采用焦磷酸发光检测新合成的 DNA 碱基。因为 DNA 合成时，每延伸一个碱基，会产生一个焦磷酸(PPi)，如果在反应底物中添加磷酰硫酸(APS)，就会与焦磷酸反应生成一个 ATP，ATP 在荧光素酶的作用下可以产生荧光。在测序反应过程中，依次按顺序添加 4 种 dNTP，能发荧光的就是新延伸的碱基，把每一轮反应延伸的碱基依序连接起来就得到了相应序列。焦磷酸测序原理如图 2-9 所示。

2)Solexa 测序

该技术将每一个单核苷酸的 3′端加上了一个可逆阻断基团(叠氮基团)，保证每次反应只能连接上一个核苷酸，同时把 4 种 dNTP 用 4 种荧光基团标记。当新的碱基延伸，先检测荧光，确定是哪种碱基，再把荧光基团和阻断基团去除，开启下次反应，不断重复这个过程，即可测得相应序列。Solexa 测序原理如图 2-10 所示。

3)SOLiD 测序

SOLiD 测序的独特之处在于没有采用惯常的聚合酶，而用了连接酶。SOLiD 连接反应的底物是 8 碱基单链荧光探针混合物。连接反应中，这些探针按照碱基互补规则与单链 DNA 模板链配对。探针的 5′末端分别标记了 CY5、Texas Red、CY3、6-FAM 这 4 种颜色的荧光染料。探针 3′端 1～5 位为随机碱基，可以是 ATCG 4 种碱基中的任何一种碱基，其中第 1、2 位构成的碱基对是表征探针染料类型的编码区。

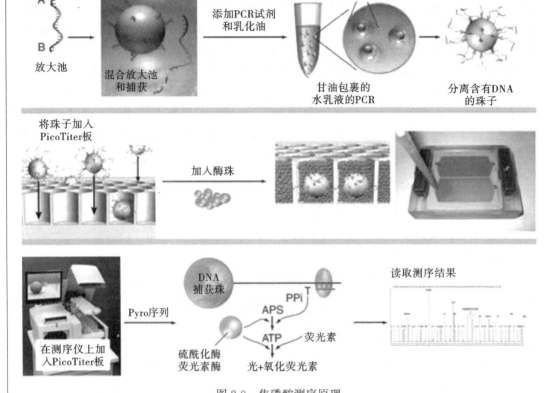

图 2-9　焦磷酸测序原理

4）Ion torrent 测序

Ion torrent 测序平台检测的是 dNTP 中释放出来的 H 离子。pH 值的改变通过互补金属氧化物半导体以及离子敏感场效应晶体管来检测。

2.1.6.5　第三代测序技术

虽然第二代测序技术具有高度的并行性、高通量、操作简单、成本低等优势，但由于其建库过程往往依赖 PCR，会产生偏性，且测序过程受到酶反应限制最终导致序列读长很短，严重影响了测序数据的准确率，给后期的基因组序列组装带来了巨大的压力。为了克服第二代测序技术中读长短的问题，以单分子、长读长测序为目标的第三代测序技术应运而生。

代表性的第三代测序平台，主要有单分子实时测序技术（SMRT 技术）和纳米孔单分子测序技术。

1）PacBio SMRT 测序

其主要特点是长读长，平均读长在 10 kb 以上。SMRT 测序芯片上含有纳米级的零模波导孔（zero-mode waveguides，ZMWs），每个 ZMW 都能够包含一个 DNA 聚合酶及一条 DNA 样品链进行单分子测序，并实时检测插入碱基的荧光信号。ZMW 是一个直径只有 10 nm～50 nm 的孔，当激光打在 ZMW 底部时，只能照亮很小的区域，

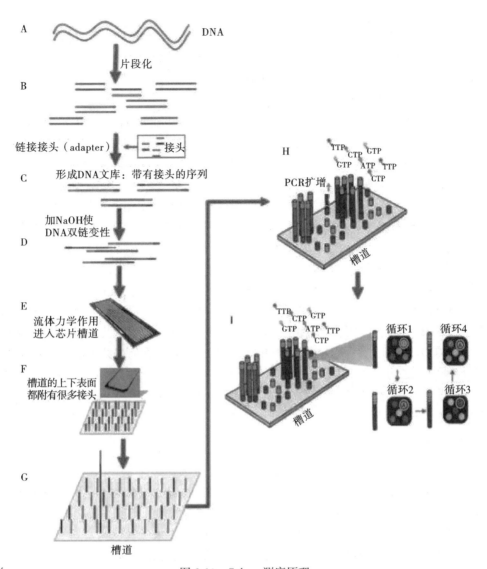

图 2-10　Solexa 测序原理

DNA 聚合酶就被固定在这个区域。只有在这个区域内，碱基携带的荧光基团才能被激活从而被检测到，大幅地降低了背景荧光干扰。将荧光染料标记在核苷酸的磷酸链而不是碱基上，当核苷酸掺入新生的链中，标记基团就会自动脱落，减少了 DNA 合成的空间位阻，维持 DNA 链连续合成，延长了测序读长。SMRT 测序最大限度地保持了聚合酶的活性，是最接近天然状态的聚合酶反应体系。

2）ONT 纳米孔测序

将人工突变的通道蛋白（纳米孔）嵌入人工合成的多聚合物膜，并浸在离子溶液中，在膜两侧施加不同的电压产生电势差，DNA 链在马达蛋白的牵引下，解螺旋通过纳米孔蛋白，不同的碱基会形成特征性离子电流变化信号，因此可直接将测得电流信号解析为碱基序列信息。

2.1.6.6 测序技术的应用

目前第二代测序技术已经应用于基因组学研究的各个方面,现对第二代测序技术在基因组测序及转录测序等方面的应用进行介绍。

1) 基因组从头测序及重测序

从头测序也叫 de novo sequencing,主要应用于基因组序列未知的物种,DNA 片段测序后,用生物信息学软件对序列进行拼接、组装,从而获得该物种的基因组序列图谱。重测序是指该物种基因组序列已被测序,有参考基因组序列的测序工作。由于第二代测序技术测序读长较短,完成基因组的从头测序一般需要第一代测序技术的辅助,但是可以完成简单生物的基因组从头测序及所有生物的基因组重测序。在第二代测序技术的推动下,大量生物的全基因组被顺利测序,大量物种的基因组计划完成。

2) 其他方面的应用

第二代测序技术在宏基因组学研究、DNA-蛋白互作研究(ChIP-Seq)、DNA 甲基化研究等方面都有应用。宏基因组学是直接研究自然状态下微生物群落的学科。低通量测序技术限制了研究样品的物种复杂度,而新一代测序技术能更好地满足宏基因组学研究的需要,并且扩大了宏基因组学的研究领域。染色质免疫共沉淀(ChIP)是研究DNA 与蛋白质之间相互作用的强有力工具。DNA 甲基化作为 DNA 序列的修饰方式,是一种重要的表观遗传机制,在生命活动中有着重要作用。

拓展阅读

PCR 的故事

PCR 的发明人穆利斯(K. Mullis)获得了 1993 年的诺贝尔化学奖。穆利斯是一名生物化学家,1972 年在加州大学伯克利分校取得博士学位,专长为有机合成。1979 年,穆利斯进入湾区一家名叫西特斯(Cetus)的私人生物技术公司任职。西特斯公司从 20 世纪 70 年代以制造维生素及抗生素为主的公司转型,进入 80 年代以基因产品为主的研发。生长激素、胰岛素、凝血因子、干扰素、白介素等,都是西特斯的研发对象。西特斯聘用穆利斯,是想借重他有机化学合成的专长,负责合成寡核苷酸(短链的 DNA 分子),以供实验所需。穆利斯做的工作,只是设法改进寡核苷酸的合成效率而已。

PCR 的点子,也就是在这样的情况下诞生的。根据穆利斯自己的说法,那是在 1983 年春天一个周五的晚上,他开车带着家人前往乡间的小屋度周末。在蜿蜒的乡间公路上开着车时,一段 DNA 反复复制的景象在他的脑海里冒了出来。1984 年 11 月,穆利斯的技术员首次取得可信的结果,证明了 PCR 的可行。然而,将 PCR 变成真正成熟技术的临门一脚,则是耐高温 DNA 聚合酶的引进。自此,PCR 取得了完全的成功。

2.2 RNA 操作的基本技术

2.2.1 总 RNA 提取技术

RNA 是基因转录的产物，存在于细胞质与细胞核中。在诸如 RT-PCR、Northern 杂交、cDNA 文库构建及体外翻译等与 RNA 有关的基因工程实验中，决定实验成败最为关键的因素是获得高纯度和高质量的总 RNA 样品。RNA 按功能主要分为三类，即信使 RNA(mRNA)、转运 RNA(tRNA)和核糖体 RNA(rRNA)，其中细胞内含量最丰富的是 rRNA，约占 75%；其次是 tRNA，约占 15%～20%；mRNA 含量最低，只占 1%～5%。其中最受关注的是 mRNA，因为 mRNA 是遗传信息的转录产物，其碱基的排列序列决定了其所编码蛋白质的氨基酸顺序。

由于不同物种间细胞类型、组织类型以及细胞物质组成成分存在差别，因此在不同物种间所采用的 RNA 分离策略也有所不同。此外，由于不同分离方法会对 RNA 产物的理化性质产生一定的影响，进而可能会造成相关基因表达检测结果的不准确，因此，在进行 RNA 表达分析实验时，需采取同一种方法分离实验样品，避免因方法不同而带来误差。总 RNA 提取过程中首先是材料的破碎，该步骤在动植物材料间没有差别，都强调所用材料必须新鲜或者提前使用液氮处理。在 RNA 提取过程中最强调的是防止核糖核酸酶(RNA 酶)的污染。由于 RNA 酶(RNase)广泛存在且结构稳定，因而在 RNA 制备与分析过程中只要存在少量的 RNase 就会引起 RNA 的降解，因此提取 RNA 必须在无 RNase 的环境中进行。

在实验中，一方面要严格控制外源性 RNase 的污染(如操作人员的汗液、唾液等)，另一方面要最大限度地抑制内源性的 RNase。为了使 RNA 分子不易被降解，可使用 RNase 抑制剂，如 DEPC(焦碳酸二乙酯，$C_6H_{10}O_5$)试剂，它是 RNase 的强抑制剂，常用来抑制外源 RNase 活性。同时，RNA 提取缓冲液中一般包含 SDS、酚、氯仿、胍盐等蛋白质变性剂，也能抑制 RNase 活性，并有助于除去非核酸成分。目前，常用的提取 RNA 的方法主要包括 Trizol 法、异硫氰酸胍法、酚/氯仿法和 CTAB 法等。

2.2.1.1 Trizol 法

Trizol 试剂是由苯酚和硫氰酸胍配制而成的单相的快速抽提总 RNA 的试剂，可使样品匀浆化、细胞裂解，可溶解细胞内含物，同时因含有 RNase 抑制剂，可保持 RNA 的完整性。在加入氯仿离心后，溶液分为水相和有机相，RNA 在水相中。取出水相，用异丙醇沉淀可回收 RNA，用乙醇沉淀中间层可回收 DNA，用异丙醇沉淀有机相可回收蛋白质。利用该方法得到的总 RNA 中蛋白质和 DNA 污染很少，能满足分离 mRNA、Northern 印迹杂交、RT-PCR、体外翻译和分子克隆等实验的需求。

2.2.1.2 异硫氰酸胍法

异硫氰酸胍是目前认为最有效的 RNase 抑制剂，其异硫氰酸根和胍离子都是很强的蛋白质变性剂，它在裂解组织的同时既可破坏细胞结构使核酸从核蛋白中解离出来，又对 RNase 有强烈的变性作用，使 RNase 失活。大量的 RNA 释放到溶液中，然后用酸性酚进行抽提，使 DNA 与蛋白质一起沉淀。RNA 被抽提至水相，用异丙醇沉淀 RNA。该方法提取的 RNA 能够很好地用于 Northern 印迹杂交等实验。

2.2.1.3 酚/氯仿法

该法利用苯酚协助破碎细胞，酚/氯仿变性蛋白质并反复抽提获得核酸。该方法操作简单、经济。

2.2.2 RNA 样品质量检测

RNA 样品质量主要包含两个方面的内容：一是 RNA 样品的纯度，二是 RNA 样品的完整性。对 RNA 样品进行质量检测的主要目的是确保研究样品的质量满足后续实验要求，避免结果偏差或者出现不正确的结果。通常情况下，样品纯度可以在样品稀释时得到改善，但 RNA 的完整性通常是无法改善的，一般样品来源为保存、固定的样品和来源于富含降解酶器官的样品，其 RNA 完整性通常比较差。RNA 样品质量的检测主要包括紫外吸收检测和琼脂糖凝胶电泳两种方法。

2.2.2.1 紫外吸收检测法

通常通过测量吸光值来检测 RNA 纯度。在分光光度计上分别测定样品在 280 nm、260 nm、230 nm 的吸光度(A)，计算 A_{260}/A_{280} 和 A_{260}/A_{230} 的值。纯度高的 RNA 样品 A_{260}/A_{280} 的值应该在 1.8～2.1 的范围内，并且是光滑的吸光光谱曲线，若小于该范围说明样品中存在蛋白质或酚的污染。230 nm 吸收峰应该较低，A_{260}/A_{230} 值应该大于 2，如小于 2 则表明有异硫氰酸胍的污染。根据 RNA 样品在 260 nm 处的吸光度值可以计算出 RNA 样品的浓度，即 RNA 含量($\mu g \cdot mL^{-1}$)＝A_{260}×稀释倍数×37 $\mu g \cdot mL^{-1}$。

2.2.2.2 琼脂糖凝胶电泳法

通常利用琼脂糖凝胶电泳来检测 RNA 的完整性。RNA 电泳可以在变性及非变性两种条件下进行，非变性电泳使用 1.0%～1.4% 的琼脂糖凝胶，不同的 RNA 条带也能分开，但无法判断其相对分子质量。只有在完全变性的条件下，RNA 的泳动率才与相对分子质量的对数呈线性关系。因此在测定 RNA 相对分子质量时，一定要采用变性凝胶的方法。如需快速检测所提总 RNA 样品完整性，则配制普通的 1% 琼脂糖凝胶即可。

RNA 样品电泳后，最理想的结果是得到明显的 28S、18S 及 5S 小分子 RNA 条带，说明 RNA 提取的完整性好。同时，经溴化乙锭染色后 28S rRNA 和 18S rRNA 条带亮度比约为 2∶1，表明 RNA 无降解。如亮度比逆转，则表明 RNA 已经降解，若有降解可能是操作不当或污染了 RNase。另外，电泳中如果在 28S 后方还有条带，则表明存在 DNA 污染，应用 DNase 处理后再进行纯化。

2.2.3 mRNA 的分离纯化与反转录

2.2.3.1 mRNA 的分离纯化

真核细胞的 mRNA 分子最显著的结构特征是具有 5′端帽子(m7GpppNpNp)和 3′端多聚腺苷酸[poly(A)]尾巴。poly(A)结构为真核细胞 mRNA 的分离提供了极为方便的选择性标记,oligo(dT)-纤维素柱层析或 oligo(U)-琼脂糖亲和层析分离纯化 mRNA 的理论基础就在于此。其中以 oligo(dT)-纤维素柱层析法最为有效,已成为常规方法。此法利用 mRNA 3′末端含有 poly(A)的特点,在 RNA 流经 oligo(dT)-纤维素柱时,在高盐缓冲液的作用下,mRNA 被特异地结合在柱上,当逐级降低盐浓度或在低盐溶液和蒸馏水冲洗的情况下,mRNA 被洗脱下来,两次经过 oligo(dT)-纤维素柱后,即可得到较高纯度的 mRNA。

2.2.3.2 逆转录合成 cDNA

cDNA(complementary DNA)是指互补于 mRNA 的 DNA 分子,主要是在逆转录酶的催化作用下,以 RNA 为模板,根据碱基互补配对原则,按照 RNA 的核苷酸顺序合成的 DNA。从真核生物的组织或细胞中获得的 mRNA,通过酶促反应逆转录合成 cDNA 的第一链和第二链,将双链 cDNA 和载体连接,然后转化扩增,即可获得 cDNA 文库,构建的 cDNA 文库可用于真核生物基因的结构、表达和调控的分析(如图 2-11 所示)。自 20 世纪 70 年代首例 cDNA 克隆问世以来,已发展了许多种提高 cDNA 合成效率的方法,并大大改进了载体系统。目前,cDNA 的合成技术已成为当今真核分子生物学的基本手段,cDNA 的合成试剂已商品化。

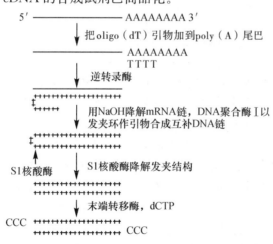

图 2-11　oligo(dT)引导的 cDNA 合成(引自吴乃虎,1998)

1) cDNA 第一链的合成

所有合成 cDNA 第一链的方法都要用依赖于 RNA 的 DNA 聚合酶(反转录酶)来催化反应。目前商品化反转录酶有从禽类成髓细胞瘤病毒纯化到的禽类成髓细胞病毒(AMV)逆转录酶和从表达克隆化的 Moloney 鼠白血病病毒反转录酶基因的大肠杆菌中分离到的鼠白血病病毒(MLV)反转录酶。

2）cDNA 第二链的合成

（1）自身引导法。合成的单链 cDNA 3′端能够形成一短的发夹结构，这就为第二链的合成提供了现成的引物，当第一链合成反应产物的 DNA：RNA 杂交链变性后利用大肠杆菌 DNA 聚合酶 I Klenow 片段或反转录酶合成 cDNA 第二链，最后用对单链特异性的 S1 核酸酶消化该环，即可进一步克隆。但自身引导合成法较难控制反应，而且用 S1 核酸酶切割发夹结构时无一例外地将导致对应于 mRNA 5′端序列出现缺失和重排，因而该方法目前很少使用。

（2）置换合成法。该方法利用第一链在反转录酶作用下产生的 cDNA：mRNA 杂交链不用碱变性，而是在 dNTP 存在下，利用 RNase H 在杂交链的 mRNA 链上造成切口和缺口，从而产生一系列 RNA 引物，使之成为合成第二链的引物，在大肠杆菌 DNA 聚合酶 I 的作用下合成第二链（如图 2-12 所示）。该反应有 3 个主要优点：效率非常高；直接利用第一链反应产物，无须进一步处理和纯化；不必使用 S1 核酸酶来切割双链 cDNA 中的单链发夹环。

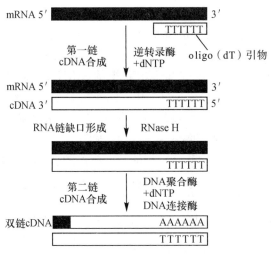

图 2-12　合成双链 cDNA 的 RNase H 酶降解取代法（引自吴乃虎，1998）

（3）PCR 法。PCR 法合成 cDNA 的第二条链是指以 cDNA 的第一条链为模板，设计合成一组引物，用 PCR 扩增技术获得多拷贝双链 cDNA 的方法（如图 2-13 所示）。由于 PCR 的放大作用，本法可从有限的生物材料中构建 cDNA 文库。与其他方法相比，PCR 法具有以下显著优点：①适合于研究不同时期或不同发育阶段基因表达的变化。②不用纯化 mRNA，可用总 RNA 作为合成 cDNA 第一条链的模板，避免了纯化过程中某些信息分子的丢失。尤其是对于某些有限的生物材料，纯化 mRNA 十分困难或根本不可能时更为适用。③该法是通过在 cDNA 第一条链的 3′端进行同聚物加尾而实现的，不会丢失其末端的最后几个核苷酸，因而可得到相当于 mRNA 5′端的较为完整的序列。目前该技术应用广泛，已成为分子克隆的主要手段之一。

2.2.4　RNA 印迹杂交

RNA 印迹杂交是一种将 RNA 从琼脂糖凝胶中转印到硝酸纤维素膜上的方法。印迹杂交技术包括两个主要过程：一是将待测定核酸分子通过一定的方法转移并结合到

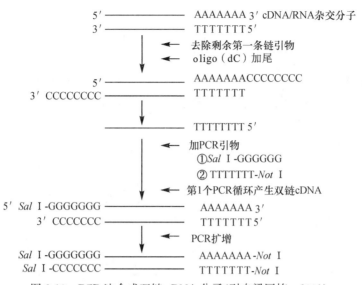

图 2-13　PCR 法合成双链 cDNA 分子(引自梁国栋, 2001)

一定的固相支持物(硝酸纤维素膜或尼龙膜)上，即印迹；二是固定于膜上的核酸同位素标记的探针在一定的温度和离子强度下退火，即分子杂交过程。RNA 印迹杂交经过了 RNA 的提取 → RNA 变性电泳 → 印迹转移 → 预杂交 →(探针)→ 杂交 → 洗膜 → 放射自显影或化学显色等一系列实验过程。正好与 DNA 印迹杂交相对应，故被称为 Northern blotting。

2.2.5　mRNA 差异显示技术

mRNA 差异显示技术(mRNA differential display PCR，mRNA DD-PCR)是筛选基因差异表达的有效方法。它是将 mRNA 逆转录技术和 PCR 技术相结合的一种 RNA 指纹图谱技术，具有简便、灵敏、RNA 用量少、效率高、可同时检测两种或两种以上经不同处理或处于不同发育阶段的样品等特点。

差异基因表达是细胞分化的基础。正是这些基因在细胞中的特异表达与否，决定了生命历程中细胞的发育和分化、细胞周期的调节、细胞的衰老和死亡等。每一种组织细胞(包括同一组织细胞经过不同的处理)都有其特异表达的不同于其他组织细胞的基因谱，即特异的 RNA 指纹图谱。mRNA DD-PCR 技术正是对组织特异性表达基因进行分离的一种快速而行之有效的方法。其基本原理是几乎所有的真核基因 mRNA 分子的 3′末端都带有一个多聚腺苷酸结构，即通常所说的 poly(A) 尾巴，因此可以 mRNA 为模板，在逆转录酶的作用下，以 oligo(dT) 为引物合成 cDNA。根据 mRNA 分子 3′末端序列结构的分析可以看到，在这段 poly(A)序列起点碱基之前的一个碱基，除了为 A 的情况之外，只能有 C、G、T 三种可能。根据这种序列结构特征，设计合成三种不同的下游引物，它们由 11 个或 12 个连续的脱氧核苷酸加上一个 3′末端锚定脱氧核苷酸组成(5′-T$_{11}$MN-3′)，用 5′-T$_{11}$G、5′-T$_{11}$C、5′-T$_{11}$A 表示，这样每一种此类人工合成的寡核苷酸引物都能够把总 mRNA 群体的 1/3 分子反转录成 mRNA-cDNA 杂交分子。于是，采用这三种引物，可以将整个 mRNA 群体在 cDNA 水平上分成三个亚群体。然后利用一个上游的随机引物和反转录时利用的 oligo(dT)引物对这个 cDNA 亚群体进行 PCR 扩增，因为这个上游的引物将随机结合在 cDNA 上，因此源自不同 mRNA 的扩增产物的大小是不同的，可以在测序胶上明显分辨开来，从而筛选出不同样品间基因差异表达的 DNA 片段(如图 2-14 所示)。简述其基本原理，就是将基因背景相同的 2 个或几个细胞系或组织 mRNA 逆转录成 cDNA，用不同引物对进行 PCR 扩增，扩增时加同位素标记的核苷酸。用测序胶电泳分离 PCR 产物，经放射自显影即可找到被扩增的差异表达的基因。

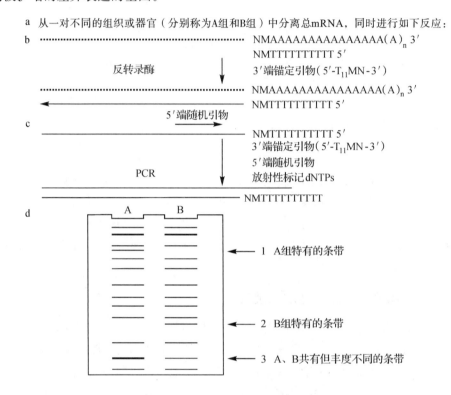

图 2-14　DDRT-PCR 反应的基本程序(引自吴乃虎，1998)

a. 分别从 A 组和 B 组中分离总 mRNA；b. 加入 3′ 端锚定引物(5′-T$_{11}$MN-3′)进行反转录合成第一链 cDNA；c. 加入一对特定组合的 5′ 端随机引物和 3′ 端锚定引物(5′-T$_{11}$MN-3′)以及 ^{35}S-dNTP 进行 PCR 扩增；d. 将同位素标记的(所谓"热的")PCR 产物加样在变性的 DNA 序列胶中作电泳分离，并作放射自显影图片。除了 A 组或 B 组特有的条带之外，大部分条带是两组共有的。

随着 mRNA 差异显示技术的广泛应用，其也逐渐显露出一些不足之处，如所得特异性 cDNA 片段克隆的假阳性的比例较高，差异条带分离困难，获得的差异扩增片段较短，一般在 100 bp～600 bp 之间，包含大量的非编码序列，不利于同源性比较分析等。

2.2.6　转录组分析技术

mRNA 是基因与蛋白质之间信息传递的桥梁，具有重要的调控作用。将全部 mRNA 提取出来，逆转录生成 cDNA，用高通量技术进行测序的技术统称为转录组分析技术。测序有两种策略，一种是将 mRNA 先反转录成 cDNA，再打断成片段后测序；另外一种是将 RNA 片段化后再反转录。如果只抽取带有 poly(A)的 RNA 称为转录组测序，如果抽提所有 RNA 则为全部转录本，如果将带有 poly(A)的 RNA 过滤掉则为非编码 RNA 转录本，如果只抽取 21 个～23 个 nt 的 RNA 则为 miRNA 测序。相对于传统的研究基因表达的方法，转录组测序技术有很多优势，如灵敏度高、数字性好、无须事先知道基因组信息等。目前，转录组测序已经取代基因芯片成为从整个基因组层次研究基因表达的主流方法。RNA 测序的研究内容主要有：转录本结构的研究（起始密码子鉴定、内含子边界确定、UTR 确定、可变剪切等），表达量研究，SNP（单核苷酸多态性）位点研究，新转录本检测，非编码区功能研究（小 RNA、非编码 RNA 的研究）等。

拓展阅读

逆转录酶的发现补充了分子生物学的"中心法则"

在麻省理工学院工作的大卫·巴尔的摩(David Baltimore)和在华盛顿大学工作的霍华德·特敏(Howard Temin)独立发现，逆转录病毒中有一种酶会使遗传信息传递的方向发生逆转，即将 RNA 拷贝进 DNA 中，从而使逆转录病毒永远寄生在细胞中。Temin 和 Baltimore 发现的重要性很快得到了全世界的认可，他们因此荣获 1975 年的诺贝尔医学或生理学奖。逆转录酶的发现对遗传工程技术的发展起到了巨大的推动作用，是研究真核或者原核生物目的基因、构建 cDNA 文库等实验不可或缺的工具，与 Taq 酶等共同构成了现代生物技术的基础工具酶。

2.3 蛋白质操作的基本技术

2.3.1 外源基因表达产物检测技术

外源基因的表达包括转录和翻译两个水平。转录是以 DNA 为模板合成 mRNA 的过程，翻译是以 mRNA 为模板合成蛋白质的过程。因此，外源基因表达产物的检测过程就是对特异性 mRNA 或蛋白质的检测。特异性 mRNA 的检测方法主要有 Northern 印迹杂交法、RT-PCR、Real-time PCR、启动子活性分析；检测特异性蛋白质的方法包括生化反应检测法、免疫学检测法和生物学活性检测法等。当转化的外源目的基因表达产物没有可供直接选择的性质时，可把外源基因与标记基因或报告基因一起构成嵌合基因，通过检测嵌合基因中的标记基因或报告基因而间接确定外源目的基因的存在和表达。

2.3.1.1 外源基因转录产物的检测

外源基因转移到受体细胞后可能会有几种情况：一是外源基因和表达载体一起游离于染色体外进行转录；二是外源基因整合到染色体上进行转录；三是外源基因整合到染色体上后并不发生转录，而表现为基因沉默。这说明外源基因在受体细胞中存在并不意味着外源基因能有效表达。

通过 Southern 杂交可以检测到外源基因是否存在于受体细胞中,但是并不能确定外源基因能否转录,通过 Northern 杂交可以检测到外源基因是否转录出 mRNA。检测外源基因转录产物还可采用 RT-PCR 的方法进行半定量检测。从转化的受体细胞中提取总 RNA 或 mRNA,然后以它为模板进行反转录再进行 PCR 扩增,若获得了特异性的 cDNA 片段则表明外源基因在受体细胞中已进行转录,还可采用 Real-time PCR 定量检测外源基因的 mRNA 表达量。

2.3.1.2 报告基因的酶检测法

哺乳动物细胞工程中使用的报告基因有氯霉素乙酰转移酶基因(CAT)、β-葡萄糖苷酸酶基因(GUS)、胸腺激酶基因(TK)、二氢叶酸还原酶基因($DHFR$)等。在植物基因工程中使用的报告基因有 CAT 基因、GUS 基因、冠瘿碱合成酶基因、荧光素酶基因和氨基糖苷-3′-磷酸转移酶基因($Npt\,\mathrm{II}$)等。

CAT 基因编码的产物主要催化乙酰基由乙酰 CoA 转向氯霉素,而乙酰化的氯霉素不再具有氯霉素的活性,失去了干扰蛋白质合成的作用。在真核细胞中不含氯霉素乙酰转移酶基因,当以 CAT 基因作为真核细胞转化的报告基因时,携带 CAT 基因的转化细胞能够产生对氯霉素的抗性,通过对转化细胞中氯霉素乙酰转移酶活性的检测可以确定外源基因表达的效果。CAT 活性的测定可以通过检测反应底物乙酰 CoA 的减少量或反应产物乙酰化氯霉素及还原型 CoASH 的生成量来进行,常用的方法有薄层层析法和 DNTB 分光光度计法。

GUS 基因编码的 β-葡萄糖苷酸酶是一种水解酶,能催化 β-葡萄糖苷酯类物质的水解。大多数植物细胞、细菌和真菌中都不存在内源的 GUS 活性,因而其被广泛用作转基因植物、细菌和真菌的报告基因。GUS 基因不仅可以与外源目的基因形成融合蛋白,用于目的基因表达蛋白的定位,还可以将外源基因的启动子序列置于 GUS 基因的前面进行基因的时空表达特性研究。用于检测 GUS 基因产物的底物有 5-溴-4-氯-3-吲哚-β-葡萄糖苷酸酯(X-Gluc)、4-甲基伞形酮酰-β-D-葡萄糖醛酸苷酯(4-MUG)和对硝基苯-β-D-葡萄糖醛酸苷(PNPG)。相对应的检测方法包括组织化学定位染色法、荧光测定法和分光光度测定法等。

荧光素酶基因(LUC)检测方法简便、灵敏,荧光素酶可催化底物 6-羟基喹啉类物质氧化脱羧生成激发态的氧化荧光素,发射光子后又变成常态的荧光素,在反应过程中化学能转变成光能通常采用细菌和萤火虫的荧光素酶基因作为报告基因。检测方法主要有两种:一种是活体内荧光素酶活性检测——将被检的组织材料放置于一小容器内,加入适量的组织培养液体培养基、荧光素、ATP 等置于暗室中,直接用肉眼观察;或覆盖 X 光胶片,室温放置数天,观察胶片的曝光情况;另外一种方法是体外荧光素酶活性检测——待检组织材料经破碎和高速离心后,提取上清液,加入含有适量 Mg^{2+}、ATP 和荧光素的缓冲液中,以荧光计测定荧光强度。

$DHFR$ 基因编码二氢叶酸还原酶在 DNA 生物合成中有重要作用,能催化二氢叶酸还原为四氢叶酸。四氢叶酸是一碳基团的载体,在胸腺嘧啶核苷酸的合成中起重要作用。氨甲喋呤与二氢叶酸结构类似,能竞争性抑制二氢叶酸还原酶活性。植物细胞的二氢叶酸还原酶对氨甲喋呤极为敏感,而其他来自细菌或小鼠的二氢叶酸还原酶对氨甲喋呤的敏感性很低。将细菌的二氢叶酸还原酶基因作为报告基因,转基因的植物细胞在一定浓度的氨甲喋呤培养基中正常生长,而非转化的植物细胞则不能生长。

2.3.1.3 蛋白凝胶电泳检测法

如果外源基因编码产物的生物功能难以检测,同时没有现成的抗体,就通过聚丙烯酰胺凝胶电泳对重组子克隆进行筛选鉴定。从重组子克隆中分别制备蛋白粗提液,以非重组子作对照,利用蛋白凝胶电泳检测。如果克隆在载体质粒上的外源基因能高效表达,则会在凝胶电泳图谱的相应位置上出现较宽较深的考马斯亮蓝染色带,由此可检测到期望的重组子。

2.3.1.4 免疫学检测

免疫学检测是基因表达产物检测中最常用的方法之一,是以表达产物作为抗原,通过与特异性抗体发生反应来检测基因表达。基因表达产物的免疫学检测包括免疫沉淀法、酶联免疫吸附法(enzyme-linked immunosorbent assay,ELISA)、Western 印迹法(Western blotting)等。

1) 免疫沉淀法

该方法可用于表达产物的定性与定量检测,其优点是选择性好,灵敏度高,可检测出 100 pg 水平的放射性标记蛋白,并可从蛋白质混合物中提纯出抗原—抗体复合物。免疫沉淀法包括以下步骤:①对靶细胞进行放射性标定。通常以 ^{35}S 标记靶蛋白,在培养基中加入[^{35}S]甲硫氨酸或[^{35}S]甲硫氨酸和[^{35}S]半胱氨酸混合物,通过代谢过程使哺乳动物细胞标记上放射性同位素,对于酵母和细菌来说由于能合成甲硫氨酸和半胱氨酸,可以使用 ^{35}S 标记的硫酸盐来标记表达的蛋白。②细胞裂解。通过一定方法使细胞裂解,但要尽可能保持靶抗原的溶解状态和免疫活性。③形成特异性免疫复合物。将靶蛋白的特异性抗体加入细胞裂解物中形成抗原—抗体复合物,然后通过 A 蛋白-Sepharose 等进行回收。④靶蛋白的免疫沉淀。在反应试管中加入抗靶蛋白抗体,使之与靶蛋白结合并形成沉淀。

2) 酶联免疫吸附法

该方法是利用免疫学原理对表达的特异性蛋白进行检测,建立了抗原与抗体结合进一步通过酶反应来检测的体系,是基因表达研究中最常用的方法之一。由于酶催化的反应具有放大作用,测定的灵敏度达到 1 pg 级的目标蛋白。ELISA 方法检测外源基因表达蛋白分为四个步骤:①抗体制备。ELISA 检测中的抗体包括普通抗体和酶标记的抗体,其中酶标记的抗体又分为针对特异抗原的酶标一抗和针对一抗的酶标二抗;针对特异性抗原的抗体可通过免疫反应来制备,它包括抗原制剂的制备和免疫动物、抗血清制备以及特异性抗体的纯化等步骤,酶标记特异性抗体是使酶与抗体交联,常用的标记酶有辣根过氧化物酶(HRP)和碱性磷酸酶(AKP),使 HRP 交联在抗体上的方法有戊二醛法和过碘酸氧化法。②抗体或抗原的包被。该过程是通过物理吸附法和共价交联法将抗原或抗体固定在固相载体的表面。常用的固相载体是多孔的聚苯乙烯微量反应板,此外还包括纤维素、聚丙烯酰胺、聚乙烯、聚丙烯、交联葡萄糖、玻璃、硅橡胶和琼脂糖凝胶等。③免疫反应。在免疫反应过程中首先必须确定好抗原、抗体和酶标抗体三者的浓度关系。检测可溶性抗原主要有两种方法，其一是将抗体包被在固相载体上，样品中特异性的抗原与包被在固相载体上的抗体结合后形成抗体—抗原复合物，再加入酶标记的抗体(酶标一抗)，形成抗体—抗原—酶标抗体复合物，也可在形成抗体—抗原复合物后先加入非酶标记的抗体，再加酶标记的抗体。其二是将样品中的抗原包被在固相载体上，然后加入特异性一抗，再加入酶标二抗。④特异性表达产物的检测。在进行免疫反应后，每一步都应洗去未发生反应的抗体，加入显色剂或荧光底物，通过酶促反应发生颜色或荧光强度变化来确定抗原的量。ELISA 检测中的酶—底物系统见表 2-1。

表 2-1　ELISA 检测中的酶—底物系统

标记酶	酶促底物	产物颜色	测定波长(nm)
辣根过氧化物酶(HRP)	3,3-二氨基联苯胺	深褐色	无法测定(沉淀)
	5-氨基水杨酸	棕色	449
	邻苯二胺	橘红色	492
	邻联甲苯胺	蓝色	425
碱性磷酸酶(AKP)	4-硝基酚磷酸	黄色	400
	萘酚-As-MX 磷酸盐＋重氮盐	红色	500

3) Western 印迹法

Western 印迹法，即蛋白质印迹法，又称免疫印迹法(immunoblotting)，该技术是 20 世纪 70 年代末 80 年代初在蛋白质凝胶电泳和固相免疫测定基础上发展起来的蛋白质检测技术。原理是根据被测蛋白能与特异性抗体结合的特性和该蛋白的相对分子质量进行检测。该法具有高效、简便、灵敏等特点。免疫印迹法程序可分为五个步骤：①蛋白样品的制备；②经过 SDS-PAGE 分离样品；③分离的蛋白转移到膜载体上，转移后首先将膜上未反应的位点封闭起来以抑制抗体的非特异性吸附；④用固定在膜上的蛋白质作为抗原，与对应的非标记抗体(一抗)结合；⑤洗去未结合的一抗，加入酶偶联或放射性同位素标记的二抗，通过显色或放射自显影法检测凝胶中的蛋白成分。

决定免疫印迹法成败的一个主要因素是抗原分子中可被抗体识别的表位性质。在选择抗体(一抗)时要考虑所选抗体是否能识别凝胶电泳后转印到膜上的变性蛋白，还有所选抗体是否会引起交叉反应。第二个因素是蛋白原液中抗原的浓度。对于中等相对分子质量(50 000 左右)的蛋白质来说，其浓度需大于 0.1 ng 才能被检出。如果要检测更低量的蛋白质，样品要做进一步的纯化。用于检测的二级抗体一般分为以下三种：①放射性标记的抗体。尽管定量准确，但由于放射性同位素有一定的危险性，已逐渐被非放射性检测系统所取代。②与酶偶联的抗体。辣根过氧化物酶和碱性磷酸酯酶是常用的酶偶联的抗体。选用辣根过氧化物酶标记的二抗，可以用化学发光法检测，在过氧化氢存在的条件下，辣根过氧化物酶催化鲁米诺氧化后可发光，在暗室用 X 光片曝光法可以检测到信号。如果选用碱性磷酸酶标记的二抗和溴氯吲哚磷酸盐/硝基氮蓝四唑(BCIP/NBT)底物，就可以在酶结合部位产生黑紫色沉淀。③与生物素相偶联的抗体。生物素是一种可溶性的维生素，它能与抗生物素蛋白高亲和力结合，抗生物素蛋白再与报道酶相结合，这样，可以通过抗生物素—生物素—靶蛋白复合物进行定量分析。

2.3.1.5 表达产物的生物学活性检测

当外源基因表达产物是一种酶蛋白时，可根据酶的催化反应来确定外源基因表达与否和表达的程度。这种方法简便并易于操作，在反应系统中加入特定的底物和基因表达产物的抽提物就可根据反应现象进行定性或定量分析。某些外源基因编码具有特殊生物功能的酶类或活性蛋白（如 α-淀粉酶、葡聚糖内切酶、蛋白酶以及抗生素抗性蛋白等），设计简单灵敏的平板模型，可以迅速筛选出克隆了上述蛋白编码基因的期望重组子。淀粉酶基因表达的淀粉酶可将不溶性的淀粉水解成可溶性的多糖或单糖，在固体筛选培养基中加入适量的淀粉，则平板呈不透明状，待筛选的重组菌落若能表达产生 α-淀粉酶并将之分泌到细胞外，由于酶分子在固体培养基中的均匀扩散作用，会以菌落为中心形成一个透明圈。如果透明圈不甚明显，还可往培养平板上均匀喷洒碘水气溶胶，使之形成蓝色本底，以增强期望重组子克隆与非期望重组子克隆之间的颜色反差，易于辨认。利用同样的原理，也可设计出快速筛选含有特定蛋白酶编码基因的重组子克隆。

有些待克隆的外源基因编码的产物可将受体细胞不能利用的物质转化为可利用的营养成分，如 β-半乳糖苷酶编码基因或氨基酸、核苷酸的生物合成基因，据此可设计营养缺陷型互补筛选模型，快速鉴定期望重组子。其具体做法是选择上述基因缺陷的细菌为受体，筛选培养基以最小培养基为基础，补加合适的外源基因产物为作用底物。例如，对于 β-半乳糖苷酶而言，补加乳糖。这样，在选择培养基上长出的单菌落理论上就是期望重组子克隆。

抗生素抗性基因重组子克隆的筛选则更为简单，只要选择对该抗生素敏感的细菌作为受体细胞，并在筛选培养基中添加适量的抗生素即可。

2.3.2 外源基因表达产物分离纯化技术

在某些情况下并不需要对外源基因的表达产物进行纯化，只需要检测是否有相应的产物得到表达，如将生长激素转入动物受体细胞中、将抗虫基因转入植物细胞中等。但为了商业或其他目的要获得较纯的外源基因表达产物时，则要根据具体情况对表达产物进行不同程度的纯化。基因表达产物的分离纯化一般包括细胞破碎、离心分离、柱层析和电泳等步骤。

2.3.3 其他与蛋白质操作有关的常用技术

2.3.3.1 蛋白质与 DNA 互作技术

酵母单杂交（yeast one-hybrid）是一种蛋白质识别并结合 DNA 的技术，其突出特点是可在酵母细胞内研究真核细胞的 DNA 与蛋白质间相互作用，并通过筛选 cDNA 文库直接得到与靶序列相互作用的蛋白质序列，以及分析 DNA 结合结构域特性。其基本原理为：许多真核生物的转录激活因子具有 2 个功能独立的结构域，即特异结合于顺式作用元件上的 DNA 结合结构域（BD）和发挥基因调控功能的 DNA 激活结构域（AD），这两个结构域单独作用均不能启动下游报告基因的表达。酵母单杂交通过构建可与 AD 结合的蛋白，然后与特异的 DNA 序列相结合，进而启动下游报告基因的表达（如图

2-15 所示)。目前，酵母单杂交技术已被广泛应用于验证 DNA 与蛋白质的相互作用，寻找与目的 DNA 片段相互作用的蛋白质分子。该技术自 20 世纪 90 年代问世以来，在动物和植物等各个领域有广泛的应用。

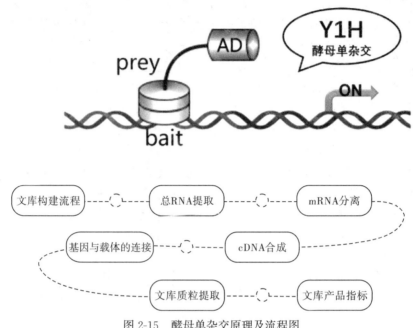

图 2-15　酵母单杂交原理及流程图

凝胶迁移或电泳迁移率实验(electrophoretic mobility shift assay，EMSA)是一种研究 DNA/RNA 结合蛋白和其相关的 DNA/RNA 结合序列相互作用的技术，可用于核酸与蛋白结合的定性和定量分析。实验设计标记探针、非标记探针、蛋白特异性抗体等参照物，基于 DNA-蛋白质或 RNA-蛋白质复合体在聚丙烯酰胺凝胶电泳(PAGE)中有不同迁移率的原理，当转录因子与特异的 DNA 或 RNA 结合后，其在 PAGE 中的迁移率将小于未结合核蛋白转录因子的 DNA，从而检测到活化的与 DNA 或 RNA 结合的蛋白转录或调节因子。

2.3.3.2　蛋白与蛋白互作技术

酵母双杂交(yeast two-hybrid)的建立是基于对真核生物调控转录起始过程的认识，即起始位点特异转录激活因子通常具有 2 个彼此可分割开的结构域，包括 DNA 特异结合域(BD)与转录激活结构域(AD)。这 2 个结构域各具功能，互不影响，但一个完整的激活特定基因表达的激活因子必须同时含有这 2 个结构域，否则无法完成激活功能。酵母中转录因子 GAL4 分子的 BD 可以和上游激活序列(UAS)结合，而 AD 则能激活 UAS 的下游基因并进行转录，而单独的 BD 不能激活基因转录，单独的 AD 也不能激活 UAS 的下游基因，它们之间只有通过某种方式结合在一起才具有完整转录激活因子的功能。根据转录因子的这一特性，可将 2 种蛋白质与上面 2 个结构域建成融合蛋白，构建出 BD-X 质粒载体和 AD-Y 质粒载体，将 2 个重组质粒载体共转化至酵母体内表达。目前大多将 2 种重组载体转入 2 种酵母，使 2 种酵母杂交配对融合而达到重组载体共转化的目的，采用此方法主要是增加重组载体的转化效率。蛋白质 X 和 Y 的相互作用导致了 BD 与 AD 在空间上接近从而形成有功能的转录因子，进一步激活 UAS 下游报告基因如 LacZ、HIS3、LEU2

等的表达，使转化体由于报告基因的表达，而可在特定的营养缺陷培养基上生长（如图2-16所示）。酵母双杂交是一种鉴定和检测蛋白质相互作用的研究方法，因其具有灵敏性高、功能强大、适用范围广等特点，现已被应用于动物和植物等多个研究领域。

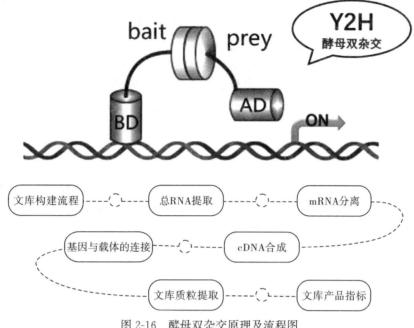

图 2-16　酵母双杂交原理及流程图

Pull-down 技术是将靶蛋白-GST 融合蛋白亲和固化在谷胱甘肽亲和树脂上，作为与目的蛋白亲和的支撑物，充当一种"诱饵蛋白"。目的蛋白溶液过柱，可从中捕获与之相互作用的"捕获蛋白"（目的蛋白）。洗脱结合物后通过 SDS-PAGE 电泳分析，从而证实两种蛋白间的相互作用或筛选相应的目的蛋白。"诱饵蛋白"和"捕获蛋白"均可通过细胞裂解物、纯化的蛋白、表达系统以及体外转录翻译系统等方法获得。

免疫共沉淀（co-immuno precipitation，Co-IP）是在细胞裂解液中加入抗原特异性的抗体。

抗体、抗原以及与抗原具有相互作用的蛋白质通过抗原与抗体之间免疫沉淀反应将形成免疫复合物。经过纯化、洗脱、收集免疫复合物、SDS-PAGE 电泳、Western印迹杂交和质谱可鉴定出与抗原相互作用的蛋白质。

双分子荧光互补（bimolecular fluorescent complimentary，BiFC）是一种蛋白质片段互补技术，是指将荧光蛋白多肽链在某些不保守的氨基酸处切开，形成不发荧光的 N-和 C-末端 2 个多肽片段。将这 2 个荧光蛋白片段分别连接到一对能发生相互作用的目标蛋白上，在细胞内共表达或体外混合这 2 个融合蛋白时，由于目标蛋白质的相互作用，荧光蛋白的 2 个片段在空间上互相靠近互补，重新构建成完整的具有活性的荧光蛋白分子，从而产生荧光。BiFC 又可分为分离黄色荧光蛋白和分离荧光素酶两种类型。

荧光共振能量转移技术（fluorescence resonance energy transfer，FRET）是距离很近的两个荧光分子间产生的一种能量转移现象。当供体荧光分子的发射光谱与受体荧光分子的吸收光谱重叠,并且两个分子的距离在 10 nm 范围以内时,就会发生一种非放射性的能量转移,即 FRET 现象,使得供体的荧光强度比它单独存在时要低得多(荧光猝灭),而受体发射的荧光却大大增强(敏化荧光)。青色荧光蛋白(cyan fluorescent protein,CFP)、黄色荧光蛋白(yellow fluorescent protein,YFP)为蛋白—蛋白相互作用研究中最广泛应用的 FRET 技术。CFP 的发射光谱与 YFP 的吸收光谱相重叠。将供体蛋白 CFP 和受体蛋白 YFP 分别与两种目的蛋白融合表达,当两个融合蛋白之间的距离在 5 nm~10 nm 的范围内,则供体 CFP 发出的荧光可被 YFP 吸收,并使 YFP 发出黄色荧光,此时可通过测量 CFP 荧光强度的损失量来确定这两个蛋白是否相互作用。两个蛋白距离越近,CFP 所发出的荧光被 YFP 接收的量就越多,检测器所接收到的荧光就越少。

2.3.3.3 蛋白质组技术

随着后基因组时代的到来,蛋白质组学(Proteomics)也随之诞生,即以蛋白质组为研究对象,从蛋白质组的水平进一步认识生命活动的机理和疾病发生的分子机制。蛋白质组研究是对基因组学局限性的重要补充,它是对生物体蛋白质水平定量、动态、整体性的研究。蛋白质组学研究的主要技术包括分离技术和鉴定技术。

1) 蛋白质组分离技术

常用双向电泳技术,原理是第一向为等电聚焦,根据蛋白质等电点的不同而分离;第二向为 SDS-聚丙烯酰胺凝胶电泳(SDS-PAGE),根据蛋白质亚基分子量的不同进行分离。第一向等电聚焦完成后,将凝胶包埋在 SDS-PAGE 凝胶板上端,在垂直或水平方向进行 SDS-PAGE 第二次分离,结果是形成了分离的蛋白质点,所得蛋白质双维图谱中每个点代表样本中的一个或数个蛋白质,而蛋白质的等电点、分子量和在样本中的含量也可显现出来(如图 2-17 所示)。

根据第一向等电聚焦条件的不同,可将双向电泳分为三种系统:第一种系统是 ISO-DALT,以 O'Farrell 技术为基础。首先将载体两性电解质添加在丙烯酰胺凝胶中,凝胶聚合后在电场作用下形成连续的 pH 梯度,两性电解质以游离的形式分布于聚丙烯酰胺凝胶的网孔中。

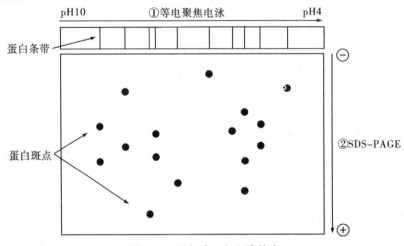

图 2-17　蛋白质双向电泳技术

第二种系统是固相 pH 梯度等电聚焦电泳（IPG-DALT），该系统 pH 梯度稳定，不依赖于外加电场，具有高度的重复性。目前可以精确制作线性、渐进性和 S 形曲线，范围或宽或窄的 pH 梯度。pH3～5、pH6～11 与 pH4～7 的 IPG 梯度凝胶联合使用可形成蛋白质组重叠群（proteomic contigs），从而有效分离蛋白质。

第三种系统是非平衡 pH 梯度凝胶电泳（NEPhGE），主要用于分离碱性蛋白质（pH＞7.0），但是电泳展开时间相对比较短。如果聚焦达到平衡状态，碱性蛋白会离开凝胶基质而丢失。鉴于分辨率、重复性的限制和 IPG-DALT 分离碱性蛋白的优势，NEPhGE 电泳已不是分离碱性蛋白的优选方法。

2）蛋白质组鉴定技术

蛋白质组鉴定技术主要有质谱技术、生物信息学、Edamn 降解测序法、氨基酸组成性分析等技术，蛋白质组鉴定流程如图 2-18 所示。其中质谱技术的基本原理是样品分子击碎为带电的原子或基团，根据不同离子质荷比的差异来分离并确定其分子质量。常用的质谱分析技术主要有四种，分别是：飞行时间质谱、四级杆质谱、离子阱质谱和傅立叶变换离子回旋共振质谱。而在蛋白质组学当中，目前最常用的两种质谱为电喷雾质谱（electrospray ionization mass spectrometry，ESI-MS）和基质辅助激光解析电离质谱（matrix assisted laster desorption ionization mass spectrometry，MALDI-MS）。

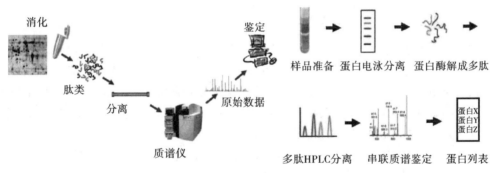

图 2-18　蛋白质组鉴定流程图

（1）电喷雾质谱：电喷雾质谱主要采用一种软电离的方式，以液相形式上样，液相的样品会流经一根极细的进样针，由于进样针的喷雾口处有高电压，流经此处的样品液滴在高压作用下会雾化为微小的带电液滴，随着液滴逐渐被蒸发，其表面积越来越小，从而表面电荷的密度会越来越大，当达到某一临界点时，样品分子就会离子化，并从液滴表面蒸发出来进入质量分析器。

（2）基质辅助激光解析电离质谱：基质辅助激光解析电离质谱的基本原理是将样品分子均匀地包埋在固体基质分子当中，当用激光照射后，基质就会通过吸收激光的能量而蒸发，从而可以把一部分的能量传递给样品分子，使得样品分子离子化。离子化后的样品先在一个加速电场中飞行，获得动能，之后再进入一个无电场的真空管道飞行。由于离子飞行时间和质荷比的平方根成正比，所以可以根据离子到达检测器的时间不同来确定分子的质量。

蛋白质组学研究具有非常重要的意义，有助于人们最终从分子水平揭开生命活动的本质。其研究技术具有快速化、多样化、组合化、自动化的发展趋势，将随着科学技术的进步而得到改进与提高，如蛋白质芯片结合 SELDI-MS 等技术的应用，蛋白质组学必将进一步发展，并在疾病的发病机制、诊断和治疗方面发挥重要作用。

2.4 基因组学研究方法

2.4.1 功能基因组学研究方法

基因组学是针对生物体整个基因组结构和功能的研究领域，涵盖基因组上所有的基因编码区、非编码区及调控区域。随着结构基因组学研究的不断成熟和完善，基因组学已经进入了功能基因组学时代。功能基因组学面临的主要任务和挑战是建立基因型及表型之间的联系，明确各基因及蛋白质的生物学功能及相互作用网络。阐明基因组及转录组等组学水平的差异所带来的生物学功能上的不同，有助于推动生命科学各领域的快速发展。

功能基因组学常用的研究策略是通过人为改变生物体或细胞内基因的序列或表达，观察干预后的表型，从而建立基因型与表型之间的关联，阐明基因的功能。根据人为干预方式的不同，功能基因组筛选策略可以分为两大类：功能缺失型筛选（loss-of-function screen）及功能获得型筛选（gain-of-function screen）。

2.4.1.1 功能缺失型筛选

功能缺失型筛选通过人为下调靶基因的表达水平或是功能活性，观测表型改变，从而鉴定与特定表型相关的一组基因。目前，功能缺失型筛选主要包括基于 RNA 干扰（RNA interference，RNAi）的 siRNA 筛选及 shRNA 筛选、基于基因编辑的 CRISPR-Cas 酶基因敲除筛选以及基于转录抑制的 CRISPR 干扰体系。这几类筛选体系均通过外源 RNA 介导的靶向技术下调特定基因的表达量。

（1）siRNA 筛选：RNAi 是在进化过程中高度保守的、由双链 RNA 介导的同源 mRNA 高效特异性降解的现象。双链 RNA 经胞内 Dicer 酶剪切后形成 21 个～23 个核苷酸长度的双链 siRNA，反义链进入 RNA 诱导沉默复合物（RNA-induced silencing complex，RISC），介导靶基因 mRNA 的降解或翻译沉默（如图 2-19 所示）。由于可以特异性敲减靶基因表达，RNAi 已成为一种研究工具，被广泛用于探索基因功能，并应用到功能基因组研究的各个领域。

（2）shRNA 筛选：shRNA 包括两个短反向重复序列，中间由一茎环序列分隔。最早使用的 shRNA 表达载体可在细胞内表达 pre-miRNA 的类似物，茎环结构被 Dicer 酶剪切后，产物被转运到细胞核外，进入 RISC 复合物并靶向特定基因的 mRNA 序列，实现靶基因表达量的敲减。随着技术的发展，新的 shRNA 载体表达产物类似 pri-miRNA，需先后经过 Drosha/Pasha 及 Dicer 酶的两步加工，形成成熟的双链小干扰 RNA。除此之外，还有可诱导表达或带有荧光标签的 shRNA 载体，使得 shRNA 成为功能基因组筛选领域的又一利器。

（3）CRISPR-Cas 酶基因敲除筛选：CRISPR-Cas 技术是一类新型基因编辑工具，由一系列编码 Cas 蛋白的基因和 CRISPR 元件组成。引导 RNA（guide RNA）介导 Cas

基因工程

52

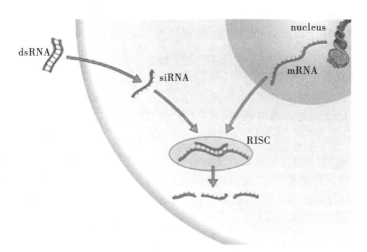

图 2-19 RNAi 原理示意图

蛋白对 DNA 的特异性识别，Cas 蛋白在基因组目的区段切割产生 DNA 双链断裂。细胞将会通过易错的非同源末端连接（non-homologous end-joining，NHEJ）方式或高保真的同源定向修复（homology-directed repair，HDR）通路对双链断裂进行修复。NHEJ往往会引入插入或缺失突变，如果发生在基因编码区段，则有可能通过阅读框的改变实现基因敲除的效果（如图 2-20 所示）。

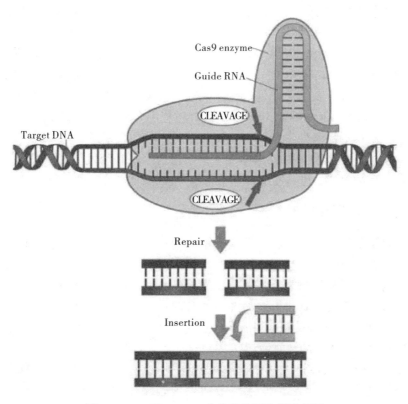

图 2-20 CRISPR-Cas9 介导的基因编辑示意图

自从 2013 年第一次报道可被用于编辑哺乳动物细胞基因组以来，CRISPR-Cas 技术因其简便性、特异性和高效性，正在使整个基因组研究及筛选领域发生着革命性的改变。CRISPR-Cas 的优点在于表型比基因敲减更加显著，可对基因组中的非编码区进行人为干预，研究其生物学功能，且基因敲除效果是永久的，对实验体系的时效无任何限制。不足之处为脱靶效应，而且发生在 DNA 水平的脱靶效应会永久持续。此外，Cas 蛋白的表达对细胞本身有可能产生一定影响。对细胞存活具有重要影响的基因，一旦被敲除，将无法观察细胞其他表型。对于多拷贝基因，CRISPR-Cas 会在基因组产生多个双链断裂，过多的 DNA 断裂可能会导致细胞死亡。

　　(4) CRISPRi：将催化功能域失活的 Cas9 蛋白与转录抑制功能域进行融合，构建了 CRISPR 转录抑制体系(CRISPRi)。可在 sgRNA 的导引下，特异性地结合在目标基因 DNA 的特定区段，抑制其内源转录。与 CRISPR-Cas 敲除体系不同，CRISPRi 在转录水平调控基因表达。在 CRISPRi 实验体系中，sgRNA 的序列会影响其稳定性及与 Cas9 蛋白和 DNA 靶位点的结合能力，是影响转录抑制水平的关键因素。与 CRISPR-Cas 敲除体系不同，CRISPRi 不会在基因组水平产生双链断裂，仅在转录水平进行调控不会对细胞造成永久性不可回复的改变。CRISPRi 可特异性地实现对靶基因表达的调控，脱靶效应非常低。

　　在由外源 RNA 介导的功能缺失型筛选中，最受关注的问题是脱靶效应。脱靶效应是指外源导入的 RNA 序列靶向到除目标基因以外的其他基因，并下调其他基因的表达水平，从而导致出现假阳性结果。基于 RNAi 机制的 siRNA 及 shRNA 发生脱靶效应的机制相对清楚，本部分将以 RNAi 为例介绍发生脱靶的主要原因及排除方法。RNAi (siRNA 及 shRNA)的种子区段(seed region，第 2～8 个碱基)与靶基因以外的其他基因 3′-非翻译区(3′-untranslatd region，3′-UTR)发生不完全配对，通过与体内 miRNA 类似的机制抑制其他基因表达，这是 RNAi 筛选时出现脱靶效应的最主要原因。为了减少脱靶效应，首先在 siRNA 及 shRNA 的设计过程中，就应考虑基因编码区及 3′-UTR 的互补性，并利用生物信息学手段去除脱靶效应，使用实验手段进一步通过 qPCR 及 Western 印迹分别检测靶基因的 mRNA 水平及蛋白水平是否发生了下调。另外，观察是否可回复表型的改变，也是验证筛选结果真实性的有效方式。

2.4.1.2　功能获得型筛选

　　功能获得型筛选通过在细胞内上调靶基因的表达水平，并观测表型改变，建立基因与表型之间的关联，阐述基因功能及相互作用网络。由于基因组的基因在功能上存在冗余性，有些情况下下调单个基因未必能看到表型的改变，而通过过表达则可以观察到表型的改变。目前功能获得型筛选主要有两种方法：一种是传统的在细胞内过表达 cDNA 或开放阅读框(open reading frame，ORF)文库，另一种是近几年新发展出来的基于 CRISPR-Cas 体系的转录激活(CRISPRa)。

　　(1) cDNA/ORF 文库过表达筛选：在细胞内过表达 cDNA/ORF 文库是早期开展功能获得型筛选的主要策略。该领域最初发展较慢主要是受限于高质量全基因组 cDNA/ORF 文库的制备。Gateway 系统被证明可成功用于高通量文库制备后，不同实验室制备了基于不同启动子和标签蛋白的全基因组规模的过表达文库，并已有商业化资源。cDNA/ORF 过表达文库可直接应用于过表达筛选，同时也广泛应用于全基因组敲减/敲除筛选后阳性基因的验证实验。

cDNA/ORF 文库筛选过程涉及高通量病毒包装的过程，在保证包装细胞高转染效率的情况下，不同基因所包装出来的病毒滴度仍然差异较大，因此在筛选结果的解释上需要考虑特定基因在靶细胞内的实际表达情况。另外，同一个基因过表达的表型与敲减/敲除的表型并不总是相反的，二者表型有可能是一致的。部分基因可能是由于它们是以一个复合物发挥功能的，任何一个蛋白组分表达水平的改变都会导致复合物各组分的比例发生改变，从而影响复合物的组装及功能。对于敲减/敲除无表型变化的基因，过表达后表型发生变化也是完全有可能的。所以对于功能具有冗余性的基因，下调未必能观察到表型的改变，但通过过表达则可能观察到表型改变。

(2) CRISPRa 筛选：通过将催化功能域失活的 Cas9 蛋白与转录激活结构域进行融合，构建了可靶向目标基因启动子区域并激活内源转录的 CRISPRa 体系。第一代 CRISPRa 体系将 Cas9 蛋白与 VP64 的转录激活区域融合，可以使基因转录水平得到一定程度的上调；第二代 CRISPRa 通过将多个转录激活区域与 Cas9 蛋白融合，使得基因转录水平上调的幅度得到很大提高。CRISPRa 体系的优势在于只需要在细胞内表达 CRISPRa 蛋白及靶基因对应的 sgRNA 即可激活转录，而且对于需要同时激活多个基因转录的实验体系，也只需要加入相应的 sgRNAs 即可。第二代 CRISPRa 工具的出现，使得全基因组规模的转录激活筛选成为现实。与 cDNA/ORF 过表达文库筛选相比，CRISPRa 筛选相对简便，成本较低。

CRISPRa 的局限性表现在：首先，由于 CRISPRa 完全利用细胞内源的调控元件，虽然可上调 mRNA 转录水平，但蛋白翻译仍然需受到细胞转录后翻译调控，这意味着 mRNA 水平的上调未必带来蛋白水平的上调，会使得筛选结果存在假阴性。其次，CRISPRa 体系发挥作用需要 sgRNA 结合到靶基因启动子或转录起始区域，但由于染色体高级结构的复杂性，未必所有基因的启动子和转录起始区域都能够被 sgRNA 结合。另外，有些基因的转录被多个启动子调控，这种情况下单一 sgRNA 未必可以激活靶基因转录。

2.4.2　表观基因组学研究方法

表观遗传是指 DNA 核苷酸序列不发生改变的条件下，染色质状态和基因的时空表达模式发生改变，使基因功能发生可遗传的改变。它广泛存在于生命体的多种生理活动中，近年相关研究报道中的表观遗传修饰主要包括 DNA 甲基化、RNA 及组蛋白的修饰。DNA 修饰是真核生物中重要的表观遗传修饰，它们在个体发育、衰老和癌症中起着关键作用。RNA 也存在表观遗传修饰，这些转录后修饰在 RNA 的结构、功能及代谢等方面都发挥了十分重要的作用。迄今为止，在 DNA 和 RNA 中已经分别发现了至少 17 种和 160 种化学修饰。为了更深入地研究表观遗传对生命活动的影响，研究人员建立和发展了多种测序技术，不断提高测序分辨率，以实现在总体、区域、特异性链和单个核苷酸水平上对修饰进行检测。

2.4.2.1　DNA 的甲基化修饰

DNA 甲基化作为一种重要的表观遗传修饰，其调控机制和生物学功能目前研究最为深入。DNA 甲基化是指 DNA 特定碱基在甲基转移酶的催化下，从甲基供体获得一个甲基集团的化学修饰。S-腺苷甲硫氨酸(S-adenyl methionine，SAM)是广泛存在于各类细胞中的甲基供休。甲基化可以发生在胞嘧啶的 C5 位和 N4 位，分别形成 5-甲基胞嘧啶(5mC)和 4-甲基胞嘧啶(4mC)；还可以发生在腺嘌呤 N6 位，形成 N6-甲基腺嘌呤(6mA)。在哺乳动物中，DNA 甲基化主要发生在 CpG 岛中，而在植物中，胞嘧啶甲基化可以发生在 CpG 岛、CHH、CHG(H 代表 A、C 或 T)以及转录区域和基因主体上。DNA 甲基化位点和调控机制繁多，现有研究已经鉴定到多种甲基转移酶参与该过程。

哺乳动物有三种活跃的胞嘧啶 DNA 甲基转移酶，包括 DNMT1、DNMT3A 和 DNMT3B。植物有 MET1、CMT3 和 DRM2 三种 DNA 甲基转移酶。其中 CMT3 是植物中特有的 DNA 甲基转移酶，能够使异染色质区的 CHG 序列发生甲基化作用；MET1 是哺乳动物甲基转移酶 DNMT1 的同源物，在 DNA 复制过程中识别单拷贝及重复序列的 CG 位点，使得该 CG 位点发生甲基化；DRM2 则是在小分子 RNA 介导下重新甲基化，在 CHH 序列甲基化中作用最突出。

DNA 甲基转移酶在植物生长发育过程中受到不同的调控，导致不同部位存在不同的甲基化模式。差异 DNA 甲基化主要发生在与染色质重塑、细胞周期进程和生长调控有关的基因上。此外，有研究发现植物 DNA 甲基化在组织培养期间发生了很大的变化。如拟南芥的芽再生需要生长素介导的 *WUS* 基因的表达，DNA 甲基转移酶 CMT3 或 MET1 功能障碍可以使细胞分裂素直接诱导 *WUS* 的表达，而不需要在含生长素的培养基上预先孵育，从而加速了新芽的再生。由此可见，DNA 甲基化与细胞再生过程密切相关。

DNA 甲基化可以被动失去或主动去除，DNA 复制后如果 DNA 甲基转移酶活性低或缺少甲基供体会导致新合成的 DNA 链上 DNA 甲基化的丢失，这被称为被动 DNA 去甲基化。而主动 DNA 去甲基化是指在去甲基化酶的作用下移去甲基基团来消除 DNA 甲基化。去甲基化酶可以将整个甲基化胞嘧啶碱基从 DNA 骨架上移除，随后通过碱基切除修复途径用未甲基化的胞嘧啶填充产生的单核苷酸缺口。

2.4.2.2 植物 RNA 的甲基化修饰

随着 RNA 修饰检测和高通量测序技术的进步，研究人员发现多种 RNA，包括 mRNA、lncRNA 和 miRNA，都存在种类繁多的修饰，而且不同类型的 RNA 修饰的含量和功能也存在很大差异。迄今为止，在哺乳动物中已经发现和定位了多种修饰，包括 N6-甲基腺嘌呤(m6A)、N1-甲基腺嘌呤(m1A)、5-甲基胞嘧啶(m5C)、5-羟甲基胞嘧啶(hm5C)、2′-氧-甲基-核糖核苷(Nm)、肌苷、假尿苷(Ψ)以及尿苷化等。在植物中也已经报道存在多种 RNA 修饰，包括 m6A、m1A、m5C、hm5C 和尿苷化等，这些修饰在生物体生命活动中发挥重要作用。

m6A 是真核细胞 mRNA 最普遍存在也是研究最深入的表观修饰，在酵母、哺乳动物、拟南芥和番茄等多种真核生物中已有相关研究报道。在哺乳动物中，m6A 几乎参与 RNA 代谢的所有方面，包括转录本稳定性、翻译效率、mRNA 输出、3′UTR 加工、多聚腺苷化和 mRNA 剪接等。在植物中，m6A 参与调控了 RNA 稳定性、多聚腺苷化、3′UTR 加工和 mRNA 翻译。m6A 的修饰水平受甲基转移酶、去甲基化酶和结合蛋白的共同调控，这些调控蛋白的协同作用使得 m6A 修饰呈现动态变化，并发挥不同的生物学功能。

2.4.2.3　表观遗传学检测方法

表观遗传修饰是一个动态且高度复杂的生物学过程，因此，对 DNA/RNA 修饰的检测需要能特异性、高灵敏度的检测分析工具。近几年，用于表观遗传修饰的分析方法已取得了很大进展，能够提供不同分辨率水平的表观遗传信息。

（1）定量检测技术：DNA/RNA 表观遗传修饰的定量测定中，常用的检测技术主要有二维薄层色谱法、高效液相色谱法以及液相色谱—串联质谱法。除此之外，检测 DNA 甲基化常用的方法还有高效毛细管电泳技术。

（2）高通量检测技术：采用边合成边测序的策略，可以并行对数百万条 DNA 序列进行检测。全基因组 6mA 研究中的最常用的检测方法是 6mA-IP-seq。高通量测序技术也被广泛用于对 RNA 修饰进行定量和定位检测。

（3）单细胞测序技术：近些年，单细胞测序技术的迅速发展，实现了在个体细胞水平上探究表观遗传修饰，以及追踪细胞生理活动过程中表观遗传修饰的动态变化。单细胞分离可以通过流式细胞术或者激光捕获显微切割来实现，现在已发展出给每个细胞加上独一无二的 DNA 序列的技术，这样在测序的时候，就把携带相同的序列视为来自同一个细胞。这种策略，可以通过一次建库，测得数百上千个单细胞的信息。

近年来，高通量、低成本、高精度的测序与分析技术得以迅速发展。应用这些技术，研究人员已经鉴定到植物体内 DNA 和 RNA 上存在很多表观修饰。然而，仍有许多问题尚不明确，有待进一步研究，譬如表观遗传修饰的动态、发生修饰的调控机制及其在植物生命活动中的具体功能。要深入阐明这些问题，需要不断发展和完善新的测序技术，密切结合生理学、细胞生物学等多种技术与方法进行研究。

思考题

1. 简述碱裂解法提取质粒 DNA 的原理。
2. 一个 PCR 体系有哪些物质？各自发挥什么作用？
3. 常规 PCR 和荧光定量 PCR 有哪些相同和不同之处？各有哪些应用？
4. 提取植物总 RNA 时，你认为有哪些需要注意的问题？
5. 什么是转录组测序技术？目前在哪些方面有应用？
6. 有哪些方法可以从转录水平上检测外源基因的表达？
7. 比较酵母单杂交和双杂交技术的原理和特点。
8. 研究蛋白与蛋白互作有哪些方法？
9. 怎样研究一个基因的功能？
10. 表观修饰有哪几类？检测方法有哪些？

3 基因工程设计策略及操作流程

基因工程或称基因操作，是在分子生物学和分子遗传学等学科综合发展的基础上，于 20 世纪 70 年代诞生的一门崭新的生物技术科学。其创立与发展，直接依赖于分子生物学的进步。基因工程是指重组 DNA 技术的产业化设计与应用，包括上游技术和下游技术两大组成部分。上游技术指的是基因重组、克隆和表达的设计与构建（重组 DNA 技术）；而下游技术则涉及基因工程菌或细胞的大规模培养以及基因产物的分离纯化过程。生命诞生、发育、生长、病变、衰老乃至死亡的整个过程均由基因控制，因此，通过基因工程技术，可以分离、扩增、鉴定、研究、整理生物信息资源，大规模生产生物活性物质，以及构建生物的新性状、改造生命、优化生命甚至构建出新的物种。

3.1 基因工程设计策略

基因工程操作能够跨越天然物种屏障，把来自任何生物的基因置于毫无亲缘关系的新的寄主细胞并取得扩增——这是基因工程区别于其他生物技术的根本特征，在体外将核酸分子插入病毒、质粒或其他载体分子，构成遗传物质的新组合，使之进入原先并无该类核酸分子的细胞内并持续稳定地增殖和表达。转基因技术的产生，可以使重组生物增加人们所期望的新性状，培育出新品种。同时，近些年兴起的基因编辑技术，可以从基因组水平上对目的基因序列甚至是单个核苷酸进行替换、切除，增加或插入外源 DNA 序列，尤其是 CRISPR-Cas9 系统的诞生使基因定位、精准修改成为现实，将被广泛地应用于农业生产、药物制备、基因治疗、环境保护等方面。

3.1.1 基因工程的基本条件

根据生物界遗传密码的通用性、简并性和碱基配对的一致性理论，利用基因工程技术，可以实现物种间的基因交流，创造出传统的有性杂交方法所无法得到的生物品种。因此基因工程最突出的特点就是打破了常规育种难以突破的物种之间的界限，使外源基因可以到另一种不同的生物细胞内大量扩增和高水平表达，这样使原核生物与真核生物之间、动物与植物之间、人与其他生物之间遗传信息的重组和转移成为可能。

由于被转移的外源基因一般需要与载体 DNA 重组后才能实现转移，因此供体、受体和载体是基因工程的三大基本条件。除少数 RNA 病毒外，来自供体的外源基因存在于 DNA 分子上。一般从供体复杂的生物基因组或 cDNA 序列中，经过酶切消化或 PCR 扩增等步骤，获得带有目的基因的 DNA 片段。

基因工程的发展与载体的构建密切相关，至今已构建了大量克隆和表达载体。以构建克隆载体的材料分类，可分为质粒载体系统、病毒（噬菌体）载体系统、质粒同病毒（噬菌体）DNA组成的载体系统、质粒同染色体DNA片段组成的基因整合载体系统以及叶绿体DNA或线粒体DNA构建的载体系统。以载体的用途分类，可分为通用克隆载体、大片段DNA克隆载体、cDNA克隆载体和表达克隆载体等。克隆载体有的用于大肠杆菌，有的用于植物，有的用于动物。目前和今后一段时间内将会重点发展适用于真核生物的强表达载体、基因定位整合的克隆载体、无标记基因的载体及基因编辑载体等。

作为目的基因表达的受体系统，早期应用的主要是大肠杆菌和酵母，已有定型的工业生产工艺，由这些受体系统生产的基因工程产品已投放市场。近年来，高等植物细胞和哺乳动物细胞也被用作目的基因表达的受体系统，获得了一系列转基因细胞和少数转基因动植物的个体。此外被用作目的基因表达受体系统的还有伤寒杆菌、巨大芽孢杆菌和蓝藻等。

3.1.2　基因工程的基本形式

第一代基因工程也叫经典基因工程，指外源基因通过体外重组后导入受体细胞内，使这个基因在受体细胞内复制、转录、翻译，高效表达出蛋白质多肽链的操作过程。

第二代基因工程也叫蛋白质工程，主要包括通过基因工程技术了解蛋白质的DNA编码序列、蛋白质的分离纯化、蛋白质的序列分析和结构功能预测、蛋白质结晶和蛋白质的力学分析、蛋白质的DNA定向诱变改造过程等。蛋白质工程为改造蛋白质的结构和功能找到了新途径，推动了蛋白质和酶的研究，为工业和医药用蛋白质（包括酶）的实用化开拓了美好的前景。

第三代基因工程也叫途径工程，指利用分子生物学原理系统分析细胞代谢网络，并通过DNA重组技术合理设计细胞代谢途径及遗传修饰，进而完成细胞特性改造的过程。从某种意义上来说，途径工程是一种分子系统工程。途径工程通过定向改变细胞内代谢途径的分布及代谢流重构代谢网络，进而提高代谢物的产量；外源基因的准确导入及其编码蛋白的稳定表达，可以拓展细胞内现有代谢途径的延伸路线，以获得新的生物活性物质或者优良的遗传特性。

第四代基因工程也叫基因组工程，指利用转基因技术和基因编辑技术等，以基因组为基础，对一类基因群进行遗传操作，从而实现基因群在受体中的精确表达、修饰删除或重新整合的过程。基因组工程将聚焦细胞生命活动的网络调控，在生物育种和农业生物技术产业应用中发挥重要作用，推动生命科学领域的新一代技术革命。

3.1.3　基因工程的基本流程

基因工程的基本原理在"绪论"中已有介绍，基因工程的基本流程可用图3-1表示，其具体操作过程如下：

（1）DNA的制备包括从供体生物中分离基因组DNA或从mRNA反转录得到cDNA，进一步通过PCR等获得带有目的基因的DNA片段。

（2）从大肠杆菌中分离质粒载体。

（3）在体外通过限制性核酸内切酶分别将分离或合成得到的外源 DNA 和质粒载体分子进行定点切割，使之片段化或线性化。

（4）在体外将含有外源基因的不同来源的 DNA 片段通过 DNA 连接酶连接到载体分子上，构建重组 DNA 分子。

（5）将重组 DNA 分子通过一定的方法引入受体细胞进行扩增和表达，从培养细胞中获得大量细胞繁殖群体。

（6）筛选和鉴定转化细胞，剔除非必需重组体，获得引入的外源基因稳定高效表达的基因工程菌或细胞，即将所需要的阳性克隆挑选出来。另外，将选出的细胞克隆的基因作进一步分析研究，并设法使之实现功能蛋白的表达。

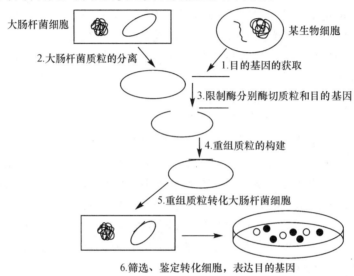

图 3-1　基因工程的基本流程

3.2 目的基因的获得

3.2.1 通过已知序列获得目的基因

以已知序列为基础的基因克隆方法，根据序列不同可分为以氨基酸序列为基础和以核苷酸序列为基础这两种不同方法。其中以氨基酸序列为基础的功能克隆法是最为经典的方法，目前应用比较少，以核苷酸序列为基础的克隆方法是目前广泛采用的方法。

3.2.1.1 以氨基酸序列为基础的功能克隆法

已知结构蛋白的 N 端部分氨基酸序列时，就可以以此设计特异引物，从总 RNA 中通过 RT-PCR 和 PCR 获取该结构蛋白的编码基因。首先提取总 RNA，用 oligo (dT)$_{18}$ 为引物通过逆转录酶催化合成 cDNA 第一链，接着以 NH_2 端部分反推的简并引物为正向引物，由于引物编码某一氨基酸的密码子不止一种，故必须设计包含所有可能编码的核苷酸序列在内的引物群即简并引物，其中恰好只有一种引物与模板严格互补。

依据部分氨基酸序列设计简并引物时应注意以下几点：①尽量选择简并度低的氨基酸区域为引物设计区，如甲硫氨酸和色氨酸均只有一个密码子；②充分注意物种对于密码子的偏爱性，选择该物种使用频率高的密码子，以降低引物的简并性；③引物不要终止于简并碱基，对于大多数氨基酸残基来说，意味着引物 3′ 末端不要位于密码子的第三位；④在简并度高的位置，可用次黄嘌呤代替简并碱基。如果序列的相关信息较多，可以进一步在内侧设计一对引物，以第一次 PCR 产物为模板进行第二次 PCR，即巢式 PCR，以提高扩增的特异性。

3.2.1.2 以核苷酸序列为基础的同源序列克隆法

对已知序列的基因进行序列克隆是获得目的基因的方法中最为简便的一种。基因序列有时可从文献中直接查到，文献中一般提供该基因在基因库中的注册号（accession number），也可先通过数据库例如 GenBank（http://www.ncbi.nlm.nih.gov）、欧洲分子生物学实验室的基因库（http://www.ebi.ac.uk./ebi-home.html）查询该基因或相关基因是否已经在基因库中注册。将感兴趣的基因序列从库中下载下来，根据整个基因序列设计特异引物，通过 PCR 从基因组扩增该基因全长及启动子序列，也可以通过 RT-PCR 和 PCR 方法扩增该基因无内含子的全长 cDNA。目前基因组已测序并且公布的原核生物较多，动物有线虫、果蝇、家蚕、蚂蚁、熊猫、小鼠、人等，植物有拟南芥、水稻、杨树、葡萄、玉米、黄瓜等。其他未全基因组测序的物种也有一些基因在 NCBI 登录。

不同生物种、属，甚至在不同门类生物体之间、同源基因序列之间存在保守性。亲缘关系越近，基因保守性越高，有些同源基因的序列有时可以达到 90% 以上的相似性。当其他物种的同类基因已克隆，并且核苷酸序列保守性较高时，可以根据该基因的序列从另一个物种中分离这个基因。分离方法有两种：一是先从 GenBank 中找到有关基因序列设计一对寡核苷酸引物，以待分离此基因的物种基因组 DNA 或 cDNA 为模板，进行 PCR 扩增，对扩增产物进行测序，并与已知基因序列进行同源性比较，最后经鉴定确认是否为待分离的目的基因，利用此方法已分离出很多同源基因；二是由于许多基因两末端不具备保守序列，或两端虽具有保守序列却不适宜设计 PCR 引物，在这种情况下可以从基因内部寻找保守序列并设计引物，通过 PCR 先扩增出基因的部分序列（核心片段）。

如果获取了目的基因的核心片段，那么就有必要根据已知的序列获取目的基因的全序列。通过 PCR 相关技术，包括反向 PCR、盒式 PCR（cassette PCR）以及 cDNA 末端快速扩增技术（rapid amplification of cDNA ends，RACE），均可以获得全长的目的基因。RACE 是 1988 年由 Frohmanetal 发明的一项新技术，主要通过 PCR 技术由已知的部分 cDNA 序列来获取完整的 cDNA 的 $5'$ 和 $3'$ 端序列。最终，从两个有相互重叠序列的 $3'$ 和 $5'$-RACE 产物中获得全长 cDNA，或者通过分析 RACE 产物的 $3'$ 和 $5'$ 端序列，合成相应引物扩增出全长 cDNA。

$3'$-RACE 的原理（如图 3-2 所示）是利用 mRNA 的 $3'$ 末端天然的 poly(A) 尾巴作为一个引物结合位点进行 PCR。以 oligo(dT) 和一个接头组成的接头引物（adaptor primer，AP）来反转录总 RNA 得到加接头的第一链 cDNA。然后用一个基因特异引物 GSP1（gene specific primer，GSP，根据已知基因的核心片段序列设计）和一个含有部分接头序列的引物（内侧引物），分别与已知序列区和 poly(A) 尾区退火从而经 PCR 扩增捕获位于已知信息区和 poly(A) 尾之间的未知 $3'$ mRNA 序列。

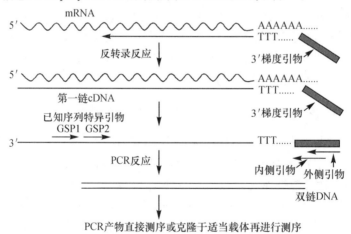

图 3-2　$3'$-RACE 的原理

$5'$-RACE 的原理（如图 3-3 所示）是用一个反向的 GSP 在反转录酶作用下反转录总 RNA 得到第一链 cDNA，再用脱氧核糖核苷酸末端转移酶（TDT）给 cDNA 的 $3'$ 末端进行同聚物加尾反应（加上 A），从而在未知的 cDNA 的 $3'$ 端加上一个接头。然后再用还有 T 的接头引物（QT）和 GSP 经 PCR 扩增出未知 mRNA 的 $5'$ 端。

RACE 技术的局限性主要有两个方面：第一，在 $5'$-RACE 中有三个连续的酶反应（反转录、TDT 加尾和 PCR 扩增），每一步都可能导致失败；第二，即使酶反应顺利，也常产生大量的非特异或截断的产物背景。因此，在实际实验操作过程中，需要对

RACE 技术根据不同实验特点进行优化和改造，从而提高克隆的效率。

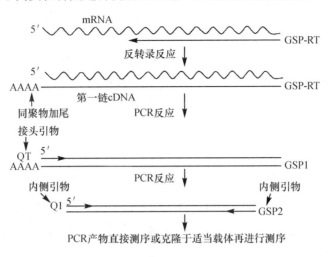

图 3-3   5′-RACE 的原理

3.2.2   通过基因文库获得目的基因

基因文库(gene library)是指通过克隆方法保存在适当宿主中的某一生物体 DNA 分子的总和，这些插入分子片段和载体连接在一起，代表某种生物的全部基因组序列或全部 mRNA 序列。基因文库一般分为基因组文库和 cDNA 文库(如图 3-4 所示)。一个生物体的基因组 DNA 用限制性内切酶部分酶切后，将酶切片段克隆在载体 DNA 分子中，所有这些插入了基因组 DNA 片段的载体分子的集合体构成了这个生物体的基因组文库。cDNA 文库是指某生物特定组织或特定时期所转录的 mRNA 反转录形成双链 cDNA 插入原核或真核载体形成的分子克隆集合体。

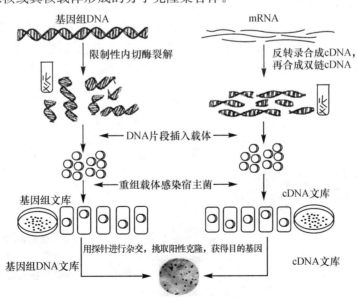

图 3-4   基因组文库和 cDNA 文库比较

基因文库构建和筛选是基因克隆的重要方法之一，它是研究发现新基因和研究基因功能的基本工具。cDNA 便于克隆和大量表达，它不像基因组含有内含子而难以表达，因此可以从 cDNA 文库中筛选到所需的目的基因，并直接用于基因的表达，更重要的是可以用于分离全长基因进而开展基因功能研究。cDNA 文库代表生物的某一特定器官或特定发育时期细胞内转录水平上的基因的群体，而不包括该生物的全部基因，这些基因在表达丰度上存在很大差异，从而使它在个体发育、细胞分化、细胞周期调控、细胞衰老和死亡调控等生命现象的研究中具有更为广泛的应用价值，是研究工作中最常使用到的基因文库。

3.2.2.1　cDNA 文库的构建

经典植物 cDNA 文库构建大体可以分为四个步骤：①总 RNA 抽提和 mRNA 分离；②反转录合成 cDNA 第一链；③cDNA 第二链的合成；④cDNA 与噬菌体臂或质粒载体的连接，重组体在宿主菌中增殖。

3.2.2.2　筛选法获得目的基因的流程

把基因文库转移到尼龙膜或硝酸纤维素膜之后，就可以同特异性的核酸探针进行菌落或噬菌斑杂交，以便筛选出具有目的基因的阳性克隆。这个过程叫作克隆基因的分离或筛选。筛选文库的主要方法有两种：一是核酸杂交筛选法，依据基因部分序列合成寡核苷酸探针或用 PCR 扩增片段制备的探针从 cDNA 文库中筛选编码基因；二是利用已知基因编码的蛋白制成相应抗体探针，从表达载体构建的 cDNA 文库中筛选相应克隆。图 3-5 显示了噬菌体核酸原位杂交筛选法的步骤：①首先用噬菌体文库转染宿主菌，然后铺板让噬菌体在平皿上形成噬菌斑。②将噬菌斑用影印法转移到尼龙膜上，膜上的 DNA 在碱性条件下变性，解聚形成单链，通过烘膜或紫外线照射，将单链 DNA 与膜交联。③将膜置于含有放射性标记的核酸探针的溶液中保温，使探针与其互补序列进行杂交；杂交后充分洗去未杂交的探针，然后由放射性自显影鉴定出具有阳性杂交信号的噬菌斑。④通过噬菌斑培养和亚克隆获得插入片段，测序后即可知目的基因序列。

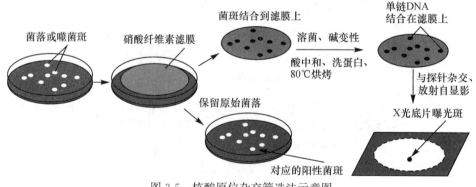

图 3-5　核酸原位杂交筛选法示意图

3.2.3　其他目的基因的获得方法

3.2.3.1　图位克隆法

图位克隆法是基于分子标记图谱克隆基因的方法，最先在 1986 年由剑桥大学的 Alan Couslon 提出，是随着各种植物的分子标记图谱相继建立而发展起来的一种新的基因克隆技术。其基本原理是：功能基因在基因组中都有相对较稳定的基因座，利用分子标记将目的基因精确定位在染色体的特定位置之上，然后用目标基因两侧紧密连锁的分子标记筛选含有大插入片段的基因组文库，构建起目的基因区域的物理图谱，再利用物理图谱通过染色体步移（chromosome walking）技术逐渐逼近目的基因，最终找到包含目的基因的克隆，最后通过遗传转化实验证实目的基因的功能。

已知的大部分抗病基因是通过该方法克隆的。图位克隆法的前提是需要有与目的基因紧密连锁的分子标记及高密度遗传图谱和物理图谱。目前，该方法主要用于基因组较小、有高密度分子标记连锁图的拟南芥、番茄、水稻等模式植物上，随着以比较作图为主要手段的比较基因组学的发展，有可能以模式植物为中介来克隆其他植物的基因。近年来，随着不同植物各种标记的高密度遗传图谱和物理图谱的构建，图位克隆技术在植物基因克隆中将有广阔的利用前景。

图位克隆包括以下几个技术环节：①构建目标基因的分离群体，筛选与目的基因紧密连锁的分子标记，将目标基因精细定位在连锁图谱上；②构建高质量容易操作的大片段基因组文库；③利用目标基因两侧紧密连锁的分子标记筛选含有大插入片段的基因组文库，构建起目的基因区域的物理图谱；④利用物理图谱通过染色体步移或通过染色体登陆技术逐渐逼近目的基因；⑤分析目标基因区域基因组序列，找到可能的基因开放阅读框，然后通过遗传转化实验证实目的基因的功能。

染色体步移技术是指由生物基因组或基因组文库中的已知序列出发，逐步探知其旁邻的未知序列或与已知序列呈线性关系的目的序列的核苷酸。建立在基因组文库基础上的染色体步移技术进行的图位克隆尽管步骤烦琐，但是适于长距离步移，可以获得代表某一特定染色体的较长连续区段的重叠基因组克隆群。而另一种染色体步移技术是以 PCR 扩增为主要手段，步移距离相对较短，但是操作比较简单，适合于已知一段核苷酸序列的情况下进行的染色体步移。以 PCR 扩增为基础的染色体步移的主要问题是：在预先不了解未知区域序列信息的情况下，如何设计两个特异性引物来扩增未知区域？目前常用的方法是 Tail-PCR(thermal asymmetric interlaced PCR)，即热不对称 PCR，又叫巢式 PCR。其原理是根据已知 DNA 序列，分别设计三条同向且退火温度较高的特异性引物(SP 引物)，与经过独特设计的退火温度较低的兼并引物(可以设计多条，如 AP1，AP2，AP3，……)进行热不对称 PCR 反应(如图 3-6 所示)。通常情况下，其中至少有一种兼并引物可以与特异性引物之间利用退火温度的差异进行热不对称 PCR 反应，一般通过三次巢式 PCR 反应即可获取已知序列的侧翼序列。如果一次实验获取的长度不能满足实验要求，还可以根据第一次步移获取的序列信息，继续进行侧翼序列获取。

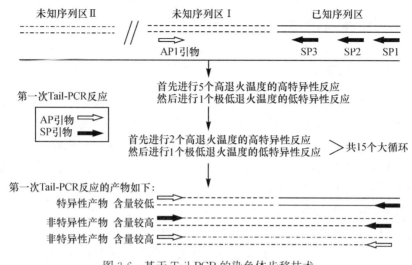

图 3-6 基于 Tail-PCR 的染色体步移技术

3.2.3.2 转座子标签法

以突变体为基础的基因克隆方法主要有转座子标签法（transposon tagging）和 T-DNA 标签法（T-DNA tagging）。转座子（transposon）是可从一个基因位置转移到另一位置的 DNA 片段。在转座过程中原来位置的 DNA 片段（转座子）并未消失，发生转移的只是转座子的拷贝，基因发生转座可引起插入突变使插入位置的基因失活并诱导产生突变型或在插入位置上出现新的编码基因。通过转座子上的标记基因（如抗药性等）就可检测出突变基因的位置和克隆出突变基因来。转座子标签法是把转座子作为基因定位的标记和通过转座子在染色体上的插入和嵌合来克隆基因。

转座子标签技术是利用转座子作探针克隆出突变基因，再用突变基因作探针，从野生型个体中分离并克隆出野生型基因，最终得到完整的基因的技术方法。转座子标签技术是研究功能基因的有效工具之一。转座子标签法不但可以通过上述转座突变分离基因，而且当转座子作为外源基因通过农杆菌介导等方法导入植物时，还会由于 T-DNA 整合到染色体中引起插入突变，进而分离基因，因此大大提高了分离基因的效率。

转座子标签技术具有分离预先不清楚表达产物的未知基因的优越性，但其又受多种因素的影响，只能在容易进行遗传转化，又容易诱发转座突变，能够获得大量稳定突变株的植物上进行。多倍体植物中的突变容易被等位基因掩盖，虽然有较高转座频率，但得到突变体不多。另外，转座子还受稳定性、位置效应、剂量效应、插入位点以及植物生长条件等诸多不确定因素影响。转座子标签法克隆抗病基因需要采用好的标签系统，而且植物感抗表现又涉及植物、病原、环境的复杂互作，突变的筛选需要多代再生植株和多年的观察研究。

利用转座子克隆基因的步骤主要有以下几方面（如图 3-7 所示）：①把已分离得到的转座子与选择标记构建成含转座子的质粒载体；②把转座子导入目标植物；③利用 Southern 杂交等技术检测转座子是否从载体质粒中转座到目标植物基因组中；④转座子插入突变的筛选和鉴定；⑤利用反向 PCR 或 Tail-PCR 获得转座子两侧的序列；

⑥以侧翼序列为探针从 cDNA 文库或基因组文库中筛选目的基因。作为转座子标签的转座子主要有玉米 Ac/Ds（Activator/Dissociation）、En/Spm（Enhancer/Suppressor-mututor）、Mu（Mutator）及金鱼草 Tam3 转座子。Ac/Ds 和 En/Spm 转座子是广泛应用于异源植物的转座子，它们都是双因子系统，该系统由两个转基因系组成，一个含有稳定的自主元件（如 Ac 或 En），另一个含有非自主元件（如 Ds 或 Spm），后者需要前者编码的转座酶作用才能切离和重新插入。利用 Ac/Ds 系统已克隆了拟南芥侧根形成基因 *LRP*1、矮牵牛花颜色基因、番茄抗叶霉素基因 *Cf*-9 和矮化基因等。

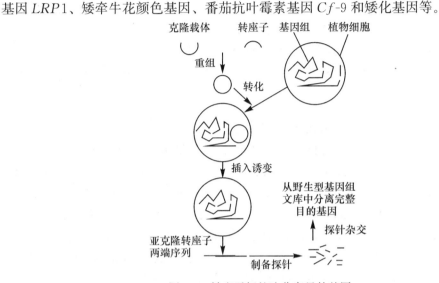

图 3-7　转座子标签法分离目的基因

3.2.3.3　T-DNA 标记法

与转座子标签法的原理相似的还有 T-DNA 标记法，T-DNA 是农杆菌质粒 DNA 片段，称为转移 DNA（transferred DNA）。T-DNA 两端存在非常保守的同向重复的

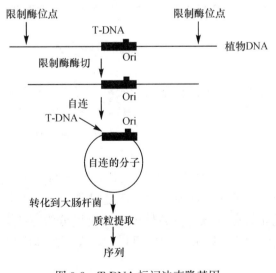

图 3-8　T-DNA 标记法克隆基因

25 bp 序列，分别称为左边界(LB)和右边界(RB)。当农杆菌侵染植物时，T-DNA 区域可以整合到植物基因组中，T-DNA 的转移只与边界序列(尤其是 RB)相关，而与 T-DNA 区段的其他基因或序列无关。由于插入植物基因组中的 T-DNA 区段序列已知，这样随机插入植物基因组中的 T-DNA 类似于给植物基因贴上一个序列标签。如果插入位点位于基因的编码区或者启动子区，则可能导致靶位点基因失活，得到丧失功能的突变体；如果 T-DNA 边界含有启动子或增强子等元件，则可能造成靶位点基因的异常表达，得到获得功能的突变体。一旦发现某个突变性状与 T-DNA 共分离，则采用 Tail-PCR、反向 PCR 或质粒拯救等方法很容易分离 T-DNA 侧翼基因组序列，然后以相应的插入序列为探针从野生型文库获得完整基因(如图 3-8 所示)。

拓展阅读

发现温度和触觉感受器：

David Julius 和 Ardem Patapoutian 获得 2021 年诺贝尔生理学或医学奖

感知热、冷和触摸的能力对人类生存至关重要，这也是我们与周围世界互动的基础。因温度和触觉感受器 TRPV1、TRPM8 和 Piezo 通道的开创性发现，美国科学家 David Julius 和 Ardem Patapoutian 获得 2021 年诺贝尔生理学或医学奖。TRP 通道是我们感知温度能力的核心，Piezo2 通道赋予我们触觉和感知身体部位位置和运动的能力，TRP 和 Piezo 通道还有助于许多额外的生理功能。这些功能依赖于感知温度或机械刺激，这一发现也正被用于开发治疗各种疾病(如慢性疼痛)的方法。

David Julius 曾创建了感觉神经元基因中一个数百万个 DNA 片段的文库，经过艰难的搜索，他的团队发现了一个能够使细胞对辣椒素敏感的基因，鉴定出的基因编码了一种新的离子通道蛋白，这种新发现的辣椒素受体后来被命名为 TRPV1，这种受体在令人感觉疼痛的温度下会被激活。TRPV1 的发现是一项重大突破，为揭开其他温度感应受体开辟了道路。

3.3 工具酶和载体

基因工程的基本技术是人工进行基因的分离、切割、重组和扩增等。这个过程是由一系列相互关联的酶促反应完成的，凡基因工程中应用的酶类统称为工具酶，见表 3-1。其中，限制性内切酶、DNA 连接酶、DNA 聚合酶、其他修饰酶四类是基因工程中最常用到的工具酶。

在基因工程中，由于外源 DNA 自身不具备自我复制的能力，所以还要载体的帮助，把所克隆的外源基因送进生物细胞中进行复制和表达。携带目的基因进入宿主细胞进行扩增和表达的工具称为载体。载体根据功能可分为克隆载体和表达载体两类。克隆载体用于在宿主细胞中克隆和扩增外源片段，表达载体则用于在宿主细胞中获得外源基因的表达产物。

表 3-1　常见的工具酶

工具酶名称	主要功能
限制性内切酶（restriction endonuclease）	在 DNA 分子内部的特异性的碱基序列部位进行切割
DNA 连接酶（DNA ligase）	将两条以上的线性 DNA 分子或片段催化形成磷酸二酯键连接成一个整体
DNA 聚合酶（DNA polymerase Ⅰ）	通过向 3′ 端逐一增加核苷酸以填补双链 DNA 分子上的单链裂口，即 5′→3′DNA 聚合酶活性与 3′→5′ 及 5′→3′ 外切酶活性
多核苷酸激酶（polynucleotide kinase）	催化 ATP 的 γ-磷酸转移到多核苷酸链的 5′-OH 末端
反转录酶（reverse transcriptase）	以 RNA 分子为模板合成互补的 cDNA 链
DNA 末端转移酶（DNA terminal transferase）	将同聚物尾巴加到线性双链或单链 DNA 分子的 3′-OH 末端或 DNA 的 3′ 末端标记 dNTP
碱性磷酸酶（alkaline phosphatase）	去除 DNA、RNA、dNTP 的 5′ 磷酸基团
核酸外切酶Ⅲ（exonuclease Ⅲ）	降解 DNA 3′-OH 末端的核苷酸残基
核酸酶 S1（nuclease S1）	降解单链 DNA 或 RNA，产生带 5′ 磷酸的单核苷酸或寡核苷酸，同时也可切割双链核酸分子的单链区
核酸酶 Bal 31（nuclease Bal 31）	降解双链 DNA、RNA 的 5′ 及 3′ 末端
Taq DNA 聚合酶（Taq DNA polymerase）	能在高温下以单链 DNA 为模板，从 5′→3′ 方向合成新生的互补链
核糖核酸酶（RNase）	专一性降解 RNA
脱氧核糖核酸酶（DNase）	水解单链或双链 DNA
Cas 核酸内切酶（CRISPR associated endonuclease）	切割双链 DNA，为高效的基因编辑工具
Dicer 酶（Drosha nuclease，Dicer）	切割双链 RNA
Cre 重组酶（Cyclization recombination enzyme）	在 DNA 重组中发挥作用
Flp 重组酶（Flippase recombination enzyme）	在 DNA 重组中发挥作用

3.3.1　限制性内切酶

3.3.1.1　限制性内切酶的发现与分类

20 世纪 50 年代初，有科学家发现细菌能将外来 DNA 片段在某些专一位点上切断，从而保证其不为外来噬菌体所感染，而其自身的染色体 DNA 由于被一种特殊的酶所修饰而得以保护，这种现象叫作限制—修饰。Arber 提出的限制—修饰假说认为该现象是由寄主细胞中的两种酶配合完成的，一种叫修饰酶，另一种叫限制酶，即限制性内切酶。后经证实该假说是正确的，修饰酶能从 SAM（S-腺苷甲硫氨酸）上转移甲基到限制酶所识别的特殊序列的特定碱基上，使自身 DNA 甲基化，甲基化的 DNA 链不能被限制酶识别，因而可以避免被限制酶降解。

限制性内切酶以微生物属名的第一个字母和种名的前两个字母组成，第四个字母表示菌株（品系）。例如，从 Bacillus amylolique faciens H 中提取的限制性内切酶称为

Bam H。限制性内切酶主要分成三大类(见表3-2):①Ⅰ类能识别专一的核苷酸顺序,并在识别点附近的一些核苷酸上切割双链,但切割序列没有专一性,是随机的。这类限制性内切酶在DNA重组技术或基因工程中没有多大用处,无法用于分析DNA结构或克隆基因。这类酶有*Eco*B、*Eco*K等。②Ⅱ类能识别专一的核苷酸顺序,并在该顺序内的固定位置上切割双链。由于这类限制性内切酶识别和切割的核苷酸都是专一的,所以总能得到相同核苷酸顺序的DNA片段,并能构建来自不同基因组的DNA片段,形成杂合DNA分子。因此,这种限制性内切酶是DNA重组技术中最常用的工具酶之一。③Ⅲ类有专一的识别序列,但不是对称的回文顺序。它在识别顺序旁边几个核苷酸对的固定位置上切割双链,但这几个核苷酸对则是任意的。因此,这种限制性内切酶切割后产生的一定长度的DNA片段具有各种单链末端。这对于克隆基因或克隆DNA片段没有多大用处。这类酶有*Eco*PⅠ、*Hinf*Ⅲ等。

表3-2　限制性核酸内切酶的分类

	Ⅰ型	Ⅱ型	Ⅲ型
限制修饰活性	单一多功能的酶	限制酶和修饰酶分开	双功能酶
内切酶的蛋白质结构	3种不同亚基	单一成分	2种亚基
限制辅助因子	ATP、Mg^{2+}和S-腺苷甲硫氨酸	Mg^{2+}	ATP、Mg^{2+}和S-腺苷甲硫氨酸
切割位点	距特异性位点1 000 bp	特异性位点及其附近	特异性位点3′端24 bp～26 bp处
特异性切割	不是	是	是
基因克隆中用途	无用	非常有用	有用

3.3.1.2　限制性内切酶对序列的识别与切割

Ⅱ型限制性内切酶对DNA序列的识别一般具有以下四个特征:①每一种酶都有各自特异的识别序列,大多数酶的识别序列很严格,少有变动的余地。如*Hind*Ⅱ的识别位点是-GTP$_y$P$_u$AC-,其中P$_y$代表C或T,而P$_u$代表A或G。②识别序列的碱基数一般为4个～8个碱基对,以6 bp最为常见,一般都富含GC,在识别序列内特异位点切割。③大多数识别位点具有180°旋转对称的回文序列,即有一个中心对称轴,从这个轴朝两个方向"读"都完全相同。如图3-9所示,*Eco*RⅠ的识别序列为5′…G/AA TTC…3′,*Eco*RV的识别序列为GAT/ATC。④识别序列中的碱基被甲基化修饰后会影响部分酶的切割作用效果。

来源不同但却具有相同的识别序列,切割DNA后产生相同末端的一组限制酶,叫同裂酶(isoschizomer)。同裂酶产生同样的切割,形成同样的末端。例如*Hpa*Ⅱ和*Msp*Ⅰ的识别序列都是5′…C/CGG…3′。来源不同、识别序列也不同但切割后产生相同的黏性末端的一类酶,叫同尾酶(isocaudamer)。两种同尾酶切割形成的DNA片段经连接后所形成的重组序列,不能被原来的限制酶所识别和切割。

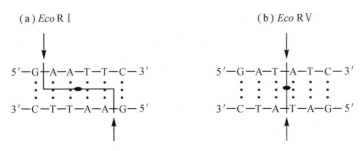

图 3-9　限制酶 *Eco*RⅠ和 *Eco*RⅤ的识别和切割序列

3.3.1.3　影响限制性内切酶活性的因素

1) DNA 的纯度

限制性核酸内切酶消化 DNA 底物的快慢在很大程度上取决于所使用的 DNA 本身的纯度。DNA 制剂中的杂质如蛋白质、RNA、酚、氯仿、酒精、EDTA、SDS 以及高浓度的盐离子等，都可能影响酶切反应的速率和酶切的完全程度。

为了提高限制性核酸内切酶对低纯度 DNA 的反应速率，可以采用以下几种方法：增加酶的用量；扩大酶催化反应的体积，以使潜在的抑制酶活性的因素被相应地稀释；延长酶催化反应的保温时间。然而对于一些受少量 DNase 污染的 DNA 制剂，上述方法不起作用。由于 DNase 的活性需要有 Mg^{2+} 的存在，因此在 DNA 的储存缓冲液中加入 EDTA 以 Mg^{2+} 螯合就可以保持 DNA 的稳定。一旦加入限制性内切酶缓冲液（含大量的 Mg^{2+}），DNA 就会迅速被完全降解，要避免这样的情况只能选择高纯度的 DNA。

2) DNA 甲基化程度

原核生物体内存在由甲基化酶和限制性内切酶组成的 R-M 系统，当识别序列中特定核苷酸被甲基化酶修饰过后绝大多数就不再被限制性内切酶消化，从正常的大肠杆菌菌株中分离出来的质粒 DNA，由于含有甲基化酶，只能被限制性核酸内切酶局部消化，甚至完全不能被消化。为了解决这个问题，在基因克隆实验中一般使用失去了甲基化酶的大肠杆菌菌株制备质粒 DNA。

3) DNA 的分子结构

DNA 分子的不同构型对限制性核酸内切酶的活性也有很大的影响。切割超螺旋的质粒 DNA 或病毒 DNA 所需的酶量要比切割线性 DNA 所需的酶量高出很多，最高可达到 20 倍。同一种限制性内切酶切割不同 DNA 链上相同的识别序列，其效率也会有明显的差别，这可能是识别序列两侧的核苷酸成分的差异造成的。大体上说，这种差别最多不超过 10 倍。在一般的实验中这样的差别范围是无关紧要的，但当涉及局部酶切消化时则是必须考虑的重要参数。

4) 限制性核酸内切酶的缓冲液

不同的限制性核酸内切酶对反应体系的离子强度和 pH 值有不同的要求。限制性内切酶标准缓冲液的组分包括 $MgCl_2$、NaCl 或 KCl、Tris-HCl、β-巯基乙醇或二硫苏糖醇（DTT）、牛血清白蛋白（BSA）等。

二价阳离子是酶活性正常发挥的必需条件，通常是 Mg^{2+}。不合适的 NaCl 或 Mg^{2+} 浓度，不仅会降低限制性内切酶的活性，而且可能会导致识别序列的特异性发生变化。

Tris-HCl 的作用是使反应混合物的 pH 值恒定在酶活性所要求的最佳参数的范围之内。对绝大多数限制性内切酶而言，pH 7.4 是最佳的反应条件。

巯基试剂的作用是保持某些核酸内切酶还原基团的稳定性，但它同样也可能有利于提高潜在污染杂质的稳定性。

为防止酶的分解及非特异性吸附，某些限制性内切酶的稳定性需要 BSA 来维持。

5) 酶切消化反应的时间和温度

DNA 消化反应的温度是影响限制性内切酶活性的一个重要因素。多数限制性内切酶的最适反应温度是 37 ℃，少数限制性内切酶的最适反应温度却高于或低于 37 ℃。

6) 反应体积和甘油浓度

商品化的限制性内切酶大多使用 50% 的甘油缓冲液作为酶的储存液，以避免酶蛋白的反复冻融。在酶切反应中，为了将甘油的浓度控制在 50% 以下，应该将酶的体积限制在总反应体积的 1/10 以内，否则酶活性会因为甘油浓度太高而受到抑制。

3.3.1.4　限制性内切酶的应用

限制性核酸内切酶在基因工程中的应用主要有：

1) 基因克隆

基因克隆的几个主要环节都要用到限制性核酸内切酶。在整个过程中目的基因的获得、载体的构建、重组子的鉴定等都必须用到限制性核酸内切酶。

2) 绘制 DNA 物理图谱

限制性核酸内切酶广泛地用于基因重组的酶切图谱，特别是用于测定比较小的基因组，如质粒、噬菌体和动物病毒等。通过基因的酶切图谱分析与结合遗传学分析，可以测定各个相应 DNA 片段中所带的功能基因，进行基因定位，进而对各片段进行序列分析，绘制出整个基因组的物理图谱。

3) 基因突变分析（restriction fragment length polymorphism，RFLP）

利用限制性核酸内切酶可以进行基因突变的分析，主要方法是限制性片段长度多态性分析。RFLP 是了解基因组细微结构及其变化的一种方法。如果两个 DNA 分子完全相同，用同剂量的同种限制酶在相同的条件下消化，所得的限制酶谱将相同。如果两个 DNA 分子基本相同，只是在一处或几处发生某种差异，哪怕是很小的差异，消化后两个 DNA 分子限制酶谱的条带方式将出现不同，即产生多态性。对这些条带进行分析即可从中获得两个 DNA 分子结构差异的信息。

3.3.2　DNA 连接酶和 DNA 聚合酶

3.3.2.1　DNA 连接酶

能将两段 DNA 相邻的 5′磷酸基和 3′羟基末端之间形成磷酸二酯键，使 DNA 单链切口封合起来的酶叫 DNA 连接酶（ligase）。为将限制性内切酶的酶切片段共价地连接起来，可使用 T4 DNA 连接酶或大肠杆菌连接酶。

1) DNA 连接酶的基本特性

T4 DNA 连接酶来源于 T4 噬菌体感染的大肠杆菌，连接修复 3′端羟基（3′-OH）和

5′磷酸基团(5′-P)，脱水形成 3′-5′磷酸二酯键，需要 ATP 供应能量，可连接一个双链 DNA 上的单链缺口(nick)，也可以连接限制性内切酶所产生黏性末端的缺口，连接 RNA 模板上的 DNA 链缺口，但不能连接裂口(gap)，如图 3-10 所示。但连接平末端 DNA 速度很慢，在高浓度的底物和酶的作用下方可进行，这属于分子之间的连接。T4 DNA 连接酶连接效率高，在基因工程领域应用广泛。

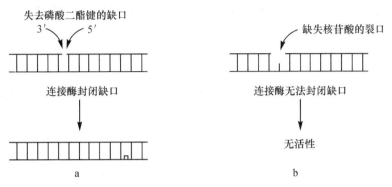

图 3-10   DNA 连接酶的活性

a. 具有 3′-OH 和 5′-P 基团的一个缺口被 DNA 连接酶封闭起来；b. 如果是缺失一个或数个核苷酸的裂口，DNA 连接酶则不能将它封闭。

大肠杆菌 DNA 连接酶催化相邻 DNA 链的 3′端羟基和 5′磷酸基团以磷酸二酯键结合的反应，需 NAD 作辅酶。该酶只能催化突出末端 DNA 之间的连接，但如果在 PEG 及高浓度一价阳离子存在的条件下，也能连接平末端的 DNA，但不能催化 DNA 的 5′磷酸末端与 RNA 的 3′羟基末端以及 RNA 之间的连接。

2) DNA 连接酶连接作用的分子机理

连接酶与辅助因子 ATP(或 NAD$^+$)提供的激活 AMP 形成一共价结合的酶-AMP 复合物(腺苷酰酶)，同时释放出焦磷酸(PPi)或烟酰胺单核苷酸(NMN)；激活的 AMP 从赖氨酸残基转移到 DNA 一条链的 5′末端磷酸基团上形成 DNA-腺苷酸复合物；3′羟基末端对活跃的磷原子做亲核攻击，形成磷酸二酯键，将缺口封起来，同时释放出 AMP。

3.3.2.2   DNA 聚合酶

在基因工程领域，经常涉及用 DNA 聚合酶来催化 DNA 的体外合成。DNA 聚合酶的作用是在 DNA 模板链上将脱氧核苷酸连续地加到双链 DNA 分子引物链的 3′-OH 末端，催化核苷酸聚合成以模板互补的 DNA 序列。DNA 聚合酶的种类主要有大肠杆菌 DNA 聚合酶、大肠杆菌 DNA 聚合酶 I、Klenow 酶、Taq DNA 聚合酶、反转录酶及 T7 DNA 聚合酶等。这些聚合酶的共同特点是具有催化核苷酸聚合的能力，但在外切酶活性、聚合速率等方面就各有差别。

1) DNA 聚合酶 I

大肠杆菌 DNA 聚合酶 I 为单链多肽蛋白质，由大小两种亚基组成，具有三种酶活性：大亚基有 5′→3′聚合酶活性、3′→5′外切酶活性，小亚基只有 5′→3′外切酶活性。DNA 聚合酶 I 的主要用途：①用切口平移方法标记 DNA 可作杂交探针；②利用其 5′→3′核酸外切酶活性降解寡核苷酸作为合成 cDNA 第二链的引物；③用于对 DNA 分子的 3′ 突出尾进行末端标记，用于 DNA 序列分析。

2）Klenow 酶

Klenow 酶是大肠杆菌 DNA 聚合酶 I 经枯草杆菌蛋白酶或胰蛋白酶分解切除小亚基而得，具有 5′→3′ 聚合酶活性和 3′→5′ 外切酶活性，但失去了全酶的 5′→3′ 的核酸外切酶的活性。Klenow 酶的用途：①用同位素标记酶切 DNA 片段的末端；②补平 5′ 黏性末端为平端，也可用 3′→5′ 外切酶活性除去 3′ 末端的单链，生成平端；③合成 cDNA 的第二条链，由于该酶没有 5′→3′ 的核酸外切酶的活性，因此 5′ 端的 DNA 不会被降解，能合成全长 cDNA；④用 Sanger 双脱氧法测定 DNA 序列；⑤用于定点突变。

3）Taq DNA 聚合酶

最初由 Erlic H. 从温泉中的水生栖热菌中分离出 Taq DNA 聚合酶。该酶具有 5′→3′ 聚合酶活性以及依赖于聚合作用的外切酶活性，不存在 3′→5′ 外切酶活性，是一种耐热的依赖于 DNA 的 DNA 聚合酶，最适反应温度为 72 ℃～80 ℃，能以高温变性的靶 DNA 分离出来的单链 DNA 为模板，在加入 4 种 dNTP 的体系中，以分别结合在两端扩增区为起点从 5′→3′ 的方向合成新生的互补链 DNA，因此该酶的主要用途是进行 DNA 的 PCR 反应。

4）反转录酶

反转录酶是依赖于 RNA 的 DNA 聚合酶，具有 5′→3′ 聚合作用，该酶可以 mRNA 为模板合成单链 cDNA；也可以单链 cDNA 为模板合成双链 DNA；还可利用单链 DNA 或 RNA 作模板合成分子探针。这是分离真核生物基因制备 cDNA 文库常用的方法。探针可用于检测 DNA 或 RNA。在基因工程中，反转录酶的主要用途是：①将真核基因的 mRNA 转录成 cDNA，构建 cDNA 文库，进行克隆实验；②对具有 5′ 突出端的 DNA 片段的 3′ 端进行填补（补平反应）和标记，制备探针；③代替 Klenow 大片段，用于 DNA 序列测定。

3.3.3　其他工具酶

3.3.3.1　碱性磷酸酶

碱性磷酸酶有两种，一种是从大肠杆菌中分离纯化的，称细菌性碱性磷酸酶（BAP）；另一种是从小牛肠中分离纯化的，称小牛肠碱性磷酸酶（CIAP）。两种酶反应均需要 Zn^{2+}，区别在于 BAP 耐热，而 CIAP 在 70 ℃ 加热 10 min 或经酚抽提则灭活，CIAP 的特异活性较 BAP 高 0～10 倍，因此 CIAP 应用更广泛，它能催化去除 DNA、RNA、NTP、dNTP 的 5′ 磷酸根，作用是防止 DNA 的自身环化和 5′ 末端标记前的去磷。

3.3.3.2　多聚核苷酸激酶

T4 多聚核苷酸激酶是由 T4 噬菌体的 *pseT* 基因编码的一种蛋白质。该酶催化 r-磷酸从 ATP 分子转移给 DNA 或 RNA 分子的 5′-OH 末端。可分为正向反应和交换反应标记法。T4 多聚核苷酸激酶的用途包括：①标记 DNA 的 5′ 末端；②化学合成寡聚核苷酸加磷。

3.3.3.3　末端脱氧核苷酸转移酶

末端脱氧核苷酸转移酶(TDT)简称末端转移酶,是从小牛胸腺中分离纯化得到的。末端转移酶的特性:①合成方向$5'\rightarrow 3'$;②合成时不要模板,但底物至少要 3 个核苷酸;③对 dNTP 非特异性,任一种都可以作前体物;④可催化 $3'$-OH 末端单链或突出的双链,需要 Mg^{2+} 或 Mn^{2+};⑤用 Co^{2+} 代替 Mg^{2+} 作辅助因子,可在平末端 DNA 分子上进行末端转录。末端转移酶的用途包括:①给载体或 cDNA 加上互补同聚物尾巴;②标记 DNA 片段的 $3'$-OH 端可用 a-^{32}P-dNTP,也可催化非放射性标记物掺入 DNA $3'$末端;③可按模板合成多聚脱氧核苷酸同聚物。

3.3.3.4　DNA 酶与 RNA 酶

DNA 酶是从牛胰脏中分离得到的核酸内切酶,水解单链或双链 DNA,无核苷酸序列特异性,反应产物是带有 $5'$末端磷酸的单聚核苷酸和寡聚核苷酸的混合物,最小产物的长度仅有 4 个核苷酸。用途:①切口移位,制备 DNA 探针,缺口平移法标记探针前用 DNase 处理 DNA,使之形成若干缺口;②建立随机克隆,进行 DNA 序列分析;③制备 RNA 样品时除去 DNA 分子;④基因突变时产生切口。

RNA 酶为核酸内切酶,按其作用特点可分 4 种类型:①RNase A;②RNase T;③RNase U2;④RNase H。它们的共同特点是专门降解 RNA,其用途有:①在提取 DNA 中降解 RNA;②从 DNA/RNA 杂交分子中除去 RNA 区。RNase A 分离自牛胰脏,对热稳定,抗去污剂,100 ℃加热 15 min 仍具有活性,用于除去 DNA 样品中的 RNA 分子。RNase H 作用于 DNA/RNA 杂交分子中的 RNA 链,用于 cDNA 文库建立时除去 RNA 链以便第二条链 cDNA 链的合成。

3.3.3.5　S1 核酸酶

S1 核酸酶是从稻谷曲霉中提取到的能够降解单链 DNA 和 RNA 的核酸内切酶,产生 $5'$-磷酸化单核苷酸或寡核苷酸。能够去除 cDNA 中的单链发夹结构,产生平末端。S1 核酸酶水解单链 DNA 的速率要比水解双链 DNA 快 75 000 倍,其酶反应的最适 pH 为 $4.0\sim 4.3$。

3.3.3.6　Cas 核酸内切酶

Cas 核酸内切酶(CRISPR associated endonuclease)是一系列具有多种活性的核酸内切酶,主要功能是定位外来入侵的 DNA 并将其切断,从而阻止外来入侵的噬菌体和质粒繁殖。Cas 核酸内切酶分为三种类型,它们存在于大约 40% 已测序的真细菌和 90% 已测序的古细菌中。Ⅰ型和Ⅲ型的 Cas 核酸酶都是多亚基的蛋白质,Ⅱ型 Cas 核酸酶是单亚基的蛋白质,它们都能在 RNA 的指导下识别并切割 DNA 分子。Ⅱ型 Cas 核酸酶已改造成 CRISPR-Cas 系统,成为一种高效的基因编辑工具。其中 Cas9 含有两个核酸酶结构域,利用 Cas9 以及向导 RNA(gRNA)核心组分,可以切割基因组 DNA 中基因的两条单链,是目前研究中最深入的类型。

3.3.3.7　Dicer 酶

Dicer 酶(Drosha nuclease)是一种核酸内切酶,属于 RNase Ⅲ 家族中特异识别双链 RNA 的一员,它能以一种 ATP 依赖的方式逐步切割由外源导入或者由转基因、病毒感染等各种方式引入的双链 RNA,切割将 RNA 降解为 21 bp~23 bp 的双链 RNAs (dsRNAs),每个片段的 $3'$ 端都有 2 个碱基突出。

3.3.3.8　重组酶

Cre 重组酶(Cyclization recombination enzyme)是细菌噬菌体的 Ⅰ 型拓扑异构酶,可以识别催化两个 LoxP 位点之间发生同源重组,从而造成 DNA 的缺失、易位等现象。无须能量辅助因子,Cre 重组酶的最佳反应温度为 37 ℃。

Flp 重组酶(Flippase recombination enzyme)是从酵母细胞内被发现的多肽单体蛋白。FRT 是 Flp 的识别位点,全长 48 bp,由 3 个 13 bp 的反向回文序列和 8 bp 的间隔序列共同组成。与间隔序列相邻的两个反向回文序列是 Flp 重组酶的识别和结合区域,间隔序列是重组发生的区域,也决定了整个序列的方向,Flp 重组酶的最佳反应温度为 30 ℃。

3.3.4　质粒与质粒载体

基因克隆的重要环节之一是把一个外源基因导入生物细胞,并使它得到扩增。在基因工程操作中,常常把外源 DNA 片段利用运载工具送入生物细胞。我们把携带外源基因进入受体细胞的这种工具叫作载体(vector)。在基因工程中,最常用到的是质粒载体。

3.3.4.1　质粒的生物学特征

理想的质粒载体必须具备以下条件:①复制子(replicon),这是一段具有特殊结构的序列,载体有复制起点才能使位于其上的外源基因在宿主细胞中复制和增殖;②有一个或多个便于检查的遗传标记;③在非必需区的 DNA 片段内有较多的单一限制性内切酶的酶切位点,便于目的基因的克隆;④具备适当的拷贝数;⑤具有较高的遗传稳定性。

3.3.4.2　质粒载体构建的基本策略

基因工程的目标就是实现基因的无性繁殖,并且得到最大量的某一基因或基因产物,基因工程所用的载体必须对天然的质粒进行改造,以便构建出符合基因工程需求的载体,构建的基本策略如下:①去掉非必需的 DNA 区域。除保留质粒复制相关的区域等必要部分外,尽量缩小质粒的相对分子质量,以提高外源 DNA 片段的装载量。②减少限制性内切酶的酶切位点的数目。这是早期载体改造中经常碰到的问题,一个质粒含有某一限制性内切酶的酶切位点越多,则该酶酶切后的片段也越多,给克隆带来很多不便。现在可以用很多方法来减少限制性内切酶的酶切位点的数目,如机械破碎和质粒之间的重组。③加入易于检出的选择标记,便于检测含有重组质粒的受体细胞。一般情况下,所需扩增的基因不便于选择,所以作为载体的质粒要求具有选择性标记,而通过质粒之间的重组,就可以使质粒带上合适的选择标记。④关于质粒安全性能的改造。从安全性考虑,克隆载体应只存在于有限范围的宿主内,在体内不发生重组和转移，不产生有害性状，并且不能离开宿主进行扩散。⑤改造或增加表达基因的调控序列。外源基因的表达需要启动子，启动子有强弱之分，也有组织细胞专一性。在重组DNA操作中，根据不同研究目的可以改造或选择不同特点的载体。

3.3.4.3 常用质粒载体

1) pBR322载体

基因工程载体根据功能可分为克隆载体和表达载体两类。克隆载体用于在宿主细胞中克隆和扩增外源片段；表达载体则用于在宿主细胞中获得外源基因的表达产物。基因工程发展早期最为重要的克隆载体是pBR322载体，如图3-11所示。

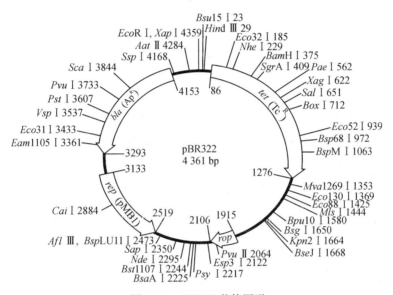

图 3-11 pBR322 载体图谱

大小：4 361 bp，容易纯化。

GenBank登记号：V01119/J01749。

多克隆位点(MCS)：含有30多个单一位点。

抗性标记：*amp*^{r}和*tet*^{r}，每一个标记基因都含有单一的酶切位点，可以插入DNA。*amp*抗性基因内可被*Pst*Ⅰ、*Pvu*Ⅰ、*Sac*Ⅰ切开，而*tet*抗性基因可被*Bam*HⅠ、*Hind*Ⅲ切开。

筛选：可通过插入失活筛选重组子。

拷贝数：在受体细胞内，pBR322以多拷贝存在，一般一个细胞内可达到15个，而在蛋白质合成抑制剂如氯霉素存在条件下，可达到1 000~3 000拷贝。

pBR322是最早应用于基因工程的克隆载体之一，pBR322的优点是双抗生素抗性选择标记，没有获得载体的寄主细胞在Amp或Tet中都死亡，而获得载体的寄主细胞在Amp或Tet中其中之一死亡，这是因为外源基因导致了其中之一的抗性基因失活，宿主细胞失去了抵御外界这种抗生素的抗性。把pBR322用限制性内切酶切去某片段，换上合适的表达组件，就可以构建成工作所需的新载体。许多实用的质粒载体都是在pBR322的基础上改建而成。此外，pBR322 DNA被限制性内切酶消化后产生的片段大小均已知道，可以作为核酸电泳的分子质量标准。

2）pUC18/pUC19 和 pGEM-TEasy 载体

目前基因工程实验中最常用的克隆载体为 T 载体，也就是用于在受体细胞中进行目的基因扩增的载体。多用于克隆 PCR 产物，常见的 T 载体有 pUC、pGEM、pMD 等系列，一般可以通过蓝白斑筛选有插入片段的重组克隆。许多高温 DNA 聚合酶，如 Taq DNA 聚合酶扩增的 PCR 产物在 3′末端后都带有一个突出的碱基 A，这样的 PCR 产物可以用 3′末端后带有一个突出碱基 T 的载体方便地进行克隆。但具有 3′→5′外切酶活性的 DNA 聚合酶扩增的 PCR 产物是平末端，要对这种平末端 PCR 产物进行克隆，应先进行 3′端加 A 工作。常见的 pUC18/pUC19 和 pGEM-T Easy 载体介绍如下：

（1）pUC18/pUC19 载体（如图 3-12 所示）

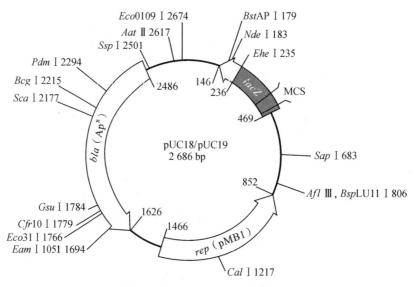

图 3-12　pUC18/pUC19 载体图谱

大小：2 686 bp，来自 pBR322。

GenBank 登记号：L08752/X02514。

抗性标记：amp^r。

多克隆位点：有 10 个位点。

筛选：可通过 α-互补进行筛选。

用途：克隆、测序。

pUC18/pUC19 除多克隆位点以互为相反的方向排列外，这两个载体在其他方面没有差别。pUC 质粒缺乏 rop 基因，在正常情况下，该基因紧靠 DNA 复制起点，与控制拷贝数有关。缺乏 rop 基因的结果是这些质粒复制的拷贝数要比带有 pMB1 或 ColE1 复制起点的质粒多得多。pUC 载体表达 lacZ 基因产物的氨基端片段，在相应的宿主中可出现 α-互补，因此，可以用组织化学筛选法鉴定重组体。

pUC18 的多克隆位点：Hind Ⅲ、Sph Ⅰ、Pst Ⅰ、Sal Ⅰ、Xba Ⅰ、BamH Ⅰ、Sma Ⅰ、Kpn Ⅰ、Soc Ⅰ、EcoR Ⅰ。

pUC19 的多克隆位点与 pUC18 的多克隆位点方向相反，Hind Ⅲ位点紧接于 Plac 下游。

（2）pGEM-T Easy 载体（如图 3-13 所示）

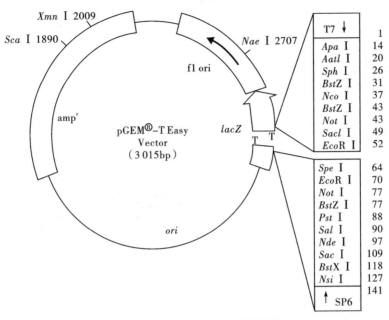

图 3-13　pGEM-T Easy 载体图谱

大小：3 015 bp。

抗性标记：amp^r。

多克隆位点：有 19 个位点。

筛选：可通过 α-互补进行筛选。

用途：克隆、测序。

pGEM-T Easy 载体质粒经 EcoR V 切成平端后，在开口端加上一个 T 制成 T 载体，一方面避免了自身环化，另一方面由于 T-A 互补，从而提高了 T 载体与 PCR 产物之间的连接效率。pGEM-T Easy 载体含丝状噬菌体的复制起始区，用于产生环状 ssDNA，并含有 T7 和 SP6 RNA 聚合酶启动子，类似的 T 载体还有 pGEM-T，它与 pGEM-T Easy 的唯一区别在于多克隆位点不同。

3.3.5　原核表达载体

原核表达载体是指能使目的基因在原核细胞中表达的载体。原核表达载体上除了具有复制起点（ori）和筛选标记外，还必须具有原核细胞的启动子和终止子，才能实现基因的表达。其中启动子位于多克隆位点的 5′端，终止子位于多克隆位点的 3′端，目的基因插入在多克隆位点上。为了保证核糖体能够与目的基因的 mRNA 结合，进一步开启翻译的过程，往往还需要在多克隆位点上游加一个原核细胞核糖体识别和结合位点 SD。所以"启动子＋SD＋MCS＋终止子"的连续序列就构成了目的基因在原核细胞中的表达结构。常用的原核表达载体有 pET 系列、pMAL 系列和 pGEX 系列等，表达宿主菌有 BL21 等。原核表达载体不同类型介绍如下：

3.3.5.1　pET-28a 载体(如图 3-14 所示)

大小：5 369 bp。

标签：N-His、C-His。

抗性标识：Kan^r。

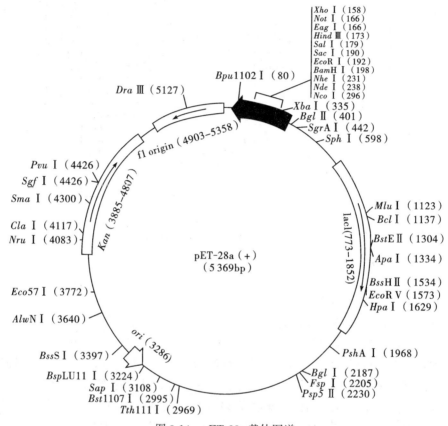

图 3-14　pET-28a 载体图谱

　　pET 系列载体是目前应用最广泛的重组蛋白表达载体，pET-28a-c(＋)载体带有一个 N 端的 His 标签，同时含有一个可以选择的 C 端 His 标签，目的基因可通过多克隆位点在中间插入。载体上启动子序列能够被 T7 RNA 聚合酶识别，合成 mRNA 的速度比大肠杆菌 RNA 聚合酶快 5 倍，宿主本身基因的转录竞争不过 T7 表达系统，几乎所有的细胞资源都用于表达目的蛋白，诱导若干小时后即可使得最终目的基因表达产物超过细胞总蛋白的 50％。

3.3.5.2　pMAL 载体(如图 3-15 所示)

大小：6 646 bp。

标签：N-MBP。

抗性标识：amp^r。

　　pMAL 系列载体含有编码麦芽糖结合蛋白(maltose binding protein，MBP)的大肠杆菌 malE 基因，其下游的多克隆位点便于目的基因插入，表达 N 端带有 MBP 的融合

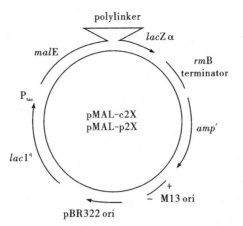

图 3-15　pMAL 载体图谱

蛋白。通过 tac 强启动子和 *malE* 翻译起始信号使克隆基因获得高效表达，并进一步利用 MBP 对麦芽糖的亲和性用 Amylose 柱对融合蛋白进行亲和纯化。

3.3.5.3　pGEX 载体(如图 3-16 所示)

大小：5 006 bp。

标签：N-GST。

抗性标记：amp^r。

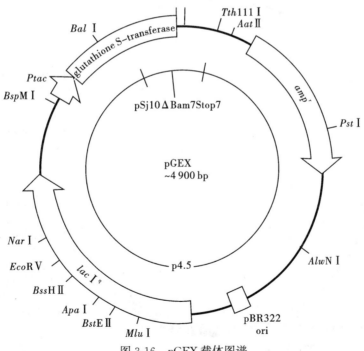

图 3-16　pGEX 载体图谱

pGEX 系列载体是一类常用的原核表达载体，该载体含有谷胱甘肽 S-转移酶基因(glutathione S-transferases gene，*GST*)，多克隆位点区域含有多个常用的内切酶位点序列，便于不同基因的插入。可在 BL21 等表达菌株中高表达融合有 *GST* 标签的蛋白。

凝血酶可将目的蛋白的 *GST* 标签切掉，便于下游蛋白纯化。

3.3.6 植物表达载体

植物表达载体是一类针对植物结构基因表达改变或基因的时空表达特性研究而设计的载体，在葡萄糖醛酸酶报告基因（*GUS*）前插入启动子序列可用于基因的时空表达特性研究，在 35S 和 Ubi 启动子后插入 cDNA 序列可以用于基因的过量表达研究，在 35S 和 Ubi 启动子后插入两段方向相反的基因特异 cDNA 片段和 cDNA 片段连接的内含子序列可以用于基因的 RNA 干涉研究，在 GFP、mCherry 等荧光报告基因前融入 cDNA 序列可用于基因的亚细胞定位或共定位等研究。常见植物表达载体有 pBI 系列（pBI101、pBI121 和 pBI221 等）和 pCAMBIA 系列（pCAMBIA1391Z、pCAMBIA1301、pCAMBIA1302 和 pCAMBIA3301 等）载体。不同载体类型介绍如下：

3.3.6.1 pBI121 载体（如图 3-17 所示）

大小：14 758 bp。

抗性：*Kan*^r。

筛选标记：GUS、Neomycin。

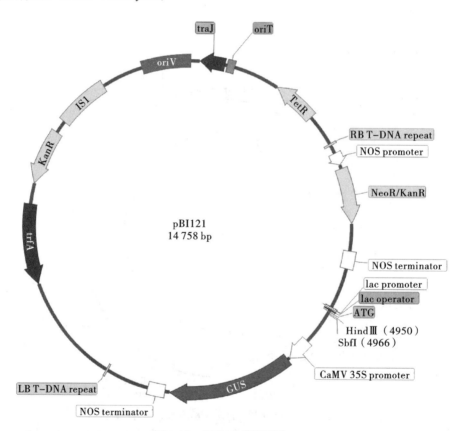

图 3-17 pBI121 载体图谱

pBI121 载体是一个双元植物农杆菌表达载体，载体上含有从 ColE Ⅰ 中来的 ori 复制元件、从 CaMV 中来的 pROK1 元件、大肠杆菌新霉素磷酸转移酶Ⅱ基因（Neomycin phosphotransferase Ⅱ gene，*Npt* Ⅱ）、新霉素抗性基因（Neomycin resistant gene，*Neo*），Beta 葡糖苷酸酶基因(glucuronidase，*GUS*)、Ter 农杆菌 Ti 质粒胭脂氨酸合成酶元件等，将目的基因的 cDNA 序列插入 35S 启动子之后，可用于拟南芥、烟草等植物基因的过量表达研究。

3.3.6.2　pCAMBIA1391Z 载体（如图 3-18 所示）

大小：11 226 bp。

抗性：*Kan*ʳ。

筛选标记：*HygR*。

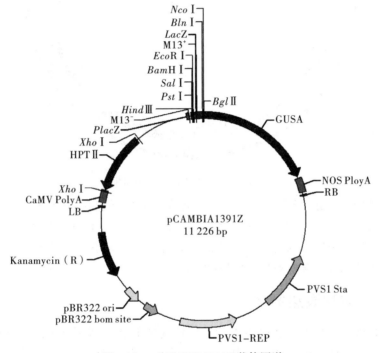

图 3-18　pCAMBIA1391Z 载体图谱

pCAMBIA1391Z 是一个植物双元表达载体质粒，包含葡萄糖醛酸酶基因（*GUS*）和潮霉素基因（*HygR*）等，使用时将植物结构基因 ATG 上游的启动子序列正向插入酶切位点 Hind Ⅲ 到 Bgl Ⅱ 的单一多克隆位点中间即构建成植物基因的启动子-GUS 表达载体，经过农杆菌转化植物后可以进行组织 GUS 染色，用于分析植物基因的时空表达特性。

3.3.6.3　pCAMBIA1301 载体（如图 3-19 所示）

大小：11 850 bp。

抗性：*Kan*ʳ。

筛选标记：*HygR*。

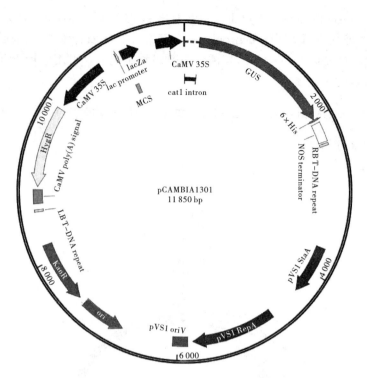

图 3-19　pCAMBIA1301 载体图谱

pCAMBIA1301 是一个植物双元表达载体质粒，同样包含 *GUS* 报告基因和潮霉素基因等，使用时将植物结构基因的 cDNA 序列正向插入 *GUS* 基因前并置于 35S 启动子序列后，即构建成植物基因的过量表达载体，经过农杆菌转化植物后获得过量表达植株，用于分析基因表达改变对植物的影响。

3.3.7　动物表达载体

哺乳动物表达系统可对蛋白质进行灵活快速的制备，适用于人或其他哺乳动物蛋白的表达，因为这些系统相比其他基于大肠杆菌、酵母或昆虫细胞的表达系统，可制得具有更天然折叠和翻译后修饰（如糖基化）的重组蛋白，瞬时表达系列常用的载体有 pCMV 系列、pcDNA™3 系列等。以下是关于 pcDNA™3.4 载体的介绍（如图 3-20 所示）：

大小：6 011bp。

启动子：CMV。

抗性（细菌）：amp^r。

pcDNA™3.4-TOPO® 载体是一种可提供超高水平转基因表达的构成性哺乳动物表达载体。其可用于悬浮驯化细胞（如 Expi293F™、FreeStyle™293-F 和 FreeStyle™ CHO-S 细胞）的瞬时蛋白表达。此载体也可作为 Geneticin®-可选性表达质粒用于改变稳定细胞系的基因结构。与基于 pcDNA™3.1、3.2 和 3.3 的表达构建体相比，该增强的全长 CMV 启动子和其他表达元件通常能实现更高的表达水平。pcDNA 3.4-TOPO® 载体包含以下元件：全长人巨细胞病毒（CMV）极早期启动子/增强子，能在各种哺乳

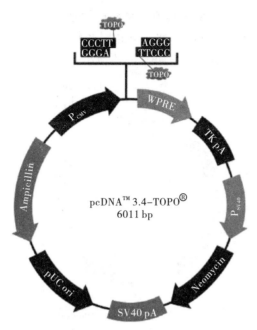

图 3-20　pcDNA™3.4 载体图谱

动物细胞中实现高水平基因表达；土拨鼠转录后调控元件（WPRE）克隆位点的下游，可增强转录表达；TOPO® 克隆位点可快速高效地（＞85%）克隆 Taq 扩增的 PCR 产物；新霉素抗性基因适用于 Geneticin® 进行的稳定细胞系筛选；pUC 复制区序列可高拷贝复制并维持大肠杆菌中的质粒。

3.3.8　杆状病毒蛋白表达载体

杆状病毒是一种双链 DNA 病毒，仅感染节肢动物。利用杆状病毒改造出的载体系统广泛应用于昆虫细胞中表达重组蛋白，它是真核表达重组蛋白最通用和最强大的系统之一。杆状病毒表达系统的基本元件有：①启动子，多个启动子同时表达多个外源基因；②poly（A）加尾信号；③同源重组序列；④穿梭载体必需元件，除带有病毒自身的复制起始位点外，还带有 pUC 质粒的复制子以及 Ampʳ，可以在细菌内进行扩增；⑤筛选标记。

使用杆状病毒表达系统进行蛋白生产需要多个步骤，包括将目的基因克隆到杆状病毒蛋白表达载体上，产生重组杆状病毒质粒，并将重组杆状病毒质粒转染昆虫细胞。最常用的杆状病毒重组蛋白表达细胞系是 sf9，它是来自草地贪夜蛾卵巢的 sf21 细胞的克隆株，sf9 和 sf21 在基因工程中应用都很广泛。该细胞系适用于各种培养条件，包括悬浮或单细胞培养以及无血清培养基。目前杆状病毒蛋白表达系统已经广泛应用于人类健康、医学和农业等领域。

杆状病毒蛋白表达载体的优势一为该系统表达的蛋白很少有包涵体，更易获得细胞核蛋白和细胞质蛋白的高表达，且蛋白有磷酸化或糖基化等修饰，有利于在真核宿主细胞中大规模制备重组蛋白；二为杆状病毒基因组较小、容纳外源基因大，适合克隆大片段外源基因，且易于操作，成本低，安全性高；三为杆状病毒专一性感染无脊椎动物而不感染脊椎动物，病毒启动子在哺乳动物细胞中无活性，这样，当用于毒性蛋白质或癌基因表达时，该体系比其他体系显得优越和可靠。但是，杆状病毒蛋白表达系统是一个瞬时表达系统，蛋白高水平表达时间较短，且对蛋白没有复杂的 N-糖基化修饰。杆状病毒蛋白表达载体图谱如图 3-21 所示。

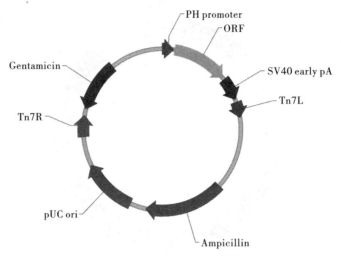

图 3-21　杆状病毒蛋白表达载体图谱

3.3.9　基因编辑载体

基因编辑载体是指利用核酸酶类实现基因敲除、基因敲入或转录激活等靶向基因组编辑技术的一类载体。根据基因组编辑核酸酶的不同可分为三大类：转录激活因子样效应物核酸酶(transcription activator-like effector nuclease，TALEN)技术、锌指核酸酶(zinc-finger nuclease，ZFN)技术和成簇规律间隔短回文重复序列-Cas 核酸内切酶(clustered regularly interspaced short palindromic repeat，CRISPR-Cas)技术。

TAL 效应因子(TAL effector，TALE)最初是在一种名为黄单胞菌(*Xanthomonas* sp.)的植物病原菌中发现的。细菌将这些 TAL 因子注入植物细胞中，在植物体内与相应的基因启动子结合，进而调节转录和产生的代谢物，进一步促进细菌的集落形成。由于 TAL 具有与核酸序列特异性结合的能力，通过将 Fok Ⅰ核酸酶与人造的 TAL 连接起来，形成了具有特异性基因组编辑功能的强大工具，即 TALEN(如图 3-22 所示)。近年来，TALEN 已广泛应用于酵母、动植物细胞等细胞水平基因组改造，以及拟南芥、果蝇、斑马鱼、小鼠等各类模式研究系统。医学研究将 TALEN 技术应用于线粒体基因的编辑，通过敲除多种源于患者线粒体的缺陷 DNA，为治疗母系遗传的线粒体疾病提供治疗的方向。

锌指核酸酶是一类人工合成的限制性内切酶，由锌指 DNA 结合域(zinc-finger DNA-binding domain)与限制性内切酶的 DNA 切割域(DNA cleavage domain)融合而成。与传统的基因打靶效应不同，锌指核酸酶技术是一种不依赖同源重组的高效率的基因打靶技术，且不受胚胎干细胞的限制。通过加工改造 ZFN 的锌指 DNA 结合域，靶向定位于不同的 DNA 序列，从而使得 ZFN 可以结合复杂基因组中的目的序列，并由 DNA 切割域进行特异性切割。此外，通过将锌指核酸酶技术和胞内 DNA 修复机制结合起来，还可以自如地在生物体内对基因组进行编辑。

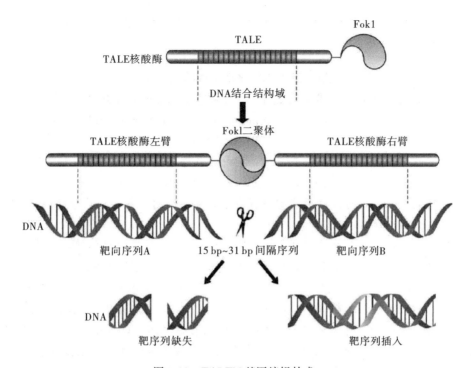

图 3-22 TALEN 基因编辑技术

CRISPR-Cas 系统最早在细菌的天然免疫系统内发现，其主要功能是对抗入侵的病毒及外源 DNA。CRISPR-Cas 系统由 CRISPR 序列元件与 Cas 基因家族组成。其中 CRISPR 由一系列高度保守的重复序列（repeat）与同样高度保守的间隔序列（spacer）相间排列组成。而在 CRISPR 附近区域还存在着一部分高度保守的 CRISPR 相关基因，这些基因编码的蛋白具有核酸酶活性的功能域，可以对 DNA 序列进行特异性的切割（如图 3-23 所示）。

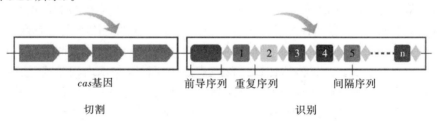

图 3-23 CRISPR 序列及系统组成

CRISPR-Cas9 具有操作简单、效率高以及作用靶点多等优势，逐渐成为基因敲除、基因组突变等实验的标准操作工具。CRISPR-Cas9 系统的可用位置更多，理论上基因组中每 8 个碱基就能找到一个可以用 CRISPR-Cas9 进行编辑的位置，可以说这一技术能对任一基因进行操作，而 TALENs 和 ZFNs 系统则在数百甚至上千个碱基中才能找到一个可用位点，这大大限制了其使用范围。Cas9 是一种只进行单链切割的 Cas9 突变型，该酶可以大大降低切开双链后带来的非同源末端连接造成的染色体变异风险。此外，还可以将 Cas9 蛋白连接其他功能蛋白，在特定 DNA 序列上研究这些蛋白对细胞的影响。更为重要的是，CRISPR-Cas9 系统的使用极为方便，只需要替换一段核酸序列，几乎任何实验室都可以开展工作。

发现 CRISPR-Cas9 基因编辑技术：

艾曼纽·夏彭蒂耶和珍妮弗·杜德纳获得 2020 年诺贝尔化学奖

CRISPR 的全称是 clustered regularly interspaced short palindromic repeats（规律成簇的间隔短回文重复），代表了同一类特征明显、排列整齐、秩序一致的重复序列。它作为细菌的适应性免疫系统，当外源病毒或质粒 DNA 进入细胞时，专门的 Cas 蛋白会将外源 DNA 剪成小片段，并将它们粘贴到自身的 DNA 片段中存储。当再次遇到病毒入侵时，细菌能够根据存储的片段识别病毒，将病毒的 DNA 切断而使之失效。

因在进行链球菌免疫系统研究时发现 CRISPR-Cas9 基因编辑技术，法国生物化学家艾曼纽·夏彭蒂耶和美国化学家珍妮弗·杜德纳获得了 2020 年诺贝尔化学奖。CRISPR-Cas9 基因编辑技术就像一把剪刀，可以精确地在动物、植物和微生物基因组 DNA 链上的某一个位点去插入、删除、修改目标基因，使改变生命密码成为可能，是一种具有非常广阔应用前景的颠覆性技术。CRISPR-Cas9 基因编辑技术已经彻底改变了分子生命科学，将为植物育种带来新机遇，有望催生新的癌症疗法，还有可能使人类治愈遗传疾病的梦想成为现实。

3.4　基因的重组与转移

3.4.1　基因的体外连接重组

含目的基因的外源 DNA 在体外通过限制性内切酶和 DNA 连接酶的作用与载体连接，获得重组 DNA 的过程，称为基因的体外连接重组。基因的体外重组有两种方式：插入式和置换式。插入式是用一种限制性内切酶消化载体，在载体上此酶只有一个识别序列，实现外源片段插入载体的切口；置换式可用两种限制性内切酶或是在载体上有两个识别序列的一种限制性内切酶处理载体，载体被切成大小不等的两个片段，把外源 DNA 与载体大片段连接，即置换了载体中原有的小片段，形成重组 DNA 分子（如图 3-24 所示）。

形成重组 DNA 的实质就是催化外源 DNA 与载体 DNA 间高效地形成 3′, 5′-磷酸二酯键，连接方式有很多种，具体使用时要根据外源 DNA 与载体 DNA 末端的性质选择合适的方法，以保证连接效率。

3.4.1.1　互补黏性末端的连接

互补黏性末端的连接在 DNA 重组中是常用的连接效率比较高的方法。互补黏性末端的产生是由于外源 DNA 和载体 DNA 用同一种限制性内切酶切割或是用两种同尾酶切割，但用同尾酶切割后产生的重组 DNA 分子丧失了原有的两种限制性内切酶的识别序列（如图 3-25 所示）。

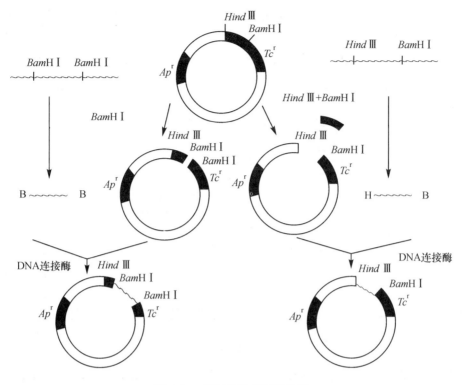

图 3-24　基因体外重组的类型

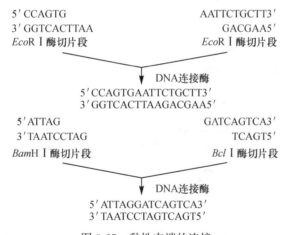

图 3-25　黏性末端的连接

　　20 μL 的互补黏性末端连接反应体系为：2 μL T4 DNA 连接酶缓冲液或 *E.coli* DNA 连接酶缓冲液、5 μL 外源 DNA 片段、5 μL 载体 DNA 片段、1 μL T4 DNA 连接酶或 *E.coli* DNA 连接酶，其他用 ddH₂O 补齐。充分混匀后，16 ℃连接过夜。

　　连接效率的检测可用琼脂糖凝胶电泳法，以载体酶切片段、外源 DNA 酶切片段为对照，若只出现两条与对照带相同的条带，表明连接反应失败；若出现一系列新带，表明发生连接。为了保证连接效率，减少连接过程中的副产物，连接时要注意以下几点：

　　（1）连接反应中外源 DNA 片段和载体 DNA 片段的浓度。一般两种片段的浓度相近时，对重组体的形成有利。

（2）防止载体自身环化。因载体用同一种限制性内切酶切割后同样产生具有互补黏性末端的载体 DNA 片段，在连接时容易发生自身连接，降低重组效率，为了防止载体自连，在连接反应前需用碱性磷酸酶对载体 DNA 进行去磷酸化（如图 3-26 所示）。

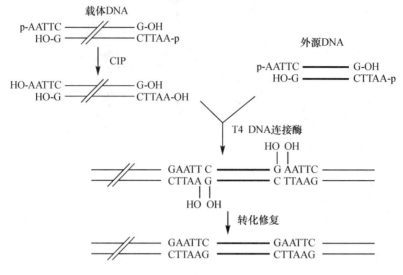

图 3-26 载体去磷酸化

（3）产生两种重组 DNA 分子。因用同一种限制性内切酶切割载体和外源 DNA，外源 DNA 片段插入时可能有两种方向，可能会影响后续的基因克隆，此时可采用双酶切法限制其插入方向（如图 3-27 所示）。

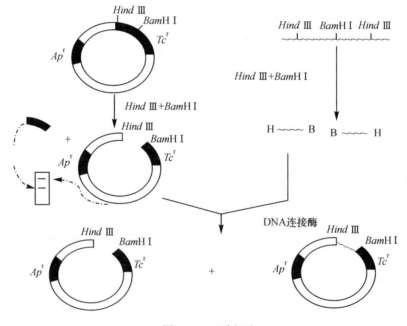

图 3-27 双酶切法

3.4.1.2 平末端的连接

除了互补的黏性末端 DNA 片段外，常见的还有平末端 DNA 片段。平末端 DNA

片段有可能是某些限制性内切酶切割产生，也有可能是由 mRNA 反转录产生或是由 PCR 扩增产生。无论是由哪种方式产生，都需要进行平末端 DNA 片段的连接。最直接的办法是用 T4 DNA 连接酶进行连接。具有平末端的 DNA 片段的连接反应同互补的黏性末端，只不过前者只能使用 T4 DNA 连接酶。T4 DNA 连接酶不同于普通的 *E.coli* DNA 连接酶，它既可以用于互补黏性末端间的连接，也能催化平末端之间的连接，但平末端间连接的效率比较低，必要时可增加酶的用量。如果把由两种不同限制性内切酶切割产生的平末端 DNA 片段进行连接，得到的连接产物就丧失了原有的识别序列。如果将由同一种限制性内切酶产生的平末端 DNA 片段进行连接，得到的连接产物仍保留原有的识别序列或是出现一个新的识别序列（如图 3-28 所示）。

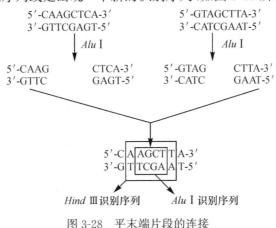

图 3-28　平末端片段的连接

3.4.1.3　末端修饰后的连接

在 DNA 重组反应中，除了上述的互补黏性末端连接和平末端连接外，还有一种情况恰恰相反，两个 DNA 片段酶切后既不是互补黏性末端也并非都为平末端，此时进行连接就要对 DNA 片段的末端进行修饰，使之成为互补黏性末端或是都成为平末端。

1）片段末端同聚物加尾法

这种方法实现一个为平末端和一个为黏性末端的 DNA 片段之间的连接，也可以实现两个平末端 DNA 片段间的连接。此反应需要末端转移酶（terminal transferase）催化，在酶的作用下按照 $5'→3'$ 方向将四种脱氧核苷酸分子的任意一种依次添加到 DNA 片段的 3'-OH 末端，形成同聚物 poly(dC) 或 poly(dG) 或 poly(dT) 或 poly(dA)。待连接的 DNA 片段末端加上长度约 10 个～40 个核苷酸的互补的同聚物尾巴后，在 T4 DNA 连接酶的作用下形成重组 DNA 分子，重组 DNA 分子中有缺口的部分可待其转入受体细胞后，利用受体细胞中的 DNA 聚合酶和 DNA 连接酶将缺口填补起来（如图 3-29 所示）。

2）黏性末端修饰为平末端

此法适用于两个 DNA 片段末端为非互补黏性末端的情况，也可用于一个片段为平末端另一个片段为黏性末端的情况。将黏性末端改为平末端需要在核酸外切酶Ⅶ（exonuclease Ⅶ，*Exo* Ⅶ）的作用下，将双链 DNA 片段的 5′或 3′端突出部分的单链断裂，使黏性末端的 DNA 片段变为平末端（如图 3-30 所示）。

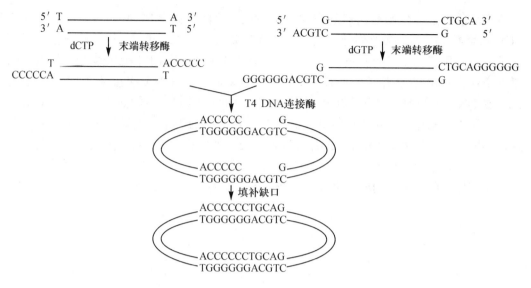

图 3-29 片段末端同聚物加尾法

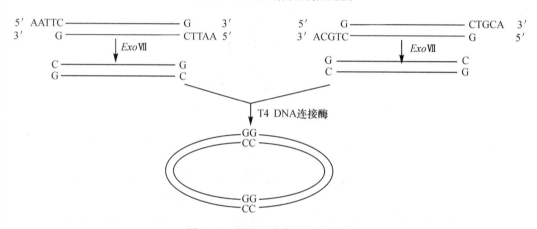

图 3-30 黏性末端修饰为平末端

3.4.1.4 末端加连杆的连接

在基因工程的操作中，当完成了外源 DNA 与载体 DNA 的重组后，为了方便后续工作，还需要能够从重组 DNA 分子上分离出克隆的 DNA 片段，但如果是平末端连接反应或 DNA 末端修饰后连接反应产生的重组分子有可能丧失了原有酶切位点，很难获得插入的 DNA 片段。这种情况下可以采用末端加连杆后连接。连杆又叫衔接物，是指用化学法合成的由 10 个～12 个核苷酸组成，具有一个或数个限制性内切酶识别位点的寡核苷酸片段。将连杆加在待连接的 DNA 分子的末端，然后用在连杆中具有识别位点的限制性内切酶处理，即可得到具有互补黏性末端的两种 DNA 片段，再在 DNA 连接酶作用下实现连接(如图 3-31 所示)。这种方法适合于具有平末端的两种 DNA 片段，或是具有平末端和黏性末端的两种 DNA 片段，也适用于非互补黏性末端的两种 DNA 片段的连接。

3.4.1.5 无缝克隆连接

无缝克隆技术是一种新的快速、简捷的克隆方法，它可以在质粒的任何位点进行

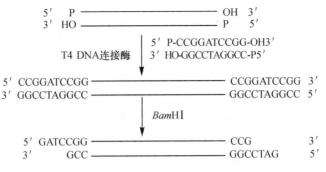

$$5' \quad P \underline{\hspace{5cm}} OH \quad 3'$$
$$3' \quad HO \underline{\hspace{5cm}} P \quad 5'$$

T4 DNA连接酶 $\qquad$ 5′ P-CCGGATCCGG-OH3′
3′ HO-GGCCTAGGCC-P5′

$$5' \quad CCGGATCCGG \underline{\hspace{4cm}} CCGGATCCGG \quad 3'$$
$$3' \quad GGCCTAGGCC \underline{\hspace{4cm}} GGCCTAGGCC \quad 5'$$

*Bam*HI

$$5' \quad GATCCGG \underline{\hspace{4cm}} CCG \qquad\qquad 3'$$
$$3' \quad GCC \underline{\hspace{4cm}} GGCCTAG \qquad 5'$$

图 3-31　末端加连杆

一个或多个目标 DNA 的片段的插入，而不需要任何限制性内切酶和连接酶。在基因克隆的引物设计及目的 DNA 片段的扩增阶段，于载体末端和引物末端设计 15 个～20 个同源碱基，由此得到的 PCR 产物两端便分别带上了 15 个～20 个与载体序列相同的碱基。之后，通过 T5 外切酶处理，就能在载体和 PCR 产物之间产生几乎一致的黏性末端(也可称为同源臂)。这个同源臂序列，是载体或者拼接片段本身携带的，最后再借助 DNA 聚合酶，也就是平时用于 PCR 扩增的酶进行修复补齐缺口。如此，便可以通过 PCR 的方法，在外源核酸片段的两端加上线性化载体(如图 3-32 所示)。相比其他技术，无缝克隆连接具有以下优点：不需要任何限制性内切酶、连接酶，也不需要磷酸化、末端补平等操作；可同时连接多个 DNA 片段，最多可达 10 个；不附加任何多余序列，精确定向连接；体系反应时间仅需 20 min，快速反应，能节约大量的实验时间。

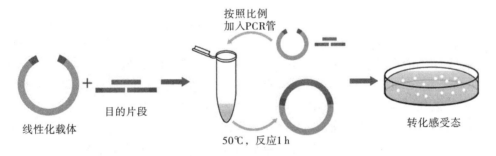

图 3-32　无缝克隆技术

3.4.2　重组分子的转移

重组分子构建完成后，必须导入合适的受体细胞中才能实现复制、扩增和表达。受体细胞又称宿主细胞，是指能够摄取外源 DNA 并使其稳定维持的细胞。受体细胞分为原核和真核两类，但并非所有细胞都能作为受体细胞。作为受体的细胞要符合以下要求：便于重组 DNA 分子的导入；能使重组 DNA 分子稳定存在；便于重组体的筛选；遗传稳定性高；安全性高；内源蛋白水解酶基因缺失或蛋白酶含量低；无密码子偏爱性等。

将重组分子导入受体细胞的方法有很多种，如转化、转染、显微注射和电穿孔等，在转移重组分子时应根据受体细胞的区别选择合适的导入方法。一般原核细胞和低等真核细胞作受体时主要用转化和转染法，而高等动植物的真核细胞作受体时主要用显微注射和电穿孔法。

3.4.2.1 重组分子转入原核细胞

原核生物结构简单、繁殖迅速，在基因工程操作早期都是以原核生物为受体细胞，其中以大肠杆菌最为常见。重组质粒DNA分子导入受体细胞的过程称为转化，噬菌体和真核病毒作为载体构建的重组体，及RNA和线性双链DNA通过电转或脂质体导入受体细胞的过程称为转染。1928年Griffith通过肺炎双球菌转化实验证实自然界中存在基因重组的现象，受体菌直接吸收来自供体菌的游离DNA片段，即转化因子，并通过遗传交换将之整合到自身的基因组中，从而获得供体菌相应的遗传状态。

大肠杆菌在自然条件下很难转化或转染，对外源DNA的吸收效率非常低，因此首先要将其制成感受态细胞，以提高细胞膜的通透性。Ca^{2+}诱导法是实验室制备感受态细胞常用方法之一，在冰冷的环境下用$0.05\ mol \cdot L^{-1}\ CaCl_2$溶液反复处理新鲜幼嫩的细胞，使之成为感受态。热激法转化时，往感受态细胞中加入重组DNA分子，置冰浴中培养30 min后，42 ℃热休克90 s，实现感受态细胞对重组DNA分子的吸收。Ca^{2+}有助于转化的原因可能在于：低温下$CaCl_2$的低渗溶液使细菌细胞发生膨胀，增强了其通透性，诱导细菌成为感受态；而且Ca^{2+}与外源DNA结合，形成了抗脱氧核糖核酸酶复合物，集中在细菌细胞膜表面。当42 ℃热激时，高温使细胞膜结构发生强烈晃动，细胞膜上出现许多间隙，成为DNA分子进入细胞的通道。必要时可将Mg^{2+}、二甲基亚砜或二硫基苏糖醇与Ca^{2+}同用，可进一步提高转化效率。

3.4.2.2 重组分子转入真核细胞

由于多数原核细胞不能对外源蛋白质进行多种修饰如糖基化、磷酸化等，不利于真核基因表达为活性蛋白，因此在基因工程操作中某些重组DNA分子转入真核细胞是必须的。用作受体的真核细胞有酵母、昆虫细胞、哺乳细胞和植物细胞。

酵母作为受体细胞的转化与细菌类似，先去除细胞壁游离出原生质球，接着在有$CaCl_2$和聚乙二醇的溶液中，重组DNA很容易被受体细胞吸收。

哺乳动物细胞作为受体细胞可用磷酸钙沉淀法、病毒颗粒转染法、DEAE-葡聚糖转染法、电穿孔法和显微注射法等将外源基因导入。磷酸钙沉淀法是利用了Ca^{2+}能促进细胞吸收外源DNA的原理；病毒颗粒转染法是将有目的基因的病毒载体转入受体细胞；DEAE-葡聚糖转染法是利用二乙胺乙基葡聚糖（diethyl-aminoethyl-dextran，DEAE）能增加哺乳动物细胞的通透性，促进哺乳动物细胞捕获外源DNA；电穿孔法利用高压电流脉冲作用在细胞膜上电穿孔，形成可逆的瞬间通道，促进外源DNA的吸收；显微注射法利用显微注射器将重组DNA直接注入哺乳动物细胞。

外源基因导入植物细胞除了可用导入哺乳动物细胞的部分方法外，还可利用农杆菌介导的Ti质粒载体转化法。目前80%以上的转基因植株都是利用农杆菌介导的转化系统获得的，它是一种天然的植物遗传转化体系。农杆菌是一类土壤细菌，能感染双子叶植物和裸子植物，也可转化少数单子叶植物（如水稻）。植物受伤后分泌大量的酚类物质促使农杆菌移向这些细胞，并将Ti质粒上的T-DNA转移到细胞内部。因此，可将待转移的目的基因插入Ti质粒中，借助农杆菌感染而进入受体细胞，与染色体DNA整合，稳定地存在于受体细胞内。

发现乳糖操纵子：Jacob 和 Monod 获得 1965 年诺贝尔生理学或医学奖

1961 年法国科学家 Jacob 和 Monod 发现大肠杆菌只有在无葡萄糖有乳糖的培养基上才表达 β-半乳糖苷酶。经过反复的实验，他们提出了乳糖操纵子模型，这是一个非常巧妙的自我控制系统，它负责调控大肠杆菌的乳糖代谢。这个模型的提出丰富了基因的概念，使人们认识到基因的表达可以根据环境的变化进行调节，这一发现使他们共同获得了 1965 年诺贝尔生理学或医学奖。

3.5 重组体的筛选

当重组 DNA 导入受体细胞时，并非所有的受体细胞都接纳了重组 DNA 分子，即转化受体细胞(转化子)与非转化受体细胞(非转化子)共存。在转化的受体细胞中有一些是非重组子的转化细胞，还有一些是带有重组子的转化细胞，而在后者中又分含期待型重组 DNA 分子的受体细胞和不含期待型重组 DNA 分子的受体细胞。因此要将期望的转化细胞从大量受体细胞中筛选出来是一项比较复杂的工作。

3.5.1 核酸结构特征及测序筛选法

3.5.1.1 凝胶电泳筛选

凝胶电泳筛选法是利用了重组质粒和非重组质粒在分子大小上存在差异的性质，将平板上长出的菌落进行质粒提取，然后进行琼脂糖凝胶电泳。插入了外源 DNA 的重组质粒比不具有外源 DNA 的非重组质粒相对分子质量要大一些，在凝胶中的迁移速度自然慢一些，利用这种差别可以快速地鉴定出含有重组质粒的受体细胞。

3.5.1.2 菌落 PCR 筛选

菌落 PCR 筛选是利用质粒上的引物对质粒 DNA 进行 PCR 扩增来鉴定重组子菌落。在多数载体 DNA 分子中，外源 DNA 插入位点两侧的序列是已知的。如果受体细胞中含有的是重组质粒，以插入位点两侧序列的互补序列为引物进行 PCR 反应，则可获得外源 DNA，接着进行琼脂糖凝胶电泳在外源 DNA 的位置就应该有对应的条带；如果受体细胞中是非重组质粒，以插入位点两侧序列的互补序列为引物进行 PCR，则在琼脂糖凝胶电泳检测时无法获得与外源 DNA 相符的条带。

3.5.1.3 酶切鉴定

酶切鉴定是利用重组质粒中外源 DNA 可选用适当的限制性内切酶再回收的原理，将平板上长出的菌落增殖培养后提取质粒，对提取的质粒分子进行酶切反应，接着用琼脂糖凝胶电泳，重组质粒会得到两条带，一条带与线性载体大小一致，另一条带与插入的外源 DNA 大小一致，但非重组质粒仅有一条带，其位置与线性载体一致。

上述结构特征筛选法有时还有必要配合DNA序列测定，结构特征筛选证实了重组质粒中有一个与目的基因大小一致的插入片段，可这个插入片段是否就是我们需要的目的基因，这个问题要借助DNA序列测定鉴定，将获得的重组质粒进行序列测定，通过测定插入基因的序列与目的基因的序列是否一致来确定期望重组子与非期望重组子。

3.5.1.4　核酸序列测定和分子杂交

核酸分子杂交法是利用特异的核酸探针与待测核酸进行杂交，检测待测核酸中是否存在与探针互补的DNA片段，此法也可用于鉴别期望重组子和非期望重组子。在杂交前先将待测核酸变性，将其固定在硝酸纤维素膜上或尼龙膜上，然后用探针与之孵育，洗去多余的探针，若最终有显示的条带则证明含有目的基因，反之则无。核酸分子杂交法根据待测核酸来源和固相支持物的不同可分为Southern印迹杂交法、Northern印迹杂交法、斑点印迹杂交法和菌落印迹原位杂交法。

Southern印迹杂交是将待测DNA分子酶切后变性，转移至适当的滤膜上用已标记的单链DNA或RNA探针杂交以检测这些被转移的DNA片段（如图3-33所示）；Northern印迹杂交是将RNA分子变性及电泳分离后再用探针进行检测；斑点印迹杂交是将变性的DNA或RNA核酸样品直接转移到适当的杂交膜上，然后加探针进行杂交以检测核酸样品中是否存在特异的DNA片段或RNA片段；菌落印迹原位杂交是直接把菌落或噬菌斑印迹转移到硝酸纤维素膜上，经溶菌和变性处理后使DNA暴露出来并与滤膜原位结合，再用特异性DNA或RNA探针杂交，筛选出含有目的基因的菌落或噬菌斑。

3.5.2　遗传表型筛选法

遗传表型筛选法是比较直接的筛选方法，是根据转化子接受了重组DNA而与非转化子在表型上存在差异进行区分的一种方法。这种表型差异有可能是载体所赋予的，也有可能是因插入序列所引起的。

3.5.2.1　载体表现特征筛选

基因工程中所用的载体分子通常具有一定的选择性遗传标记基因，进入受体细胞后使受体细胞表现某种特殊的表型或遗传特性，作为筛选转化子或重组子的初步依据。筛选方式主要包括抗药性筛选、插入失活筛选和显色互补筛选。

抗药性筛选利用载体DNA分子上携带的抗药性基因进行筛选。抗药性基因主要有氨苄抗性基因（amp^r）、氯霉素抗性基因（cmp^r）、卡那霉素抗性基因（kan^r）、四环素抗性基因（tet^r）、链霉素抗性基因（str^r）等。这些抗生素及其抗性基因的工作原理分别是：氨苄青霉素通过干扰细菌细胞壁合成的末端反应，杀死生长的细菌，而amp^r基因编码β-内酰胺酶，特异地切割氨苄青霉素的β-内酰胺环。氯霉素通过与50S核糖体亚基结合，干扰细胞蛋白质的合成并阻止肽键的形成，杀死生长的细菌，而cmp^r基因编码乙酰转移酶，特异地使氯霉素乙酰化而失活。卡那霉素通过与70S核糖体结合，导致mRNA发生错读，杀死细菌，而kan^r基因编码的氨基糖苷磷酸转移酶，对卡那霉素进行修饰，阻断其与核糖体结合作用。四环素通过与30S核糖体亚基结合，干扰细胞蛋

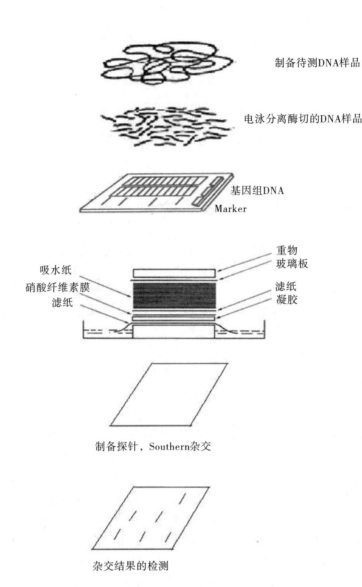

制备待测DNA样品

电泳分离酶切的DNA样品

基因组DNA

Marker

重物
玻璃板

吸水纸
硝酸纤维素膜
滤纸

滤纸
凝胶

制备探针，Southern杂交

杂交结果的检测

图 3-33　Southern 印迹杂交法(引自吴乃虎，1998)

白质的合成并阻止肽键的形成，杀死生长的细菌，而 tet^r 基因编码特异性蛋白质，对细菌的膜结构进行修饰，阻止四环素通过细胞膜进入细菌细胞内。链霉素通过与 30S核糖体亚基结合，导致 mRNA 错译，杀死细菌，而 str^r 基因编码一种氨基糖苷磷酸转移酶，对链霉素进行修饰，阻断其与核糖体 30S 亚基结合作用。

　　上述抗性基因的质粒转化后的细胞具有抗药性，在含有相应的抗生素的培养基上能正常生长，而未转化细胞在相同的培养基上对抗生素是敏感的、不能存活的。这种抗药性筛选法适用于辨别转化细胞和非转化细胞，但并不能确定转化细胞接受的是重组质粒 DNA 还是非重组质粒 DNA。

　　插入失活筛选法可弥补抗药性筛选的不足，直接筛选出含重组质粒的受体细胞。这种方法利用质粒载体的双抗药性。如某质粒载体具有 amp^r 和 tet^r，由于外源 DNA插入 tet^r 基因内，导致 tet^r 基因失活，因此具有重组质粒的转化细胞只能在含有 Amp的平板上生长而不能在含有 Tet 的平板上生长，而含有非重组质粒的转化细胞在两种平板上都能生长，非转化细胞则在两种平板上都不能生长（如图 3-34 所示）。

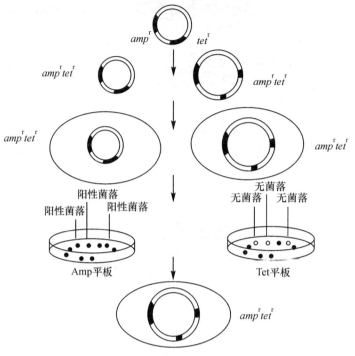

图 3-34　插入失活筛选

显色互补筛选法利用菌落在平板上的颜色差别进行筛选。许多载体都带有一个大肠杆菌 DNA 的短区段，包含 β-半乳糖苷酶基因（*lacZ*）的调控区和 N 端 146 个氨基酸的编码信息。在这个编码区中插入了一个多克隆位点（MCS），它并不影响 *lacZ* 基因的表达，可使少数几个氨基酸插入 β-半乳糖苷酶的氨基端而不影响功能，这种载体适合转入可编码 β-半乳糖苷酶 C 端部分序列的受体细胞。宿主和质粒单独编码的片段仅是 β-半乳糖苷酶的部分序列，单独存在时没有酶活性，但若它们同时存在，可形成具有酶活性的蛋白质，即为互补。由互补而产生的 *lacZ*⁺ 细菌在诱导剂 IPTG（异丙基-β-D-硫代半乳糖苷）的作用下，在生色底物 X-Gal（5-溴-4-氯-3-吲哚-β-D-半乳糖苷）存在时产生蓝色沉淀物，使菌落显蓝色。如果外源 DNA 插入质粒的多克隆位点后，无法实现互补，使得带有重组质粒的细菌形成白色菌落，这种筛选方式又称蓝白斑筛选（如图 3-35 所示）。

3.5.2.2　插入序列表现特性筛选

如果重组 DNA 分子中的插入序列在受体细胞中能够实现功能性表达，则可赋予受体细胞表现出插入序列编码的表型特征，可利用此特点筛选含有重组子的转化细胞。在小鼠的二氢叶酸还原酶（dihydrofolate reductase，*dhfr*）基因的筛选中运用了这种方法，将小鼠总 mRNA 提取出来后逆转录并构建了 cDNA 文库，要将 *dhfr* 基因从文库中钓取出来，根据二氢叶酸还原酶对于药物三甲氧苄二氨嘧啶呈现抗性的特点，将转化子涂布在含有适量三甲氧苄二氨嘧啶的培养基上，能够生长的菌落中含有 *dhfr* 基因，它使宿主细胞产生抗性表型。

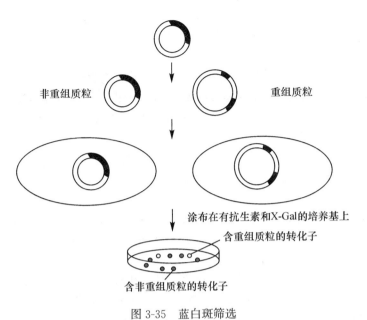

非重组质粒　　　　　　　　　重组质粒

涂布在有抗生素和X-Gal的培养基上
含重组质粒的转化子
含非重组质粒的转化子

图 3-35　蓝白斑筛选

3.5.3　免疫化学筛选法

与核酸分子杂交法相比，免疫化学筛选法是用抗体作为探针，而非 DNA 或 RNA 探针来鉴定目的基因的表达产物。这种方法专一性强、灵敏度高，只要有一个拷贝的目的基因表达出蛋白质，就可以检测出来。当重组子无任何可供选择的基因表型特征，又无理想的核酸杂交探针时，可用此方法筛选重组子。

免疫化学筛选法分为放射性抗体筛选法、非放射性抗体筛选法和免疫沉淀筛选法。

3.5.3.1　放射性抗体筛选法

在放射性抗体筛选法中，先将待检测的菌落或噬菌体按原位印迹到硝酸纤维素膜上，裂解细胞使目的蛋白抗原释放并结合在膜上，然后与第一抗体反应生成抗原—抗体复合物。接着再用放射性[125]I标记了的第二抗体(抗第一抗体中特异性抗原决定簇的抗体)直接检测，去除过剩的第二抗体，薄膜干燥后放射性自显影，即可显示出是否有所需的重组体。

3.5.3.2　非放射性抗体筛选法

由于放射性物质的半衰期短，同时出于安全考虑，研究人员开发出了非放射性标记物。如第二抗体可用辣根过氧化酶或碱性磷酸酶相偶联，检测目的蛋白抗原—抗体复合物，也可用与辣根过氧化酶偶联的抗生物素蛋白来检测与生物偶联的第二抗体等。

3.5.3.3　免疫沉淀筛选法

免疫沉淀筛选法是把与目的基因产物相对应的标记抗体加在有转化子菌落的培养基中。利用抗体特异性反应纯化富集目的蛋白的原理，如果在菌落周围有白色圆圈，说明发生了抗体—抗原反应，表明该菌落产生与抗体相对应的抗原蛋白(目的基因产物)。

发现免疫负调节所带来的癌症疗法：

James Allison 与 Tasuku Honjo 获得 2018 年诺贝尔生理学或医学奖

每年都有数百万人死于癌症，癌症是人类面临的最大的健康挑战之一。因发现免疫负调节所带来的癌症疗法，美国科学家 James Allison 和日本科学家 Tasuku Honjo 于 2018 年获得诺贝尔生理学或医学奖。免疫癌症疗法通过激活人体自身免疫系统攻击肿瘤细胞的能力，创立了癌症疗法的一个全新理念，是与癌症战斗过程中的一个里程碑。

其中 James Allison 研究了免疫系统具有抑制作用的蛋白质，敏锐地意识到抑制这种蛋白质，从而发挥我们身体免疫系统攻击癌细胞方面的潜力，进一步发展出一套针对癌症的全新疗法。而 Tasuku Honjo 花了 20 年时间发现了 T 细胞表面受体 PD-1 抑制剂（这是一种针对免疫细胞的蛋白质），并揭示该蛋白可以作为一种抑制肿瘤的"刹车片"。与 PD-1 相关的免疫疗法新药效果显著，美国 FDA 已经核准了多种 PD-1 抗体试验新药，被认为是非常有效的治疗方法。

3.6 克隆基因的表达

基因工程操作的最终目的是实现外源基因的表达，即在宿主细胞中经过转录、翻译及翻译后加工等步骤成为有功能的蛋白质。

3.6.1 克隆基因在转录水平上的表达与调控

转录是基因表达的第一步，也是基因表达调控的主要层次。基因在转录水平上的调控主要在转录的起始阶段和终止阶段，调控方式有顺式作用和反式作用两类，每一类中又有正调控和负调控两种形式。顺式调控是一段非编码 DNA 序列对基因转录的调控作用，反式调控是一种蛋白质作用于某一顺式作用元件来影响基因的转录，正调控促进转录的进行，而负调控则抑制转录的发生。

3.6.1.1 原核的转录起始与转录终止

原核生物的转录起始是通过 RNA 聚合酶与启动子的直接结合而实现的，RNA 聚合酶即为一种反式作用因子，它通过结合在顺式作用元件即启动子部位促进转录的起始。原核生物的启动子分为转录起始位点、-10 区、-35 区这三个主要部分，其中-10 区和-35 区通常为保守序列，-10 区的一致序列为 TATAAT，为起始的解链区，-35 区的一致序列为 TTGACA，是 RNA 聚合酶中 σ 因子的识别与结合位点。σ 因子和-35 区的亲和力越高，则与-35 区的结合越牢固，转录起始的效率就越高，相反，σ 因子和-35 区的亲和力低，则很容易从-35 区上脱落，造成转录起始的障碍（如图 3-36 所示）。

为了提高表达效率，在原核表达载体构建时通常使用强启动子如 Lac、Trp 等，这些启动子除具备上述启动子的基本结构外，还具备一些调控序列。Lac 启动子来自 E.coli 乳糖操纵子（如图 3-37 所示），由启动子、操纵基因、调节基因、部分 β-半乳糖

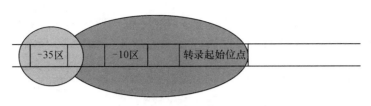

图 3-36　原核生物 RNA 聚合酶与启动子的结合状态

苷酶基因组成，受正调控和负调控两种作用。正调控是通过代谢物激活蛋白 CAP 与环化腺苷酸 cAMP 的复合物激活启动子，促进转录，负调控是由于调节基因产生的阻遏蛋白结合在操纵基因上，妨碍了 RNA 聚合酶与启动子的结合，阻止转录进行。当培养体系中有乳糖时，乳糖与阻遏蛋白结合，引起阻遏蛋白构象发生变化，使之无法与操纵基因结合，解除对转录的阻遏。IPTG 是 β-半乳糖苷酶的底物类似物，对转录有很强的诱导力，也能与阻遏蛋白结合，使操纵基因成游离状态。据报道，用 Lac 组建的载体在原核细胞中表达时，IPTG 可将表达水平提高 50 倍左右。

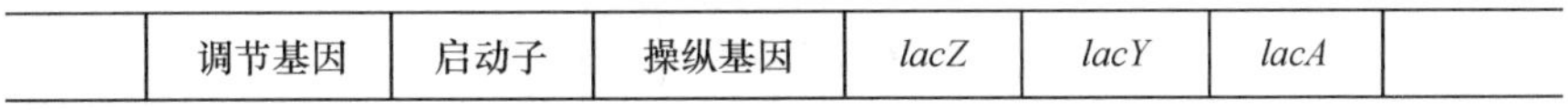

调节基因	启动子	操纵基因	*lacZ*	*lacY*	*lacA*

图 3-37　乳糖操纵子结构

　　Trp 启动子来自大肠杆菌的色氨酸操纵子（如图 3-38 所示），由启动子、衰减子、操纵基因、部分 *trpE* 结构基因组成。Trp 启动子受两种负调控作用，一种是阻遏蛋白的负调控作用，另一种是衰减作用。当体系中有充足的色氨酸存在时，调节基因产生的辅阻遏蛋白与色氨酸结合成为有活性的阻遏蛋白，结合于操纵基因部分阻止转录进行；当色氨酸缺乏时，辅阻遏蛋白为无活性状态，不能与操纵基因结合。衰减作用是通过前导序列中的衰减子进行的，当细胞内色氨酸丰富时，转录进行到衰减子处停止；当色氨酸贫乏时，转录可以顺利通过衰减子，一直将下游结构基因全部转录出来。解除阻遏蛋白造成的阻遏作用可用 β-吲哚丙烯酸（TAA），它是色氨酸的竞争性抑制剂，能与辅阻遏蛋白结合，阻止色氨酸与之结合而活化，因而有利于转录。当用 Trp 组建的载体进行表达时，添加 TAA 后转录水平至少可增加 50 倍。解除衰减作用的抑制可构建衰减子缺失的表达载体，也可将转录水平提高 8～10 倍。

调节基因		启动子	操纵基因	前导序列		*trpE*	*trpD*	*trpC*	*trpB*	*trpA*

衰减子

图 3-38　色氨酸操纵子的结构

　　原核生物的转录终止有两种类型，一种是不依赖于 ρ 因子的终止，这类终止子属于强终止子，它的终止依靠 RNA 自身结构终止，RNA 的 3′端具有一个富含 GC 的茎环结构和茎环结构后连续的一系列 U，茎环结构可使 RNA 聚合酶在此处暂停，茎环结构后方连续的 U 促使了 RNA 与模板的分离，转录终止，其终止效率与茎环结构后方 U 的数量成正比（如图 3-39 所示）。另一种终止机制是依赖于 ρ 因子的终止，这类终止子为弱终止子，它仅有茎环结构而无连续 U，终止时需要 ρ 因子的协助。ρ 因子是大肠杆菌的一种基本蛋白质因子，由 6 个亚基组成，有 NTP 酶活性，当 RNA 聚合酶快到达终止子时，ρ 因子结合到 RNA 链的某个特异性位点，并沿 RNA 链滑行，速度快于

RNA 聚合酶。在终止子位点，ρ 因子赶上在终止子位点暂停的 RNA 聚合酶，依靠水解 ATP 的能量打断 RNA 与 DNA 间的氢键，转录终止（如图 3-40 所示）。

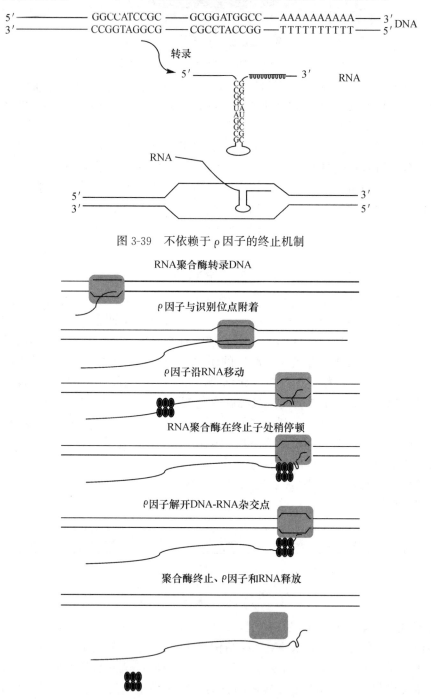

图 3-39　不依赖于 ρ 因子的终止机制

图 3-40　依赖于 ρ 因子的终止机制

3.6.1.2　真核的转录起始与转录终止

真核生物的启动子由核心启动子元件和上游启动子元件两部分构成，核心启动子元件是保证基础水平转录所必需的最少的 DNA 序列，包括转录起始位点和 TATA box；上游启动子元件决定着转录起始的频率与效率，包括 GC box 和 CAAT box。真核生物的转录起始不同于原核生物，原核生物的 RNA 聚合酶可识别启动子，但真核生物的 RNA 聚合酶不具备此功能，因此在转录起始时需要其他的蛋白质因子参与，这些蛋白质因子称为转录因子。真核生物的 RNA 聚合酶有三种，其中 RNA 聚合酶 II 负责 mRNA 的合成，对应的转录因子为转录因子 II，为反式作用因子。如果这些反式作用因子与启动子亲和力高，则表明此启动子有很高的转录起始效率。在某些真核生物启动子的上游还存在增强子，增强子是顺式正调控元件，对基因转录有极强的激活作用，如 SV40 增强子可以激活 $\beta\text{-}globin$ 基因转录 200 倍，杆状病毒增强子能增强杆状病毒早期基因表达 1 000 倍以上，因此，可用增强子构建基因工程表达载体，以提高外源基因的表达水平。目前的研究对真核生物的转录终止机制了解得并不是十分清楚，推测可能是由特定的核酸内切酶的切割引起的。

3.6.2　克隆基因在转录后和翻译水平上的表达与调控

3.6.2.1　原核生物在翻译起始的调控

原核生物没有内膜系统，因此原核生物是边转录边翻译，即转录还在进行但 5′端的翻译已经开始了。因此，原核生物的 mRNA 一般不存在转录后调控。由于原核生物没有切除内含子的能力，因此当用原核生物表达真核基因时，应先从真核细胞中分离 mRNA 并反转录为 cDNA，cDNA 有完整的编码序列但无内含子，将 cDNA 与载体连接导入原核细胞中表达。原核生物翻译起始为 30S 小亚基首先与 mRNA 模板相结合，再与 fMet-tRNA^{fMet} 结合，最后与 50S 大亚基结合。

3.6.2.2　真核生物在转录后和翻译起始的调控

真核生物转录的初级产物 hnRNA 要经过复杂的加工后才能成为成熟的 mRNA。真核生物 mRNA 的转录后调控又称为 mRNA 加工。真核生物的 mRNA 加工包括三个内容：5′端加帽、3′端加尾、RNA 剪接。5′端加帽和 3′端加尾在 mRNA 转录时就发生了，hnRNA 刚刚转录出大约 50 个核苷酸的时候，在鸟苷酸转移酶和鸟嘌呤甲基转移酶的作用下，往 5′端加上一个鸟苷酸，随后对鸟苷酸进行甲基化，形成 5′端甲基鸟苷酸帽子。帽子结构防止了 RNA 酶对它的降解，也可促使 5′端翻译起始复合物的生成，提高翻译效率；3′端加尾是在 hnRNA 上出现加尾信号 AAUAAA 时，在加尾信号下游 15 个～30 个核苷酸位点由特异的核酸内切酶切割，随后由腺苷酸转移酶加上一系列 A，形成 3′端的 poly(A)尾巴，poly(A)尾巴越长，mRNA 的半衰期越长。RNA 剪接一般发生在转录结束后，因 hnRNA 中是内含子与外显子镶嵌排列的形式，去除内含子，拼接外显子才能成为翻译的模板。但在 RNA 剪接时有可能出现外显子跳读或内含子保留的情况，造成同一个 hnRNA 最终形成了不同的 mRNA，翻译为不同功能的蛋白质。

真核生物翻译起始为 40S 小亚基首先与 Met-tRNA^{Met} 相结合，再与模板 mRNA 结合，最后与 60S 大亚基结合生成 80S mRNAMet-tRNA^{Met} 起始复合物。真核生物的翻译起始要依赖 5′端帽子和 Kozak 序列。真核生物的 mRNA 不能与核糖体直接识别，

mRNA5′端先与翻译起始因子中的帽子结合蛋白(cap binding protein，CBP)结合，然后 eIF-4A 和 eIF-4B 与之结合，为小亚基提供结合位点，此时形成了 40S-Met-tRNA$_i$^{Met}-eIF-3 与 eIF-4A 和 eIF-4B 形成复合物，接着此复合物从帽子结构开始沿着 mRNA 扫描，寻找起始密码子 AUG，作为起始密码子的 AUG 两侧翼序列有两个保守碱基，AUG 上游 3 个碱基位必定是 A，少数情况下是 G，而下游 4 个碱基位必定是 G。这段序列(NNPuNNAUGG)对翻译很重要，称为 Kozak 序列。当扫描时遇到了具有 Kozak 序列的 AUG 时，复合物在此处停留下来，与 60S 大亚基结合，形成翻译起始复合物。

拓展阅读

RNA 干扰的发现：Fire 和 Mello 获得 2006 年诺贝尔生理学或医学奖

RNA 干扰的发现起源于反义 RNA 研究中的一个意外发现，这个意外就是在做用反义 RNA 阻断线虫基因表达的实验中发现反义 RNA 和正义 RNA 都阻断了基因的表达。1988 年，Andrew Z. Fire 等人的研究证明，在正义 RNA 阻断基因表达的实验中真正起作用的是双链 RNA，并且其阻断效果比单独注射正义 RNA 或反义 RNA 要好得多。这一发现对病毒感染的防护、控制跳跃基因具有重要意义，Andrew Z. Fire 和 Craig C. Mello 也因此获得了 2006 年诺贝尔生理学或医学奖。

思 考 题

1. 什么是基因工程？请简述基因工程操作的基本流程。

2. 目的基因的分离和克隆有哪些方法？

3. 试述以核苷酸序列为基础的同源序列克隆法的过程。

4. 比较基因组文库和 cDNA 文库各自的特点。

5. 怎样利用 T-DNA 插入法克隆目的基因？

6. 总结各种工具酶与修饰酶在基因工程中的主要用途。

7. 影响限制性内切酶活性的因素有哪些？

8. 一个理想的基因工程载体应该具备哪些条件？

9. 原核表达载体有哪些类型，分别都是什么标签？

10. 植物表达载体有哪些类型，分别在哪些基因研究方面发挥作用？

11. 什么是基因编辑？有哪些基因编辑方法？它们各自的优缺点是什么？

12. CRISPR-Cas 系统进行基因编辑的工作原理是什么？在生命科学各个领域有什么作用？

13. DNA 末端修饰后的连接有哪些方法？

14. 怎样将重组分子导入受体细胞？

15. 在连接产物转化大肠杆菌实验中，确证已经加了连接产物，但没有获得转化子，请列举五种可能导致转化失败的原因。

16. 什么是蓝白斑筛选？请简述其原理。

4 农业生产中的基因工程

基因工程从诞生到现在，无论是在基础领域的研究还是在生产实际的应用方面都取得了显著的成就。其中，植物基因工程作为基因工程研究的重要体系，利用先进的基因工程技术手段，最大限度地利用外源基因，采用适合的方式，有目的地将外源基因导入植物体内，在改良作物品质，提高作物产量，培育抗病毒、抗虫害、抗除草剂、抗盐、抗旱等抗逆境植株等方面发挥了重要作用。植物基因工程（plant genetic engineering），又称为植物遗传转化（plant genetic transformation），是指利用 DNA 重组技术对植物（农作物）进行性状改良，进而获得新的品种、品系或株系的过程。由此可见，植物基因工程的目的在于按照人们的意愿，有目的地改造植物性状，培育出符合人们预期的新品种，进而满足人类的需要。本章将重点对基因工程在农业生产中的具体应用进行介绍。

4.1　植物基因工程

4.1.1　植物基因工程的发展

1983 年转基因烟草的首次获得，标志着人类用转基因技术改良农作物的开始；1986 年抗虫和抗除草剂转基因棉花首次被批准进入田间试验；1994 年美国 Calgene 公司培育的延熟保鲜转基因番茄获批进行商品化生产……这一系列重要事件，标志着植物基因工程的应用进入了一个快速发展期。特别是最近十几年来，转基因作物的研发与产业化发展迅猛，已成为生物技术发展最快的领域之一，转基因技术成为现代农业史上应用最为迅速的技术。根据农业生物技术应用国际服务组织（ISAAA）的报告，截至 2020 年，全球范围内共有 44 项关于转基因作物的批准，涉及 12 个国家、33 个品种，转基因作物的种植面积从 1996 年的 170 万公顷增长到 2019 年的 1.904 亿公顷，增长了约 112 倍，18 个国家的转基因作物种植面积超过 10 万公顷，排名前九的国家种植面积总和已超过 270 万公顷，种植种类也日益丰富，实现了转基因作物的稳定及多样化发展（见表 4-1）。从 1996 年至 2018 年，转基因技术累计提高全球农作物生产力达8.22 亿吨，节省了 2.31 亿公顷的土地。截至 2019 年底，全球共有 71 个国家发布了有关转基因或生物技术的法规批准文件。

表 4-1 2018 年全球转基因作物在不同国家的种植情况

排名	国家	面积/百万公顷	转基因作物
1	美国	75.0	玉米、大豆、棉花、油菜、甜菜、苜蓿、番木瓜、南瓜、马铃薯、苹果
2	巴西	51.3	大豆、玉米、棉花、甘蔗
3	阿根廷	23.9	大豆、玉米、棉花
4	加拿大	12.7	油菜、玉米、大豆、甜菜、苜蓿、苹果
5	印度	11.6	棉花
6	巴拉圭	3.8	大豆、玉米、棉花
7	中国	2.9	棉花、番木瓜
8	巴基斯坦	2.8	棉花
9	南非	2.7	玉米、大豆、棉花
10	乌拉圭	1.3	大豆、玉米
11	玻利维亚	1.3	大豆
12	澳大利亚	0.8	棉花、油菜
13	菲律宾	0.6	玉米
14	缅甸	0.3	棉花
15	苏丹	0.2	棉花
16	墨西哥	0.2	棉花、大豆
17	西班牙	0.2	棉花
18	哥伦比亚	0.1	棉花
19	越南	<0.1	玉米
20	洪都拉斯	<0.1	玉米
21	智利	<0.1	玉米、大豆、油菜
22	葡萄牙	<0.1	玉米
23	孟加拉国	<0.1	茄子
24	哥斯达黎加	<0.1	棉花、大豆
25	印度尼西亚	<0.1	甘蔗

（资料来源：ISAAA，2018）

　　我国的植物基因工程研究始于 20 世纪 80 年代初期，生物技术列入了国家"863"高科技发展计划，发展农业转基因技术已成为国家战略要求。ISAAA 数据显示，2018 年中国转基因作物种植面积为 290 万公顷，位列全球第七。目前我国已批准商业化种植的转基因植物有棉花、番茄、甜椒、番木瓜、白杨、玉米和大豆，主要种植的转基因作物是棉花和番木瓜。以转基因抗虫棉为例，2008 年至 2017 年，我国共培育转基因抗虫棉新品种 159 个，有效地促进了农田天敌保育和害虫持续治理。

4.1.2 植物基因工程的研究内容

自成功获得了世界上第一株转基因烟草以来，植物基因工程的研究对象也在不断扩大，除了用于基础研究的模式植物烟草、拟南芥外，近些年来以服务人类即实用为目标的研究项目不断增加，如水稻、玉米、马铃薯等农作物，棉花、大豆、向日葵等经济作物，番茄、黄瓜、芥菜等蔬菜类作物，杨树、苹果、柑橘等林果类作物，矮牵牛、香石竹等花卉植物，转基因植物研究取得了令人鼓舞的突破性进展。短短十余年时间，植物基因工程的研究和开发已经开始大面积推广，该技术在作物品种改良、抗虫、抗病、抗除草剂等方面得到了广泛的应用。目前，植物基因工程发展的关键限制因子已不再是转基因技术本身，而是发掘新的、高效的、安全的功能基因。随着各国对有用基因开发的重视，基因工程领域掀起了一股搜寻功能基因的热潮。可以预料，21 世纪将是植物基因工程大发展的时代，也是植物生物技术全面武装农业的时代。目前，植物基因工程的研究内容主要体现在以下两个方面：

4.1.2.1 利用植物转基因技术进行应用基础研究

培育优质产品已成为农业生产发展的重中之重，转基因植物迫切需要优质基因，因此针对品质性状进行转基因研究已成为研究发展的重点。优质目的基因向植物中的转化将有利于提高植物的产量与质量、增加其营养价值、增加果实产品的贮藏期等。1997 年，中国第一个获准进行商品化生产的基因工程番茄品种为"华番 1 号"，它有效解决了由于番茄果实具有呼吸跃变期而难贮藏的难题，大大延长了番茄的保鲜期。实践证明，利用基因工程可以有效地改善作物的品质。此外，为了解决高产与稳产的问题，抗胁迫(包括抗病虫、杂草及干旱、盐碱、冷害等)性状的转基因研究也同步进行，取得了显著成就。

1) 植物基因组的研究

基因是一种有限的战略资源，谁拥有了基因资源谁就能在基因工程领域占据主导地位，利用基因组相关信息进而大范围挖掘候选基因已成为一种最为有效的手段。从人类基因组计划完成起，科学家们就已经充分认识到了基因组研究的意义及对以后的科学发展的推动作用。植物是人类衣、食、住、行等必不可少的生活原料，对相关植物进行基因组学研究，有助于加速经济作物分子育种进程，有助于提高粮食作物的产量和应对恶劣环境的适应能力，有助于阐明药用植物代谢机制、筛选药物有效成分、提高药用成分产出量。根据基因功能划分，基因主要有以下类型：控制植物生长发育的基因；抗病虫害的基因；抗逆的基因；编码具有特殊功能多肽的基因。目前植物基因组研究主要体现在图谱构建和基因作图、利用生物信息学来分析基因组海量信息、通过 EST 表达和研究分析发现基因、利用突变技术研究基因功能、应用比较和进化方法研究植物基因功能等方面。

植物基因组具有多倍性、杂合度高等特点，相较于动物基因组研究更为困难。多年来科学家们积极探索，努力尝试，截至 2018 年秋季共有 300 多种植物完成了全基因组测序(部分结果展示如图 4-1 所示)。各种植物基因组研究的开展促使植物生长发育的

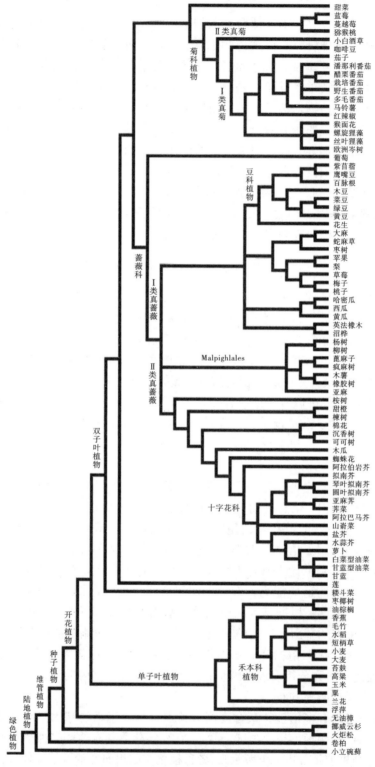

图 4-1 基因组已测序完成的植物类型（部分结果）

研究从生理生化水平转向基因分子水平，同时为解决植物的进化、起源等重大问题提供了可能。我国于 2001 年宣布成功完成了中国水稻基因组工作框架图和数据库，这是我国首次独立完成具有重要科学意义和经济价值的水稻基因组工作框架图，标志着我国进入世界基因组研究的前列，这一重大的科技成果，必将极大地推动世界范围内的水稻研究和农业发展。2021 年华中农业大学水稻研究团队联合广西大学、美国堪萨斯州立大学等多所高校合作完成籼稻珍汕 97 和明恢 63 的无缺口（gap-free）参考基因组，系统分析了着丝粒结构和位于 11 号染色体末端水稻抗性相关的结构变异区域。该项研究是植物中首例无缺口参考基因组的报道，不仅为全面解析水稻着丝粒的结构和功能提供机会，促进了解植物的基因组结构和功能，而且对利用基因组育种手段培育 21 世纪农业气候适应性品种具有持久影响。

2）基因的表达调控研究

基因表达调控机制研究是分子生物学中十分重要的一个理论问题。只有阐明了基因表达调控的机理问题，人们才能有目的地调控外源基因的表达。植物基因遗传转化体系是一个极好的研究外源基因表达调控的实验系统。利用该系统人们可以全面地研究导入的外源基因表达时空特性、顺式作用元件和反式作用因子的调控作用、基因沉默的机理、甲基化与基因表达的关系、外源基因表达与其他基因的互作关系等理论问题。这些基础理论的研究不仅将推动植物基因工程的快速发展，而且对揭示生命的奥秘具有十分重要的作用。

4.1.2.2　利用转基因植物作为生物反应器

植物生物反应器属于分子农业的范畴。随着现代生物技术的发展，分子生物学和转基因技术的广泛应用，生物反应器的概念得到扩展，利用转基因动物、植物、微生物生产各种特定产品的技术体系也被称为生物反应器。所谓植物生物反应器是指利用植物细胞或完整植物，大量地生产各种蛋白和代谢产物，可以直接利用天然的植物细胞，也可以利用基因工程技术改造的植物细胞、组织、器官和植株。将转基因植物作为生物反应器来利用是当前国内外分子生物学和生物技术领域的研究热点。用转基因植物作为生物反应器表达重组外源蛋白，工厂化生产外源蛋白质，以此蛋白质作为生产动物疫苗的原材料是一个很有吸引力的廉价生产系统，它有可能代替生产成本较高的传统疫苗的发酵生产系统。

1992 年，美国人 Arntzen 和 Mason 率先提出了用转基因植物生产疫苗的思路。随后，国内外研究者利用此方法开始开发重要的药用蛋白，如抗体、血液替代品和疫苗，包括转基因马铃薯表达大肠杆菌热敏毒素 B 亚基、转基因马铃薯和番茄表达乙肝表面抗原、商品化的转基因玉米生产重组抗生素（Avidin）蛋白、转基因油菜生产水蛭素等。同时可以大规模生产多种具有高经济附加值的产品，包括工农业用酶、特殊碳水化合物（如改性淀粉、环糊精或糖醇）、生物可降解塑料、脂类（如特殊的饱和或不饱和脂肪酸）及其他一些次生代谢产物等生物制剂。近些年，武汉大学杨代常教授致力于植物生物反应器研究，研发出了基于水稻种子的具有成本效益的重组蛋白质生产平台。目前已成功表达各种重组蛋白，如人乳铁蛋白（80k），人血清白蛋白（65k），人抗胰蛋白酶（55k）和人碱性成纤维细胞生长因子（17k）。融合技术也在水稻种子平台中被成功用来高效表达小分子多肽，如人胰岛素样生长因子(7k)。所有表达的融合或非融合的蛋白质都已被证明了体内和体外的生物活性。植物源重组人血清白蛋白可以作为无血清培养基添加物用于细胞培养当中，特别是用于培养干细胞、培养杂交瘤以产生单克隆抗体以及生产疫苗，或用作细胞冷冻保护剂。此外，芬兰国家技术研究中心的研究人员利用植物中获取的细胞，通过生物反应器成功培养出咖啡细胞，并在实验室生产出第一批气味、味道都与传统产品相似的咖啡，这为通过细胞农业实现可持续粮食生产提供了可能。

转基因植物作为生物反应器，较微生物反应器和动物生物反应器的优势如下：①植物易于生长，操作技术(如转基因技术)相对成熟，外源基因在植物后代中纯合快且稳定性高。②植物具有完整的真核表达修饰系统，利用转基因植物生产各种疫苗用的抗原蛋白药物、疫苗，在分子结构和生物活性上与天然产物几乎完全相同，所以对下游产物的加工和分离纯化不是必需的，也就降低了生产成本。③绝大多数植物的表达产物对人和牲畜无毒副作用，安全可靠，不会对人类健康造成影响。因此，植物生物反应器的种类(烟草、马铃薯、拟南芥、油菜)和表达产物类型(疫苗、抗体、细胞因子、酶类、其他药用蛋白和生物活性肽、食品和工业原料)逐步增加。可以说，转基因植物生物反应器研究使农业的概念大大拓宽，突破了传统农业范畴，延伸到工业和医药领域。

4.1.3　植物基因工程的操作流程

植物基因工程是一个复杂的操作过程，是将目的基因与外源质粒 DNA 重组，并导入植物细胞内实现外源目的基因与内源 DNA 重组，进而产生新的生物类型或者能显著改善原有生物的缺点或者特性的过程。植物基因工程的操作技术目前已经比较成熟，具体的操作流程可分为三个主要部分：目的(外源)基因的分离、受体系统的建立和遗传转化以及转基因株系、品系或品种的获得(如图 4-2 所示)。

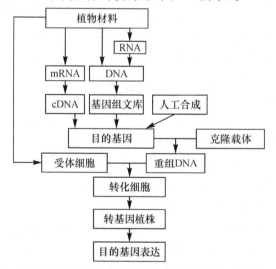

图 4-2　植物基因工程基本技术路线(引自王关林和方宏筠，2009)

4.1.3.1 植物目的基因的分离

随着植物基因工程研究工作的不断深入，绝大多数具有重要经济意义的农作物品种的遗传转化体系都已经成功建立。而当前具有优良品质特性、有生产应用价值的目的基因数量有限，因此当务之急是尽快地分离、鉴定、克隆出这类基因。目前植物基因工程所利用的目的基因，其控制的主要目标性状包括提高作物产量和改良作物品质、调控植物生长发育、抗逆胁迫、抗植物病虫害等。

4.1.3.2 植物遗传转化受体和转化体系的建立

1）植物遗传转化受体的建立

植物组织培养的研究已有几十年的历史，技术上也比较成熟，但是建立一个良好的基因转化受体系统还是比较困难。良好的受体系统应该满足以下几个条件：一是具有高效稳定的再生能力，建立高频植株再生体系是植物基因转化的一个重要条件。由于植物基因转化的频率较低，一般情况下只有 0.1% 的转化率，而且在植物基因转化过程中一些处理都会使得转化的受体材料比非转化的受体材料在再生频率上有不同程度的降低，有的甚至不能分化或只能分化形成芽但难以形成正常植株。因此转化受体必须具有高频的转化效率及较强的再生能力，以便获得较多的具有预期性状的转基因材料。二是具有较高的遗传稳定性，即要求植物细胞在接受外源 DNA 后应不影响其分裂和分化，并能稳定地将外源基因遗传给后代，保持遗传的稳定性，避免变异的发生。三是受体材料易于获得，即有稳定的外植体来源，也就是说用于转化的受体材料易于获得且能大量供应。四是对选择性抗生素敏感，即当选择性培养基中抗生素浓度达到一定值时，能抑制非转化细胞的生长、发育和分化，而转化的植物细胞由于携带抗生素的抗性基因而能正常生长分化得到完整植株。五是对农杆菌侵染有敏感性但无过敏反应，对农杆菌敏感才能提高转化效率，但不能发生过敏反应，否则容易导致侵染部位的褐化进而引起外植体的死亡。

20 世纪 70 年代起，人们对植物基因转化受体系统的研究已进行了大量的工作，先后建立了多种有效的受体系统，适应于不同转化方法的要求和不同的转化目的。这些受体系统类型也各有所长。植物遗传转化中基因受体通常有体外培养材料和活体材料两类。利用体外培养材料如原生质体、悬浮培养细胞、愈伤组织、小孢子和原初外植体等作为基因受体，通过组织培养和植株再生来实现遗传转化，是目前最主要的方法。此外，使用活体材料如完整植株、种子或花粉等作为基因受体以及利用花粉管通道法或子房注射法等直接将外源基因导入受体植物也取得了成功。

2）植物遗传转化体系的建立

在植物基因转化的研究中已建立了多种转化体系，如农杆菌介导的遗传转化、基因枪介导的遗传转化、原生质体介导的遗传转化、花粉管通道法转化、病毒介导的遗传转化等。

（1）农杆菌介导的遗传转化。虽然多种植物基因转化体系已经建立，但目前使用最广、技术最成熟、效率最高、成功实例最多的是农杆菌介导的遗传转化方法，它已成为植物基因工程中遗传转化最重要的一种方法。农杆菌介导的遗传转化技术在烟草和拟南芥等双子叶植物中早已成为常规的方法并取得了较大成功，同时在单子叶植物（非农杆菌的天然寄主）中，包括水稻、玉米等重要的禾谷类作物中的应用也逐渐增加。

农杆菌是从上壤中分离出来的革兰氏阴性细菌，主要有两种：根癌农杆菌（*Agrobacterium tumefaciens*）和发根农杆菌（*Agrobacterium rhizogenes*），其中研究最多也最透彻的是根癌农杆菌，在植物基因工程中以根癌农杆菌的 Ti 质粒介导的遗传转化最多。它能将自身 Ti 质粒的一段 DNA（T-DNA）转移到植物细胞中，从而使植物损伤部位形成冠瘿瘤。Ti 质粒是在根癌农杆菌染色体外的遗传物质，为双股共价闭合环状的 DNA 分子，约 200 kb。根据其诱导的植物冠瘿瘤中所合成的冠瘿碱种类不同，Ti 质粒可分为四个类群，分别称为章鱼碱型（octopine）、胭脂碱型（nopaline）、农杆碱型（agropine）和琥珀碱型（succinamopine）。目前已经建立了十多个 Ti 质粒的基因图。Ti 质粒一般分为三个区（如图 4-3 所示）。

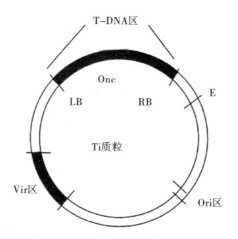

图 4-3　质粒上与肿瘤形成相关的几个区域

LB—左边界；RB—右边界；Onc—与致瘤有关的核心区；E—增强子（超驱动序列）

T-DNA 区（Transfered-DNA region）：它是在农杆菌侵染细胞时，从 Ti 质粒上切割下来转移到植物细胞的一段 DNA，与肿瘤形成有关。Ti 质粒 T 区 DNA 的长度约为 23 kb，章鱼碱型和胭脂碱型的 T 区 DNA 都有 8 kb～9 kb 长的一段 DNA，即为保守区（或称核心区），而且在几乎所有的肿瘤细胞系中都含有这一段 DNA。在 T-DNA 的 5′端和 3′端都有真核表达信号，如 TATA box、AATAAA box 及 poly（A）等。T-DNA 的两端左右边界各为 25 bp 的重复序列，即边界序列（border sequence），分别称为左边界（LB 或 LT）和右边界（RB 或 RT）。左右边界在 T-DNA 转移中起着至关重要的作用。在章鱼碱型 T-DNA 的右边界的右侧约 17 bp 处有一个 24 bp 的超驱动序列，起增强子作用。

Vir 区（Virulence region）：该区段上的基因能激活 T-DNA 转移，使农杆菌表现出毒性。Ti 质粒的 Vir 区也是农杆菌致瘤所必需的。Vir 区长约 35 kb，包含 6 个与致瘤有关且各自独立的转录单位，形成一种操纵子结构。除 *virA* 基因外，VirB、VirC 和 VirD 区均受植物细胞的诱导而表达。

Ori 区（Origion of replication）：该区段调控 Ti 质粒的自我复制。

目前比较普遍的认识是，T-DNA 的转移与整合的机理同大肠杆菌的接合作用十分相似，但前者需要 *vir* 基因(*virA*、*virB*、*virG*、*virC*、*virD* 和 *virE*)编码产物的参与。研究已经阐明，*virB*、*virC*、*virD* 和 *virE* 基因在转录水平上的表达，是受由植物创伤细胞分泌产生的酚类物质(乙酰丁香酮)的正调节，它可激活 T-DNA 发生从细菌至植物细胞的定向转移。VirA 蛋白质跨越根瘤土壤杆菌细胞内膜，作为酚类及单糖类信号分子的受体。由 VirA 蛋白质检测到的信号，经过磷酸化作用被传递到 VirG 蛋白质，它可激活其他的 *vir* 基因进行转录。受到信号分子的激活作用之后，*virD* 基因编码的一种核酸内切酶，先在 T-DNA 的 RB 序列中的第 3 和第 4 碱基之间切开一个单链缺口，随后在 T-DNA 同一条链的 LB 序列中切出第二个单链缺口。于是 T-DNA 便以单链形式释放出来，并在 RB 序列的引导下定向地从根瘤土壤杆菌细胞转移到寄主植物细胞(如图 4-4 所示)。当单链的 T-DNA 转移到植物细胞之后，在有关的植物细胞酶体系的催化作用下，便会合成互补能形成双链形式的 T-DNA 分子。由 *virE2* 基因编码的 VirE2 蛋白质是一种单链 DNA 结合蛋白，它可能非共价包覆 T 链，形成 VirD2/VirE2/T-DNA 复合物，避免 T-DNA 被降解或截短，并定向地将此 T-DNA 导入植物细胞核内，最终整合到染色体基因组上。遗传分析作图表明，T-DNA 在植物染色体中的插入是随机的。它可以插入任何一条植物染色体，但插入位点常有以下特点：①T-DNA 优先整合到转录活跃的植物基因位点；②T-DNA 与植物 DNA 连接处富含 A＝T 碱基对；③植物 DNA 上的插入靶位点与 T-DNA 边界序列有一定的同源性。

由于对农杆菌 Ti 质粒转化机理的研究不断深入，其转化技术也已日趋成熟，转化

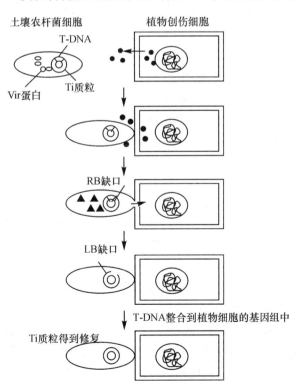

图 4-4   T-DNA 从细菌细胞转移到植物细胞的分子机理

率也不断提高。农杆菌介导的基因转化可分为三个部分，即受体细胞的选择、携带有目的基因的 Ti 质粒载体的构建和目的基因的转化，具体的转化程序如图 4-5 所示。

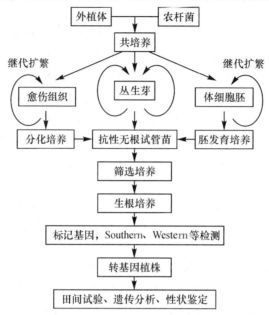

图 4-5　农杆菌 Ti 质粒介导基因转化程序(引自王关林和方宏筠，2009)

同其他的转化方法相比，农杆菌介导的转化方法有以下优点：转化效率高；再生植株可育率高；可转移较大片段的外源 DNA；导入外源基因拷贝数低。而且有人认为农杆菌介导的转化方法是一种"天然"的转化方法，可能有助于避免基因沉默现象。因此，农杆菌介导的转化方法已成为植物遗传转化首选的方法之一。

(2)基因枪介导的遗传转化。基因枪法是借高速运动的金属微粒，将附着在其表面的核酸分子引入受体细胞的一种遗传物质导入技术。其原理是通过动力系统将 DNA 吸附在带有基因的金属颗粒(金粒或钨粒)表面，以一定的速度射进植物细胞，由于小颗粒穿透力强，故不需除去细胞壁和细胞膜而进入基因组，从而实现稳定转化的目的。基因枪法最早由美国 Cornell 大学的 Sanford 等人在 1987 年建立。Klein 等人 1987 年首次将携带有细菌氯霉素乙酰转移酶基因的烟草花叶病毒 RNA，以基因枪法倒入洋葱表皮细胞并获得表达。迄今，基因枪法已在大豆、水稻、棉花、小麦、玉米、烟草、向日葵及葡萄等多种作物上获得成功。这些成功的报道大大加快了基因枪转化技术的应用与发展。基因枪法操作简单、快速，一次可导入多基因，几乎适用于任何受体材料，尤其对于采用农杆菌介导难以成功的单子叶植物而言具有很好的应用价值，但基因枪法同时存在转化效率低、转化后多呈瞬时表达、稳定遗传比例较低、产生的后代嵌合体比例较大、外源 DNA 整合机制不明等问题。

(3)原生质体介导的遗传转化。原生质体介导的遗传转化是指以原生质体为受体，通过一定途径或技术将外源基因导入植物原生质体，获得能使外源基因稳定表达的转基因植株的技术。植物原生质体分离和培养技术在过去的 20 年里，已有大量成功的报道。原生质体培养系统可以提供大量的单细胞，再生后可以得到纯合系，而且可以排除细胞壁的障碍，有利于导入外源基因，在植物基因工程中是较好的转化受体，所以被广泛应用。目前常用的有聚乙二醇（polyethylene glycol，PEG）介导的基因转化、电击法（electroporation）介导的基因转化、脂质体介导的基因转化和农杆菌共培养基因转化法，其中前两种方法最为常见。

①聚乙二醇介导的基因转化。1982年Krens等人首次用PEG处理烟草原生质体并获得转化植株，开拓了用PEG进行植物转化的新思路。PEG即聚乙二醇，为高分子多聚物，相对分子质量范围为1 500～6 000，具有不同水溶性，最初是用作原生质体融合剂。20世纪80年代以后PEG被逐渐用于外源基因直接转化植物原生质体的诱变剂，以PEG6000最为常用。PEG具有细胞黏合及扰乱细胞膜的磷脂双分子层的作用，它可使DNA与膜形成分子桥，促使相互间的接触和粘连，促进原生质体融合和改变细胞膜的通透性，有利于细胞膜间的融合和外源DNA进入原生质体；同时在与二价阳离子共同作用下使外源DNA形成沉淀，这种沉淀的DNA能被植物原生质体主动吸收，从而实现外源DNA进入植物细胞。

②电击法介导的基因转化。此方法是由动物细胞的电击法发展起来的，短时高压脉冲电处理可导致细胞膜上出现短暂可逆性小孔（瞬间通道），从而发生新的渗透点（3 nm～4 nm），为外源DNA分子进入原生质体提供了通道，从而使外源DNA进入原生质体中。此种通道形成的数量和大小与电场强度有关，它也影响到进入原生质体内的DNA数量，因此电场强度是影响转化频率的重要参数。

（4）花粉管通道法转化。最早的花粉管通道法可能要追溯到Pandey（1975）以烟草为材料，将供体品种的花粉经射线杀死后与受体品种的新鲜花粉混合授粉，结果获得了供体花色性状的变异，认为经过照射杀死的花粉其遗传物质可不通过配子融合而发生基因转化。我国学者周光宇在20世纪70年代就提出了在常规远缘杂交中存在着"DNA片段杂交"的假说，认为远源杂交亲本间的染色体结构从整体上是不亲和的，但其部分基因间的结构有可能保持一定的亲和性。周光宇等人在1983年成功地将外源海岛棉DNA导入陆地棉，培育出抗枯萎病的栽培品种，创立了花粉管通道法，在此基础上花粉管通道法逐步建立和发展起来。

花粉管通道法的原理是在授粉后向子房注射含目的基因的DNA溶液，利用植物在开花、受精过程中形成的花粉管通道，将外源DNA导入受精卵细胞，并进一步地被整合到受体细胞的基因组中，随着受精卵的发育而成为转基因的新个体。我国目前推广面积最大的转基因抗虫棉就是用花粉管通道法培育出来的。该法的最大优点是不依赖组织培养人工再生植株，技术简单，不需要装备精良的实验室，常规育种工作者易于掌握。

（5）病毒介导的遗传转化。在长期的进化过程中，植物病毒与其宿主之间形成了既相互拮抗又相互依存的共生关系，许多植物病毒能感染所有的组织形成系统性扩散，不受单子叶或双子叶的限制，因此以病毒介导获得转基因植物细胞日益受到人们的重视，逐渐成为在植物中表达外源基因的一种十分有效的工具。植物病毒载体主要通过病毒介导的基因沉默（VIGS）和病毒作为目的基因表达载体侵染植物两种方式来完成目的基因功能研究，目前已经在棉花、烟草、拟南芥、番茄、马铃薯、小麦、大麦、甜菜等多种植物中成功建立这种快速的转基因技术体系。

4.1.3.3 转基因植物的检测与鉴定

进行基因转化后，外源基因是否进入植物细胞，进入植物细胞的外源基因是否整合到植物染色体上，整合的方式如何，整合到染色体上的外源基因是否表达，这一系列的问题仍需回答，只有获得充分的证据后才可认定被检的材料是转基因的。为获得真正的转基因植株，进行基因转化后的第一步工作是筛选转化细胞。在含有选择压力的培养基上诱导转化细胞分化，形成转化芽，再诱导芽生长、生根，形成转化植株。第二步是对转化植株进行分子生物学的鉴定，通过 Southern 印迹杂交鉴定外源基因是否整合在了植物基因组中；通过 Northern 印迹杂交证明外源基因是否在植物细胞内正常表达；通过 Western 印迹杂交鉴定外源基因是否能够在植物细胞内编码特异的多肽，发挥正常的蛋白质功能。第三步则是进行性状鉴定及外源基因的表达调控研究，证实目的基因的转入是否改善或增加了植物所具有的经济性状。

拓展阅读

改变了人类对细胞发展和分化的认识的突破研究

干细胞，可说是人类和其他动物生命的核心。生命从受精卵孕育成胚胎后，胚胎干细胞会分化发展成神经、内脏和肌肉等不同细胞。一直以来，科学界认定细胞只会分化老去，不能还原干细胞那样的万能功能。英国科学家约翰·格登（John Gurdon）和日本科学家山中伸弥，却证明了这个过程可以逆转。这两位科学家发现了制造可像胚胎干细胞那样活动，但不需从胚胎中提取细胞组织的方法。他们的研究意味着成年人的细胞可以被逆转改造成类胚胎干细胞。山中伸弥所在的研究团队通过对小鼠的实验，发现诱导人体表皮细胞使之具有胚胎干细胞活动特征的方法。此方法诱导出的干细胞可转变为心脏和神经细胞，为研究治疗多种心血管绝症提供了巨大助力。这一技术的实现将能避免异体移植产生的排异反应，免除了使用人体胚胎提取干细胞的伦理道德制约。凭借在干细胞研究领域的杰出贡献，约翰·格登和山中伸弥分享了 2012 年度诺贝尔生理学或医学奖。

4.2 大田作物的基因工程

基因工程应用于农业生产是农业生物技术领域中研究和开发最为活跃的部分。世界各国应用基因工程进行优质、高产、抗病及抗逆品种的选育以及农作物品种改良等方面已取得了很大的进展，尤其在转基因育种方面所取得的成就更为引人注目。大田作物种类繁多，育种目标涉及产量、品质、熟期、环境胁迫及病虫害的抗性等一系列性状。基因工程作为现代遗传育种的一种重要手段，已成为未来大田作物育种的核心，其在大田作物育种上的应用主要体现在以下几个方面。

4.2.1　基因工程在大田作物品种改良中的应用

4.2.1.1　改善作物食用品质

通过基因工程可以将外源目的基因导入植物中，改善转基因植物种子的品质。水稻是我国主要粮食作物，其产量已占全国粮食总产量的 44%，是解决我国 14 亿人口用粮问题的谷中之秀。稻米食味品质是评价水稻品质优劣的一项重要指标。稻米食味品质主要指米饭的色、香、味，也包括人们在咀嚼过程中的口感，如黏性、硬度、滋味等。参照农业部评价优质稻米标准的各项理化指标，其中主要涉及直链淀粉含量、胶稠度、糊化温度和蛋白质含量。研究表明，直链淀粉含量过高是造成杂交水稻食用品质差的主要原因之一。不同水稻品种中直链淀粉含量差异较大。水稻胚乳中直链淀粉的合成是由蜡质基因（Waxy，Wx）控制的，该基因同时可控制水稻花粉和胚囊中直链淀粉的合成，因此可通过对 Wx 基因的遗传操作来控制水稻种子中直链淀粉的合成，从而改变其相对含量，达到改良稻米淀粉品质和食味品质的目的。Terada 等人（2000）利用反义 RNA 技术，抑制蜡质基因的表达，发现成熟种子中的直链淀粉含量呈不同程度的下降。陈秀花等人（2002）通过农杆菌介导，将反义 Wx 基因导入我国籼型杂交稻的保持系龙特甫 B 等 3 个高直链淀粉含量亲本中，结果表明，多数转基因水稻的直链淀粉含量出现不同程度的降低，最低下降至 7% 左右。2020 年，中国科学院及其合作机构利用 CRISPR-Cas9 开发了一种简单有效的方法来降低稻米中直链淀粉的含量，从而改善稻米的食味和蒸煮品质，这是首次通过 Wx 基因的基因编辑来适度降低稻米直链淀粉含量的报道。

4.2.1.2　提高作物营养价值

应用基因工程技术提高植物中营养元素的含量是十分有效的。胡萝卜素是人类饮食结构中不可缺少的重要成分，具有多种重要的保健功能，尤其是有些类胡萝卜素，如 β-胡萝卜素是合成维生素 A 的前体，具有抗癌和提高免疫力等功效。类胡萝卜素还广泛用于医药和化妆品工业。迄今为止，已发现 600 多种天然胡萝卜素，但自然界中发现的大多数类胡萝卜素都是微量的中间产物，很难直接利用，而大量类胡萝卜素生物合成基因的克隆与功能鉴定为在植物中异源生产结构多样类胡萝卜素奠定了研究基础。研究者们利用源于细菌的八氢番茄红素脱饱和酶（$Crt\,\mathrm{I}$）基因，以及源于黄水仙的八氢番茄红素合成酶（Psy）基因和番茄红素 1，3-环化酶（Lcy）基因，以不同的基因组合方式插入载体中，应用农杆菌介导法进行遗传转化，获得了转基因水稻植株，其种子的胚乳中富含 β-胡萝卜素，呈现金黄色，因此被称为"黄金水稻"。初步分析表明，其胚乳中的类胡萝卜素含量达 $1.6\ \mu g \cdot g^{-1}$，其中以 β-胡萝卜素为主。由于 β-胡萝卜素在人体内可转变为维生素 A，黄金水稻的出现可以缓解维生素 A 缺乏症。转基因黄金水稻的诞生，为作物类胡萝卜素品质改良提供了一个良好的范例。目前，黄金大米已在澳大利亚、新西兰、加拿大和美国获得食品安全批准，并且目前在孟加拉国接受最终监管审查，2021 年菲律宾成为第一个批准黄金水稻商业种植的国家。同时，通过类胡萝卜素基因重组技术也提高了一些作物如油菜、番茄、马铃薯、柑橘中的类胡萝卜素含量，从而提高了作物的营养品质。

4.2.1.3 提高作物产量

基因工程是提高作物产量的有效手段之一。寻找与高产相关的功能基因对水稻高产育种具有重要的理论意义和实际应用价值。近年来，随着分子生物学的兴起和植物转基因技术的快速发展，许多与 C_4 光合作用途径相关的关键酶基因，如磷酸烯醇式丙酮酸羧化酶（*PEPC*）、苹果酸脱氢酶（*NADP-ME*）和丙酮酸磷酸双激酶（*PPDK*）等酶基因已从玉米、高粱和苋菜等植物中获得，对这些与高光合效率有关的基因进行研究发现，它们可以在 C_3 植物中驱动外源基因并进行组织特异性表达。Ku 等人（1999）将玉米的 *PEPC* 基因采用农杆菌介导的方法转入水稻，获得了高水平表达玉米 *PEPC* 基因的水稻转基因植株，其 *PEPC* 酶活比对照高 110 倍，比玉米高 2~3 倍，增产量达到35％。华中农业大学作物遗传改良国家重点实验室水稻课题组早在 1997 年就开始了对控制水稻粒形基因的研究，2006 年找到了控制水稻粒形的基因 *GS3*，2008 年再度发现并成功克隆一个同时控制水稻株高、抽穗期和每穗粒数的基因 *Ghd7*，2011 年克隆出正调控水稻粒重的数量性状基因 *GS5*，针对这些控制水稻粒型的明星基因的研究，为通过生物技术改良提高产量提供了新的可能。

2050 年全球人口预计将达 90 亿，为满足粮食需求，植物科学家一直在与时间赛跑，试图培育更高产的作物。2021 年，由北京大学、芝加哥大学和贵州大学等组成的跨国团队研究发现，将编码脂肪调节蛋白 FTO 的人类基因添加到水稻和马铃薯中后，其转基因植物产生了更长的根系、更大的果实，拥有了更好的耐干旱能力以及更高的光合作用效率，产量也因此提高了 50％。研究人员表示，该技术可广泛应用于不同种类的植物，为改善生态系统、提高作物产量提供了可能。康奈尔大学 Maureen Hanson博士带领团队正在开展将蓝藻相关基因导入作物中的研究，他们的目标是将蓝藻中的整个碳浓缩机制引入农作物中，以实现更有效的光合作用。

4.2.2 基因工程在大田作物生物胁迫中的应用

为了防治虫害，长期大量使用化学农药不但增加了生产成本，而且容易引起害虫抗药性增强、环境污染、生态平衡破坏等一系列严重问题。目前在植物抗虫基因工程中常见的外源抗虫基因有苏云金杆菌(Bt)杀虫蛋白基因、蛋白酶抑制剂基因、淀粉酶抑制剂基因、外源凝集素基因、脂肪氧化酶基因以及蝎毒素、蜘蛛毒素基因等。其中苏云金杆菌(Bt)杀虫蛋白基因在抗虫基因工程中应用最多。Bt 蛋白是从苏云金杆菌中分离出来的杀虫蛋白(ICP)，昆虫取食后，在其体内蛋白酶的作用下，形成毒性多肽分子，可与昆虫肠道上皮细胞表面的特异性受体结合，使细胞膜产生一些通道，引起胞内离子外渗和水的内渗，从而导致肠道细胞由于渗透平衡破坏而溶胀破裂，大量上皮细胞坏死，引起昆虫停止进食而死。王忠华等人(2000)将 *Bt* 基因导入粳稻秀水 11 中，培育出"克螟稻"，并在国际上首次研究了转 *Bt* 基因水稻与籼、粳稻的杂交后代的抗虫性，结果发现 F_1 代、F_2 代中均出现了高抗二化螟的植株。2020 年，华中农业大学的研究团队利用 amiRNA 表达技术鉴定了两个表达二化螟内源性 miRNA 的纯合水稻株系，并用这些转基因水稻株系对二化螟一龄幼虫进行了为期 5 天的饲养试验。结果发现，与对照组相比，转基因水稻饲养的二化螟生长迟缓且死亡率高。此外，研究人员还在水稻的分蘖期和抽穗期分别进行了田间评估，结果发现二化螟对分蘖期转基因水稻的伤害率降低了一半以上（62.9％和 50.4％），对抽穗期转基因水稻的伤害率也显著降低（74.6％和 54.0％）。

另外，大田作物抗细菌、真菌和病毒病害的转基因研究也较多，通过抗病转基因作物新品种培育，能够减轻病害危害，增加作物产量，增加农民收入，减少农药使用，降低环境污染，具有良好的经济、社会和生态效益。*Xa7* 是目前国际公认对细菌病害白叶枯病菌抗性最持久的明星基因，具有重大育种价值和应用前景。2021 年，浙江师范大学和中国农业科学院水稻研究所研究团队携手攻关，在精细定位的基础上，通过辐射诱变和抗病抑制子筛选，终于将水稻 *Xa7* 这一持久抗病基因锁定在了一个 28 kb 的范围，并通过转基因功能回补实验，获得了 *Xa7* 基因，*Xa7* 编码一个全新的未知功能小蛋白，这项研究为长效防控水稻白叶枯铺平了道路。同年，澳大利亚联邦科学与工业研究组织（CSIRO）的研究人员通过将 5 个抗性基因"叠加"，培育出抗锈病能力更强甚至更持久的小麦。

4.2.3　基因工程在大田作物非生物胁迫中的应用

除了转基因抗病虫育种外，科学家们利用现代基因工程技术在大田作物抗旱、抗寒、耐盐等非生物胁迫领域也进行了深入的研究。干旱、高盐、低温等环境胁迫能够显著抑制大田作物的正常生长并导致减产。2017 年，中国水稻研究所水稻基因组模块创制创新团队研究发现 *oshak1* 突变体在营养和生殖生长期均表现出对干旱、盐胁迫敏感，而过量表达 *oshak1* 可以促进活性氧的清除，增强胁迫响应相关基因的表达，提高水稻的抗旱、耐盐性，该研究结果可为培育抗旱、耐盐水稻新品种提供理论基础。2018 年，南京农业大学水稻团队的研究发现，水稻中 *DMI3* 是 ABA 信号转导中的一个正调控因子，*DMI3* 就像是 ABA 的一个免疫细胞，能够提高 ABA 作用于水稻产生的抗旱能力，结果阐明了 ABA 信号转导中 *DMI3* 活化途径，这一研究揭示了水稻自身提高抗旱能力的基础，有望在今后的研究中打开一条干旱情况下提高水稻产量的新途径。西北农林科技大学研究团队多年来对棉子糖代谢相关基因植物抗旱、抗热、抗寒、抗盐的功能及其表达调控进行了系统研究，该团队研究人员发现了通过调控 *ZmGOLS2* 可以提高棉子糖含量，提高植物的抗旱、抗热、抗寒、抗盐能力并且不影响植株生长。

拓展阅读

"甩开"光合作用合成淀粉

淀粉既是粮食最主要的成分，也是重要的工业原料，主要通过绿色植物进行光合作用固定二氧化碳合成。在玉米等农作物中，淀粉的合成与积累过程涉及 60 余步的代谢反应和复杂的生理调控，能量的理论转化效率为 2％左右。而农作物的种植更是需要数月的周期，使用大量的土地、淡水、肥料等资源。为提高生产效率，中国科学院天津工业生物所研究人员通过耦合化学催化和生物催化模块体系，从头设计了11步反应的人工合成淀粉新途径，在实验室中首次实现了从二氧化碳到淀粉分子的全合成，人工途径的淀粉合成速率是玉米淀粉合成速率的8.5倍。这个技术被誉为"将是影响世界的重大颠覆性技术"。这为农业生产方式的改变提供了可能路径，更为创建新功能的生物系统奠定了开创性科学基础。

4.3 园艺作物的基因工程

4.3.1 基因工程在园艺作物果实品质改良中的应用

园艺作物的果实品质性状作为最重要的经济性状越来越受到人们的关注。果实品质主要包括果实的大小、甜酸度、营养物质含量、香气和色泽等。克隆控制果实品质的基因并进行有效调控是园艺作物现代分子育种的重要内容。近年来，国内外学者在提高园艺作物果实品质基因工程方面做了不少工作。其中，果实的颜色作为果实和蔬菜重要的农艺性状，已成为研究的中心，越来越多的与果实色泽形成相关的基因被挖掘。花青苷是类黄酮的一种，是构成果实颜色的主要色素之一，苹果等果皮的颜色是由花青苷决定的。Takos 等人（2006）首先从 Cripps Pink 苹果果皮中分离到 *MdMYBl* 基因，在拟南芥和葡萄培养细胞中，*MdMYBl* 可以诱导花青素的过量表达。Ban 等人（2007）也从苹果果皮中分离得到了 *MYB* 类转录因子 *MdMYBA*，其表达具有组织和品种特异性。35S:*MdMYBA* 转化苹果苗子叶的瞬时表达结果显示，子叶上出现了微红色的点状物，同时转基因烟草中花青素含量增加。山东农业大学研究团队长期致力于果实色泽品质性状相关基因的分离和鉴定，发现 MdBT2-MdMYB1 通路在调控苹果花青素积累中发挥关键的作用，*MdMYB1* 通过调节花青素生物合成途径中的基因表达来正调节花青素积累和果实着色，而 *MdBT2* 介导 *MdMYB1* 的泛素化降解，负调控花青苷的积累。柑橘果实呈现不同的颜色主要是由于类胡萝卜素积累的差异所造成的，华中农业大学柑橘研究团队发现类胡萝卜素合成途径关键基因 *LCYb* 在柑橘果实类胡萝卜素代谢中发挥着重要作用，*CsMADS6* 转录因子通过直接调控类胡萝卜素代谢基因 *LCYb1*、*PSY*、*PDS* 和 *CCD1* 表达，从而协同正调控类胡萝卜素代谢。番茄红素是成熟番茄中的主要色素，是类胡萝卜素的一种，作为一种天然色素存在于自然界中。2018 年，中国农业大学研究团队以 5 个与类胡萝卜素代谢途径有关的番茄基因为靶标，用 CRISPR-Cas9 技术同时成功诱导了多个感兴趣基因的靶标突变，获得的番茄株系的果实中番茄红素的含量增加了 5.1 倍，并且这些突变可以稳定地传递给后代。

4.3.2 基因工程在园艺作物采后保鲜中的应用

园艺作物产品是一类具有易腐特性，需要保鲜的商品，从采收到消费的各个流通环节，在数量和质量上都不可避免地存在着损耗，影响其商品价值。事实上，植物的衰老是受内外环境因素和基因调控影响的一个复杂的过程，近年来对其进行的生理和分子生物学研究取得了重要的进展，园艺作物保鲜的基因工程已成为一个十分活跃的研究领域。

4.3.2.1　果实的贮藏保鲜基因工程

如何使果蔬延缓衰老、延长保鲜期一直是人们所研究的重要问题，如番茄、香蕉、苹果、葡萄、草莓等果实在贮藏和运输过程中，由于果实熟化过程迅速且难以控制，常常导致过熟、腐烂，因而造成巨大的经济损失。传统的保鲜方法如冷藏、气调等成本太高，储存规模难以扩大，严重影响其商品化。近年来，运用基因工程技术获得转基因植物，不仅对研究植物成熟和衰老机理具有重要意义，也对应用基因工程技术为植物延缓成熟和衰老，延长保鲜期和贮藏期具有重要实际意义。1994 年 5 月，美国加州基因公司(Calgene Inc.)的第一个商品化的转基因植物——耐贮番茄进入消费者家庭，这标志着利用基因工程控制果实成熟已进入商品化生产阶段，这也为利用基因工程技术控制果实成熟过程在其他物种中的推广提供了参考。

由于番茄易于转化和繁殖，同时在自然界中还存在许多不同类型的与成熟相关的突变体材料，使得利用番茄作为基因工程受体研究成熟期相关性状成为可能，因此几乎所有有关延缓衰老的基因工程均在番茄上首先取得成功，如 *PG*(多聚半乳糖醛酸酶)基因、*ACC*(氨基环丙烷羧酸)氧化酶基因、*ACC* 合成酶基因、*SAM* 水解酶基因、*ACC* 脱氨基酶基因、纤维素酶基因等。迄今为止，应用基因工程调控果实成熟最成功的实践是 *ACC* 合成酶和 *ACC* 氧化酶的反义转基因番茄，并于 1994 年实现商业化。

Oeller 等人(1991)将 *ACC* 合成酶 cDNA 的反义系统导入番茄，转基因果实乙烯合成被抑制 9.5%，不出现呼吸高峰，放置二四个月不变红、不变软，也不形成香气，只有用外源乙烯或丙烯处理，果实才能成熟变软，成熟的果实在质地、色泽、芳香、可压缩性方面与正常果实相同。有趣的是，*ACC* 合成酶基因正向导入番茄后，其转基因果实成熟软化与反义转基因果实一样受到抑制。Pua 等人(1995)应用反义 RNA 技术转移 *ACC* 氧化酶基因，转基因番茄植株果实乙烯合成比对照组下降了 90%，在转色期采收的果实 3 个星期才能变红，而对照组只有 7 d，并且转基因果实一旦变红，并不像正常果实过熟那么快，在室温条件下可放 130 d。2018 年，英国诺丁汉大学 Wang 等人利用 CRISPR-Cas9 编辑了与番茄果实成熟相关的基因 *PL*、*PG2a* 和 *TBG4*，结果表明 *PL* 基因突变的番茄果实比较硬，同时 *PG2a* 和 *TBG4* 基因突变的番茄果实的颜色和重量发生改变，这项研究进一步阐明了这些基因在番茄成熟过程中的作用，为今后开发保质期更长的番茄提供了依据。

表皮蜡质是与环境接触和微生物互作的第一道屏障，在抵御生物和非生物胁迫中发挥重要功能，对果实采后经济价值保持十分重要。柑橘表皮蜡质成分的差异与柑橘采后保鲜期长短密切相关，甚至加速果实衰老，进而给果农带来经济损失。华中农业大学采后研究团队长期从事柑橘果面蜡质的生物学特性及其在绿色保鲜中的应用研究，发现柑橘 *CsMYB96* 可以通过诱导蜡质相关基因的表达参与蜡质生物合成，同时还可以通过抑制 AQPs 表达参与水分运输，以响应并减轻采后水果的水分流失。

4.3.2.2　花卉的贮藏保鲜基因工程

花卉衰老是一个复杂的生理过程，涉及一系列生理生化变化，其中乙烯作为一种植物内源成熟激素，是促使花卉衰老的主要物质，可使花卉呈现不同的衰老性状，如兰科植物、麝香石竹、满天星、金鱼草、百合、石蒜等均对乙烯比较敏感，浓度较低时就已能造成危害。近年来，科学家对控制乙烯合成的基因和衰老过程中基因的表达进行了深入研究，发现 *ACC* 合成酶和 *ACC* 氧化酶是植物乙烯合成过程中的关键性酶，其活性的增强可加速乙烯的大量生成。Woodson 等人（1988）在研究了香石竹花瓣衰老过程中基因表达的调控后发现，乙烯合成酶的 mRNA 丰度与乙烯增加是一致的。而在转化 *ACC* 氧化酶基因的转基因植株中，无论是以正义还是反义序列导入，均可导致花的寿命明显高于野生植株，内源乙烯的积累急剧下降。1995 年，可长久保存的香石竹在澳大利亚获准上市，成为当时唯一上市的转基因切花。Xu 等人（2019）通过农杆菌介导法转化叶片，用 CRISPR-Cas9 系统编辑矮牵牛的乙烯生物合成酶 1-氨基环丙烷-1-羧酸氧化酶 1（ACO1）基因，基因编辑株系中乙烯生成量减少，花期显著延长，该工作为通过基因编辑技术，利用植物乙烯生物合成基因延长花卉的花期提供了实验参考。

4.3.3　基因工程在改良园艺作物其他重要园艺性状中的应用

4.3.3.1　改良园艺植物色泽

色泽是一种复杂性状，花卉的颜色主要由类黄酮、类胡萝卜素、甜菜色素三大类色素决定，还受到色素浓度、液泡的 pH 值等多种因素的影响。近十多年来，人们已从玉米、矮牵牛、金鱼草、香石竹、菊花等植物中分离出了许多与花色调控密切相关的基因，并获得了一批转基因花卉。目前花色修饰主要通过以下几种方式进行：

（1）直接导入色素合成有关酶的基因以诱导色素合成。Meyer 等人将玉米 *DFR* 基因导入矮牵牛 RL01 突变体后，使二氢黄酮醇还原花葵素，转化后的矮牵牛花色由白色变为砖红色，这是世界上第一例基因工程改变矮牵牛花色实验。荷兰 S&G 种子公司将玉米 *DFR* 基因导入矮牵牛之后，将转化株自交，培育出了橙色矮牵牛。用同样的原理，将非洲菊和月季 *DFR* 基因转入矮牵牛，也得到了花色变异植株。

（2）应用反义 RNA 技术抑制色素合成酶基因的表达。这一技术最早是荷兰的 Krol 等人（1988）在矮牵牛上应用获得成功，将红色品种矮牵牛查尔酮合成酶（*CHS*）的 cDNA 与 CaMV 的 35S 启动子反向连接，导入矮牵牛后，*CHS* 基因活性未改变，但其 mRNA 及酶蛋白含量降低，减少了花色素苷的合成，结果获得了白色的工程植株。令人出乎意料的是，该转基因植株还产生了一种新的色素，推测这很可能是该反义基因的表达引起了发育上的调节作用所致。Courtney-Gutterson 等人（1994）通过根癌农杆菌介导转化法，将一个从菊花中分离到的 *CHS* 基因，以反义和正义方向分别导入开粉红色花的菊花中，结果都得到了浅红色和白色花。

（3）利用共抑制。当植物体内的结构基因不止一个拷贝时往往引起转基因花卉内源基因的抑制。邵莉等人将 *CHS* 基因正向导入开紫色花的矮牵牛中，得到了开白花和紫白相间花的转基因株。李艳等人将 *CHSA-UIDA* 融合基因导入矮牵牛中，得到了转基因株，花色发生了明显的改变，共抑制率达 100%。

（4）引入生物合成的转录调控因子。通过将转录调控因子引入花卉中，在原来不产生某种色素的组织中有望发现新的色素的形成，如华中农业大学包满珠等人将 *Cl* 和 *Lc*

基因转入矮牵牛后，部分转基因植株的花冠筒由白色变为粉红色。

(5)利用基因编辑技术对基因组位点的特异性突变促进花色的改变。2020年，韩国汉阳大学的研究人员通过将Cas9-RNP转染原生质体获得了*f3ha*或*f3hb*单基因突变系和*F3H*双突变系，结果发现，只有*f3ha*、*f3hb*双突系的花色变成了粉紫色，而其他株系的花色为与野生型相似的紫罗兰色。

4.3.3.2 改良园艺植物香气

香味是花卉品质的一个重要组成，花的香味基因工程目前还处于起步阶段。花卉香味的代谢物比构成色彩的代谢物更多、对芳香性状的背景了解少等因素造成香味育种的研究进展较慢。法国研究人员利用野生型发根农杆菌转化柠檬天竺葵，发现转化植株中的芳香物质拢牛儿醇含量比对照株增加了3~4倍，其他芳香物质如萜烯酶和桉树脑在转化植株中也有很大增加，这一研究为花卉香味的遗传操作提供了一条途径。通过分子生物学和遗传手段，首先弄清香味物质合成的关键酶，并克隆相关的基因，然后通过适宜的转化方法将香味基因导入其他花卉作物中，培育出颜色艳丽、花大、花型好且具有香味的花卉是未来花卉基因技术育种的一项重要内容。随着一些植物挥发性物质相关的酶基因克隆和植物基因工程技术的发展，采用分子和遗传手段来改变植物挥发性成分和气味组成的研究已经取得一定成果，例如增加或改变花卉等观赏植物的香味，改变蔬菜、水果的风味等。一项由以色列科技部资助的玫瑰基因组计划，正是着眼于此，希望通过遗传和基因工程手段来改良玫瑰品种，引入在培育过程中丢失的"气味"。同时，利用分子农业(molecular farming)方法，引入特定的植物驱避气味，来提高经济作物抗虫、抗病能力，也具有广阔的应用前景。有研究者采用果实成熟期特异表达的E8启动子，将仙女扇S-芳樟醇合成酶(*LIS*)基因转入番茄，成熟的果实合成并释放香气明显的S-芳樟醇和8-羟基芳樟醇，该结果说明利用挥发性物质的基因工程来改变果实风味是可行的。

利用基因工程手段改善果蔬香气的研究才刚刚开始，随着涉及芳香物质合成的关键酶基因的发现，利用相关基因的基因工程调控作物风味合成的潜力是很大的，改良作物风味品质对提高作物市场价值有着重要的作用。

4.3.4 基因工程在提高园艺作物抗性中的应用

4.3.4.1 提高园艺植物抗逆能力

抗寒、抗旱、抗盐碱是园艺作物品种改良的重要目标，目前已从微生物和植物上分离出与这些抗性有关的甜菜碱合成酶基因、调渗蛋白基因(*OSM*)、乙醇脱氢酶基因、脯氨酸合成酶基因(*ProA*)、热激蛋白基因以及鱼类抗冻蛋白基因等抗逆性基因，如High Tower(1991)利用农杆菌将比目鱼体内的抗冻蛋白(*AFP*)基因转入番茄，这种转基因番茄的组织提取液在冰冻条件下能有效地阻止冰晶的增长，抗冻能力明显提高，这是首例由基因工程提高番茄抗逆性成功的报道。2021年，来自印度的研究人员创制了含有拟南芥转录因子脱水反应元件结合(DREB)蛋白1A(AtDREB1a)的转基因鹰嘴豆系，研究结果表明，与非转基因对照相比，转基因鹰嘴豆在极端干旱条件下表现出更高的相对含水量、更长的叶绿素保持能力和更高的渗透调节能力。在果树的抗逆研究中，西北农林科技大学苹果团队发掘出了一批抗逆资源和相关基因，阐明了苹果抗旱和高水分利用效率的生物学机制，建立了苹果抗逆优质高效育种体系，开发了抗旱SNP标记，获得了一批抗逆优质新品种、新优系和新种质。沈阳农业大学张志宏团队研究发现苹果中 NAC 调控因子家族中重要成员 SND1 在苹果抗逆中发挥重要的作用。近年来，华中农业大学抗逆研究团队在柑橘胁迫应答基因的转录调控领域取得多项创新性的研究成果。此前，该团队还解析了逆境胁迫下多胺、脯氨酸积累的分子机制，揭示了转录因子调控抗氧化酶及糖代谢基因参与胁迫应答的转录调控网络。

4.3.4.2 提高园艺植物抗病虫能力

园艺作物病害主要由病毒及类病毒、真菌和细菌引起。柑橘溃疡病严重影响世界柑橘产业的健康发展。发掘抗病相关基因，解析其作用机制可为柑橘抗溃疡病分子育种提供重要基因资源和理论依据。西南大学和中国农业科学院柑桔研究所研究团队阐明了一系列基因如 *CsWAKL08*、*CsPrx25*、*CsLOB1* 如何提高柑橘对溃疡病的抗性机制。柑橘黄龙病(HLB)是由韧皮部革兰氏阴性细菌引起的世界柑橘产业上的重要病害，所有柑橘品种都可能受到 HLB 病原菌(CLas)的侵害，目前尚未发现具有 HLB 抗性的柑橘品种。2018 年，美国加州大学河滨分校与加州大学戴维斯分校合作研究 HLB 的发病机制，研究结果发现柑橘木瓜蛋白酶样半胱氨酸蛋白酶(PLCP)在 CLas 侵染的柑橘植株中积累增加，表明该基因参与了柑橘的防御反应。2020 年，美国佛罗里达大学科研团队鉴定了一个从耐 HLB 的澳大利亚指橙中发现的热稳定抗菌肽 MaSAMP，它既能杀死 CLas，又能诱导植物免疫，是控制 HLB 的潜在突破。

来自苏云金杆菌的 *Bt* 蛋白基因等则成为园艺植物抗虫基因中应用最广和最具潜力的基因。1987 年比利时科学家获得第一例转 *Bt* 基因杀虫烟草，*Bt* 基因的转化使园艺植物增强了对鳞翅目害虫幼虫及食草害虫的抗性。已获得的转 *Bt* 基因的园艺作物种类有辣椒、青花菜、苹果等。James 等人(1989)通过土壤根癌农杆菌介导，以叶片为外植体，获得了世界首例转基因苹果也就是导入 *Bt* 基因的抗虫苹果。英国科学家从雪花莲中克隆出了雪花莲凝集素基因，它对稻飞虱、叶蝉、蚜虫等害虫有毒性作用，表现出良好的杀伤力。现该基因已作为抗虫基因在其他植物上转化。

拓展阅读

两次获得诺贝尔奖的人

一个人一生能获得一次诺贝尔奖可算得上是功成名就，是相当难能可贵的一件事情。能两次获得诺贝尔奖的人那算得上是凤毛麟角，是科学达人。

这样的"达人"全世界只有数得着的几位：

波兰裔法国女物理学家、化学家居里夫人，因发现放射性物质，发现并提炼出镭和钋荣获 1903 年诺贝尔物理学奖和 1911 年诺贝尔化学奖。

美国物理学家巴丁因发明世界上第一支晶体管和提出超导微观理论分获 1956 年和 1972 年诺贝尔物理学奖。

4.4　林木的基因工程

林木遗传转化研究始于 20 世纪 80 年代中期，目前，国际上已获得转基因树种达 20 余种，包括毛果杨×美洲黑杨、白云杉、火炬松、兴安落叶松、花旗松等，而林木的基因工程主要集中在抗病基因工程、抗虫基因工程、抗除草剂基因工程、抗逆基因工程、品质改良基因工程等方面。

4.4.1　基因工程在林木品质改良中的应用

与林木品质相关的性状有木材纹理、木质素含量等，其中，以与纸浆产量和质量有关的木质素合成基因的研究最为系统。木质素是地球上仅次于煤炭、石油、天然气的第四大能源——生物质能源的来源之一，是仅次于纤维素的丰富的天然有机资源，林木木质素占木材干重的 15％～36％，在植物体机械支持、水分运输及其病虫害防御中具有重要作用。另一方面，以木材为纤维原料用于造纸时，木质素是影响纸浆产量和质量的一个重要因素。因此，木质素的遗传改良对于提高纸浆得率和质量、降低造纸经济成本以及环境保护，都具有重要意义。由于林木种内木质素含量变异小并且变异受环境条件影响大，利用常规育种方法很难对这一性状进行有效的定向改良。近十几年来，木质素生物合成途径中的许多重要酶及其编码基因的调控，已成为利用转基因植物来改良木质素含量和组成的研究热点。4CL（4-香豆酸-连接酶 CoA）是木质素生物合成途径的核心酶之一，在木质素生物合成途径中处于终端位置。研究者利用农杆菌介导法将反义 *4CL* 基因和正义 *F5H* 基因同时导入美洲山杨中，转基因植株表现为木质素含量减少。2019 年，中国科学院上海生命科学研究院植物生理生态研究所研究团队在杨树中鉴定到了一个木质素生物合成相关的转录因子 *LTF1*，该转录因子能够结合到 4CL 的启动子区，*LTF1* 处于未磷酸化状态时会抑制木质素的生物合成，当植物受到诸如创伤等外部刺激后，*LTF1* 会被 *PdMPK6* 磷酸化，进一步通过蛋白酶体途径被降解，从而激活木质化。

油菜素甾醇是一类非常重要的植物激素，在植物的生长、繁殖和应对非生物、生物胁迫中起着关键作用。鲁东大学 Jin 等人（2017）对杨树油菜素甾醇合成关键酶基因 *PtCYP85A3* 进行研究，发现 *PtCYP85A3* 的表达能够恢复拟南芥和番茄突变体的生长迟缓表型，转基因杨树的植株高度和茎干直径也显著增加。进一步分析发现，*PtCYP85A3* 的过表达增强了转基因杨树木质部的形成，而不会影响纤维素和木质素的组成以及细胞壁厚度，这些结果表明，*PtCYP85A3* 可作为一种改造速生林的潜在候选基因，以提升林木生产效率。

4.4.2 基因工程在林木缩短花期中的应用

近年来，随着国内外转基因研究与产业化的发展，转基因杨树环境释放面积迅速增加，仅我国抗食叶害虫转基因欧洲黑杨目前的栽培面积就已经达到 6 000 亩。由于杨树分布广泛，生殖年限较长，花粉量大，花粉传播距离远，转基因杨树花粉传播所引起的基因污染等生物安全问题日益严重，已经引起了全世界的广泛关注。对杨树开花进行调控可以从根本上解决转基因杨树花粉传播所引起的基因污染等问题。另外，对杨树开花进行调控还可以有效地缩短传统杂交育种周期，同时，还能够通过延迟成龄树开花而增加木材产量，因此在分子水平上全面了解杨树花发育过程成为林木遗传育种研究领域的新课题。杨树作为多年生林木基因工程的模式树种，对其花发育的深入研究还将有助于揭示其他多年生木本植物花发育分子机理。

研究者主要通过遗传转化的方法将与花发育相关的基因导入杨树，使基因超表达，从而达到使转基因植株提早开花，极大地缩短育种周期的目的。1995 年，Weigel 和 Nilsson 将拟南芥 LEAFY 基因转入杂种杨（P. tremula×P. tremuloides），从而使转基因植株的花期明显提前。这是应用花发育相关基因进行杨树开花调控的首次报道。随后，研究者致力于采用杨树自身花发育相关基因促进杨树提早开花。Rottmann 等人（2000）将毛果杨（P. trichocarpa）中的 LFY 同源基因 PTLF 转入杨树，使 35S：PTLF 转基因杨树株系表现出早花的性状。Hsu 等人（2006）将美洲黑杨的拟南芥 FT 同源基因 FT2 转入杨树幼树中，使其在 1 年内开花。Bohlenius 等人（2006）将毛果杨的 FT 基因的同源基因 PtFT1 转入杂种杨中，4 周后农杆菌侵染的茎段即出现花状结构，PtFT1 表达量稍弱的植株 6 个月就可以形成正常的雌花和雄花。另一方面，杨树良种大多为雌株，在达到性成熟年龄后，每年春季会产生大量飞絮，引发越来越多的社会关注，严重制约了杨树产业的发展。2020 年，南京林业大学杨树团队，以美洲黑杨为研究材料构建了大规模的遗传群体，对性别决定基因在基因组中的位置进行了精细定位，鉴定出雌花特异表达基因 FERR 和 Y 染色体特异片段 MSL 两个基因，为培育不飞絮、少花粉的美洲黑杨新品种提供了原创性成果。

4.4.3 基因工程在林木生物胁迫中的应用

4.4.3.1 抗病基因工程

迄今为止，植物抗病基因工程大多采用的也是农杆菌介导的遗传转化策略，根据树木感染的是病毒、细菌或真菌病害不同而采取不同的方法。其中，抗病基因工程所选用的目的基因主要有病毒病害基因，如卫星 RNA、外壳蛋白基因、反义 RNA、PR 蛋白基因、中和抗体基因、弱毒株系、干扰素基因等；抗细菌病害基因，如抗菌肽基因、溶菌酶基因、黄酮合成酶基因和过氧化物酶基因等；抗真菌病害基因，如几丁质酶基因和角质酶基因。溃疡病、叶锈病、黑斑病等细菌和真菌病害对于杨树的生长危害极大，如何提高杨树的抗菌能力对于杨树的生产造林极其重要。2014 年中国科学院西北高原生物研究所研究团队通过全基因组分析和数字表达谱筛选得到可以显著提高杨树对溃疡病抗性的 PtrWRKY89 转录因子。2017 年，西南大学生命科学学院植物学团队鉴定到一个受真菌诱导表达的转录因子 $MYB115$，该转录因子通过调控原花色素（单宁）的合成代谢增强转基因杨树的真菌病抗性。

4.4.3.2　抗虫基因工程

林木抗虫分子育种首先要解决的关键问题是如何获得高效的抗虫基因。林木抗虫分子育种研究的基因主要有苏云金杆菌毒蛋白(Bt 毒蛋白)基因、蛋白酶抑制剂基因等。1991 年 Mcown 等人利用电击法将抗虫 Bt 基因导入银白杨与大齿杨、欧洲黑杨与毛果杨的杂种，并获得抗虫转基因植株；美国威斯康星大学麦迪逊分校成功地将抗虫 Bt 基因、蛋白酶抑制剂基因(CPTⅠ)导入白云杉中，有效地防止了卷叶蛾的危害。1993 年—1997 年，中国林业科学研究院与中国科学院合作将 Bt 基因导入欧洲黑杨、欧美杨和美洲黑杨，获得对舞毒蛾有毒杀作用的杨树转化再生植株，并进入田间测定，为解决杨树人工林的大面积虫害问题创造了条件。

4.4.4　基因工程在林木非生物胁迫中的应用

干旱、极端温度、盐害和活性氧毒害是限制林木生长发育的重要因素，能引起林木形态、生理、生化和分子水平等一系列的变化。目前林木抗逆基因工程方面的研究主要建立在特定胁迫应答基因的表达上。这些非生物胁迫基因工程中所用的目的基因主要分为两类：①直接对逆境胁迫产生应答的基因；②在逆境条件下调控基因表达和信号转导的基因。2018 年，北京林业大学生物科学与技术学院林木育种国家工程实验室研究团队在胡杨($Populus\ euphratica$)中发现一种泛素 E3 连接酶基因 $PeCHYR1$，该基因 $PeCHYR1$ 通过 ABA 介导的气孔关闭以增强转基因杨树的抗旱性。2020 年，华中农业大学植物科学技术学院生物质能团队首次揭示了杨树延伸因子复合体成员 PtKTI12 参与 tRNA 摆动碱基 ncm5U 等修饰核苷合成和调节杨树抗旱的作用，研究拓展了目前人们对高等植物 tRNA 核苷修饰基因功能以及植物逆境胁迫响应机制的理解，同时也为林木抗旱品种选育提供新的策略。

总之，植物基因工程作为育种工作的一个重要手段，开拓了植物功能基因研究领域，使人们以自己的意愿对作物进行定向改良的愿望成为现实，给作物育种工作开辟了崭新的途径。随着基因工程技术的飞速发展，新基因的挖掘和转基因技术手段的不断完善，对多个基因进行定向操作也将成为可能，有望出现集高产、优质、高效、抗病虫和抗逆等特性于一身的作物新品种。同时，随着转基因技术日趋成熟，转基因作物已经由实验室走向大田，由此而来的问题是转基因作物对人类赖以生存的生态环境的影响、转基因作物生产的食品对人类健康的影响，这些问题都引起了世界范围内的关于"生物安全"的讨论。因此，对于转基因植物的安全性评价和管理同样不容忽视。只有不断地加强理论研究和科学管理，才能使这项技术具备可控性，更好地应用于实际。

思　考　题

1. 简述植物转基因的方法及其优缺点。

2. 叙述农杆菌介导法进行植物遗传转化的过程。

3. 什么是反义 RNA 技术？什么是病毒诱导的基因沉默？

4. 什么是植物生物反应器？简述转基因植物作为生物反应器的优势。

5. 列举目前比较成熟的植物生物反应器的实例。

6. 简述基因工程在大田作物品质改良中的应用。

7. 设计延缓果实衰老的基因工程方案。

8. 简述园艺植物花色改良的途径。

9. 简述林木抗病基因工程的应用。

10. 简述我国林木基因工程研究的关键领域。

5　畜牧业、养殖业中的基因工程

动物基因工程技术是 20 世纪 80 年代初发展起来的一项现代生物技术,是常规基因工程技术在研究层次上的拓展和延伸。动物基因工程就是利用基因工程人为地改造动物的遗传性状的技术体系,它的具体应用就是生产转基因动物。转基因动物指把人或哺乳动物的某种基因导入哺乳动物(如鼠、兔、羊和猪)的受精卵里,目的基因若与受精卵染色体 DNA 整合,细胞分裂时,该基因随染色体的倍增而倍增,使每个细胞中都带有目的基因,使性状得以表达,并稳定地遗传给后代,从而获得基因产品。近几十年,转基因动物技术飞速发展,转基因兔、转基因猪、转基因牛、转基因鸡、转基因鱼等陆续育成。转基因动物技术已广泛应用于生物学、医学、药学、畜牧学等研究领域,并取得了许多有价值的研究成果。

5.1　转基因动物技术

转基因动物技术是指利用 DNA 重组技术、基因突变技术、基因导入技术和基因表达技术等基因工程方法,将人工提取的 DNA 在体外切割、拼接和重组,然后通过适当载体导入动物细胞内,使这种外源基因与动物本身的染色体整合在一起,随着细胞的分裂而复制和表达,从而定向地产生人类所需的生物产品或得到能够稳定遗传的具有优良新性状的动物。

自 Palmiter(1982)首次将金属巯基蛋白启动子和大鼠生长激素基因拼接成的融合基因转入小鼠的受精卵并成功表达后,转基因动物技术作为生物技术的一个重要分支,在发育生物学、基因的功能与表达调控、病理模型、抗药性研究、细胞生理、免疫学、繁殖内分泌学和营养学等方面显示出其重要意义和诱人前景。

5.1.1　转基因动物的操作流程

转基因动物的制备和培育借助基因工程和动物干细胞工程的技术原理,流程如图 5-1 所示。

5.1.1.1　目的基因的获取

目前已有多种方法可以获得目的基因。对于已知序列,可采用化学合成、核酸杂交、PCR 筛选、免疫学筛选以及应用 mRNA 逆转录合成 cDNA 的方法等;而对于未知序列则相对麻烦,可采用 RACE、染色体步移、杂交捕捉和释放、mRNA 差异显示和限制性标志 cDNA 扫描等方法。此后通过特定的酶对获得的 DNA 进行切割重组,即可直接或借助适当的载体转入动物细胞。

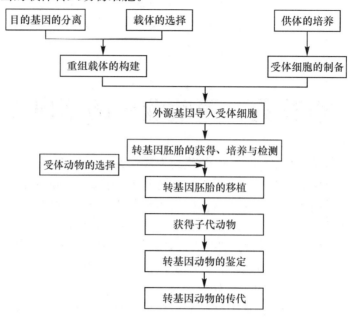

图 5-1　转基因动物的操作流程

5.1.1.2　转基因的动物受体细胞系统

高等哺乳动物细胞的基因转化效率较低，欲获得足够数量的转化株，就必须选择来源丰富的起始受体细胞，因此，在培养基中能无限制生长的哺乳动物细胞系通常用于基因转化实验。然而绝大多数动物组织的细胞在培养基中的生长具有平面接触抑制特性，只有来自肿瘤组织的永生性细胞系才能摆脱正常生长的限制。肿瘤细胞系不仅能在化学成分确定的培养基中无限制生长，而且生长速度较快，通常一天内增殖一倍。但是肿瘤细胞的生理特性有时与正常细胞并不相同，因此必须选择那些与正常细胞生理特性尽可能接近的肿瘤细胞系作为转基因的受体。

5.1.1.3　目的基因的导入

为了使外源基因得到正确的表达，需将目的基因或重组 DNA 分子引入合适的受体细胞。根据受体细胞和目的产品的不同，外源基因的导入方法也不尽相同。本节将在下一部分详细介绍。

5.1.1.4　重组胚的检测

转入动物细胞的外源基因有很大一部分会被降解或游离于宿主细胞，这些游离于宿主细胞的外源基因虽然能够表达产生蛋白质，但是在细胞增殖过程中会丢失，只有极少数整合到宿主细胞染色体上的基因能够稳定遗传。外源基因的位置效应、表观遗传学修饰和遗传效率都对其在转基因动物中遗传和表达的稳定性有着非常重要的影响，而这三个因素又由外源基因整合位点决定。如果能通过序列比对、位点"捕获"和序列特征分析等方法，在宿主基因组中获得易于外源基因整合，且能使外源基因稳定遗传和表达的位点，就可以通过定向打靶的方法使外源基因插入该位点，从而得到外源基因能够稳定遗传和表达的转基因动物品系。

目前，对转基因重组胚的检测技术主要有 DNA 水平、RNA 水平和表达水平三个检测水平。外源基因 DNA 水平的检测可通过 PCR 技术、Southern 印迹杂交、荧光原位杂交(florescence *in-situ* hybridization，FISH)等技术检测重组基因的序列、拷贝数和整合位点等。检测外源基因 RNA 的方法主要有 Northern 印迹杂交、逆转录 PCR (RT-PCR)和 RNA 斑点杂交(RNA dot)等。其中 Northern 印迹杂交的操作比较烦琐，当外源基因与动物本身基因同源性高时，检测效果通常不理想；而 RT-PCR 因其高精度、节约样品，且能同时分析多个不同基因的转录情况的优点，成为目前 RNA 定量检测中较为常用的方法。蛋白质水平的检测方法主要有 Western 印迹法和酶联免疫吸附法(enzyme-linked immuno sorbent assay，ELISA)。当转基因产品的化学成分与非转基因产品差异显著时，也可借助色谱、质谱等技术对转基因蛋白进行分析鉴定。

5.1.1.5 转基因重组胚胎的移植

胚胎移植(embryo transfer，ET)又称受精卵移植，是指借助一定器械，将一头雌性动物的早期胚胎，或者通过体外受精及其他方式得到的胚胎，移植到另一头处于相同生理阶段的雌性动物体内，使之继续发育为新个体的技术。其中提供胚胎的动物称为供体，而接受胚胎代孕的动物称为受体。通过胚胎移植所产生的后代，其基因型取决于供体雌性和与之交配的雄性，但受体也会影响后代的体质发育。

胚胎移植要求被移植的胚胎前后所处的环境具有同一性，即供体和受体为同一物种或亲缘关系接近，处于相同的生理周期，且采集胚胎的部位及移植到的部位需相似。用于胚胎移植的胚胎应在黄体退化之前进行，一般在供体发情期配种后 3 d～8 d 内采集为宜。采集到的胚胎还要经过专业鉴定，确认发育正常才能进行移植。

5.1.1.6 转基因动物的鉴定

检测转基因动物的遗传稳定性，可采用指纹图谱检测技术。它是一类操作方便、快速准确、受环境影响较小的能够鉴别生物个体之间差异的电泳图谱，适合于亲子代之间遗传差异性的鉴定工作。目前在品种鉴定中应用较多的指纹图谱主要有两种：一种是较早开始研究的生化指纹图谱，包括同工酶电泳指纹图谱和蛋白电泳指纹图谱；另一种是 20 世纪 90 年代之后发展起来的 DNA 指纹图谱。目前应用于生物品种鉴定的主要有 RFLP、RAPD、SSR 和 AFLP 四项技术，这些技术的体系成熟、简捷，有较强的可操作性。

欧洲经济发展合作组织(OECD)于 1993 年提出了包括转基因动物在内的转基因食品评价原则——实质等同性(substantial equivalence)原则。对于转基因动物而言的"实质等同性"是指转基因动物除表现出外源基因表达蛋白的性状外，其他生物学特性都要与受体动物相同。转基因动物整体水平的观察包括从遗传学上对动物的整体水平进行生物学特性研究，如生长速度、繁殖周期、生理生化指标和行为学研究等，以及对转基因动物的器官、组织细胞的结构和功能方面的分析。形态学分析也是动物整体水平研究的方向之一，可为研究基因型改变提供数据，为转基因动物鉴定提供参考。

5.1.2 外源基因导入动物细胞的方法

动物细胞接受外源基因的方法一般分为物理方法、化学方法和生物学方法三种，同时又可分为暂时性转染和永久性转染。

暂时性转染：将带有目的基因的载体 DNA 转录为 mRNA 后翻译成蛋白质，并不进入细胞基因组。暂时性转染的目的是分析转移基因的暂时转录或表达，一般在转染后 1 d～4 d 进行。电穿孔法、DEAE-葡聚糖法、磷酸钙—DNA 共沉淀法、脂质体载体包埋法均为暂时转染的方法。它们有各自适用的细胞系，其在摄取和表达外源 DNA 的能力上可能存在几个数量级的差异。

永久性转染：亦称稳定性转染，指外源基因能够整合进动物细胞的染色体 DNA 上，随之分裂增殖，从而形成稳定表达转移基因的细胞系。一般需要共转染一个选择标记，用于追踪转染成功的细胞或转染效率。

5.1.2.1 物理方法

一般指电穿孔法，即利用脉冲电场提高细胞质膜通透性，形成纳米级微孔，从而使外源 DNA 转移至细胞中。其基本操作程序是：将受体细胞悬浮于含有待转化 DNA 的溶液中，在电击池两端加以短暂的脉冲电场，外源 DNA 可直接进入细胞。此法简单高效，广泛应用于暂时性转染。

5.1.2.2 化学方法

通过改变细胞质膜的通透性或者增加 DNA 与细胞的吸附而实现基因的转移。

1) DEAE-葡聚糖法

最早的动物细胞转化方法是将外源 DNA 片段与 DEAE-葡聚糖等高分子碳水化合物混合，此时 DNA 链上带负电荷的磷酸骨架便吸附在 DEAE 的正电荷基团上，形成含 DNA 的大颗粒。后者黏附于受体细胞表面，并通过其胞饮作用进入细胞内。此法转化效率低。

2) 磷酸钙—DNA 共沉淀法

受二价金属离子能促进细菌细胞吸收外源 DNA 的启发，人们发展了简便有效的磷酸钙共沉淀转化方法。核酸以磷酸钙—DNA 共沉淀物的形式出现时，可使 DNA 附在细胞表面，利于细胞吞入摄取，或通过细胞膜脂相收缩时裂开的空隙进入细胞内，进入细胞的 DNA 仅有 1%～5% 可以进入细胞核中，其中仅有约 1% 的 DNA 可以与细胞 DNA 整合，在细胞中进行稳定表达，基因转导的频率大约为 10^{-4}。这项技术能用于任何 DNA 导入哺乳类动物进行暂时性表达或长期转化的研究，是贴壁细胞转染最常用且首选的方法。

3) 脂质体载体包埋法

利用脂质体的磷脂双分子层结构与细胞膜的相似性，将需转移的外源核酸包埋于其中，后者在表面活性剂存在的条件下形成包埋水相核酸的脂质体结构，加入细胞培养液中与受体细胞质膜发生融合，使核酸片段随机进入细胞质与细胞核中（如图 5-2 所示）。此法转化效率较高。

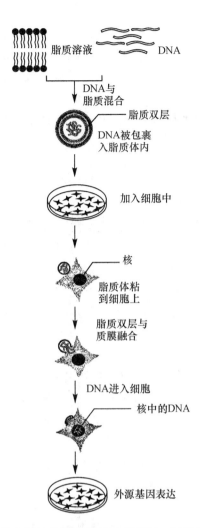

图 5-2　脂质体介导的基因转移(引自张惠展:《基因工程》,2010)

5.1.2.3　生物学方法

1) 显微注射法

受精卵显微注射是目前最常用的动物转基因的经典方式,是一种在显微镜下操作的微量注射技术,可直接把重组过的 DNA 注入受精卵的原核中。

在进行显微注射操作之前,首先用促性腺激素促使雌性动物卵巢里大量卵泡成熟并在预期的时间超数排卵以得到大量刚受精的单细胞胚胎。将获得的单细胞胚胎稍离心后,移到倒置显微镜的微量注射台上,用固定吸量管固定住,用口径 1 μm 玻璃注射针向细胞核注入 500～600 拷贝基因。注射针依序穿过透明带、受精卵细胞膜(zygote membrane)及雄原核膜(male pronucleus membrane)将 DNA 注入,注入时可以见到原核膨大。这些操作中所使用的微量注射针是用毛细管拉针器来制作的,先将玻璃毛细管加热到其熔化的温度,再将其拉制成所需的合适大小的直径和锥形,微量移液管小头的口径与纤维操纵器的高精度相关,它可以用于精准的移液。完成 DNA 注射之后,将胚胎移植到另一头处于相同性周期的雌性动物体内。

显微注射法的优点是转入外源基因没有长度上的限制，目前已证明数百 kb 的 DNA 片段均可以成功得到纯系的转基因动物。但是显微注射的效率不高，往往后代中只有 1‰～3‰ 的转基因动物，而且涉及的设备精密而昂贵，操作步骤复杂，操作技术需要长时间的练习，且每次只能注射有限的细胞。以小鼠受精卵雄原核的显微注射为例，固定吸管的内、外径分别为 30 μm、80 μm 是较为合适的，显微注射针自针尖起 20 μm 处的外径为 4 μm 时，可获得良好的转染效率。固定吸管的内径如果太小，会导致吸力不足，对受精卵操控不易；如太大，则受精卵易受伤害，影响胚胎的存活率。显微注射针尖如果太粗，则易导致插入透明带及原核的阻力增加，且 DNA 流量过多，受精卵易于裂解；太细则易导致针内 DNA 流出速率过慢，且易阻塞，而使 DNA 无法顺利流入原核内，影响注射效率。因此进行受精卵雄原核的显微注射时，如何制备适用于固定受精卵的吸管及显微注射针是关乎转基因效率极其重要的因素。而且，外源基因在染色体上的整合位置是随机的，易导致插入位点附近的宿主 DNA 大片段缺失及重组突变，插入的外源基因本身也易发生甲基化，导致基因沉默或低表达，造成动物的生理缺陷。某些外源基因的表达程度受到个体细胞的正常调节机制控制，具有一定的组织特异性。

2）逆转录病毒感染法

如图 5-3 所示，逆转录病毒感染法是以逆转录病毒作载体，利用其 RNA 进入细胞后反转录出 DNA 并整合到宿主细胞的基因组中成为原病毒的特点，把重组的逆转录病毒载体 DNA 包装成高滴度病毒颗粒，感染发育早期的胚胎，将外源基因导入宿主的染色体内的方法。逆转录病毒 DNA 的长末端重复序列(LTR)区域具有转录启动子活性，可将外源基因连接到 LTR 下部进行重组，使之包装成为高滴度病毒颗粒直接感染受精卵或显微注射入囊胚，将外源基因整合在宿主细胞染色体上。

这一方法的优点是：宿主范围广；操作简单，可通过注射将重组病毒转移到囊胚腔内，也可将去透明带的胚胎与分泌重组病毒颗粒的细胞共培养，这样就避免了注射对细胞造成的损伤；重组逆转录病毒可同时感染大量胚胎，感染后的整合率以及胚胎成活率高；外源 DNA 在受体细胞基因组中的整合通常是单拷贝的；不需要昂贵的显微注射设备。但也有其局限性：由于病毒衣壳蛋白大小有限，限制了被导入的外源 DNA 的大小，一般不超过 15 kb。此外，重组逆转录病毒的长末端容易甲基化或缺失，影响外源基因的表达。

3）精子载体导入法

精子介导的基因转移是把精子作适当处理后，使其具有携带外源基因的能力。然后，用携带有外源基因的精子给发情母畜授精。在母畜所生的后代中，就有一定比例的动物是整合外源基因的转基因动物。这一方法的独特步骤包括：①外源目的基因导入精子。可通过 DNA 与精子共育法、电穿孔导入法、脂质体转染法等方法实现。②被导入外源目的基因的精子与卵子授精。方法有人工授精、壶腹部手术授精、体外授精等。同显微注射方法相比，精子介导的基因转移有两个优点：首先，它的成本很低，只有显微注射法成本的 1/10。其次，由于它不涉及对动物进行处理，因此可以用生产牛群或羊群进行实验，以保证每次实验都能够获得成功。

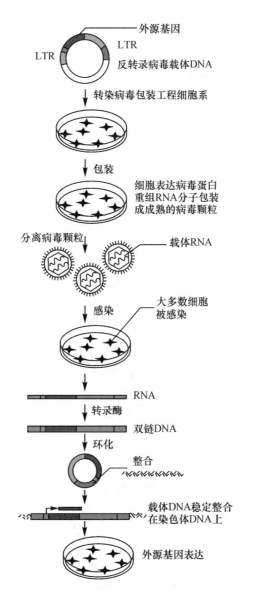

图 5-3　反转录病毒载体参与的外源基因表达程序(引自张惠展:《基因工程》,2010)

4) 胚胎干细胞介导法

胚胎干细胞(embryonic stem cell,ES)是从早期胚胎内细胞团分离出来的,能在体外培养一种高度未分化的多发育潜能的细胞。它与早期胚胎聚集,或被注射到胚胎后,能参与宿主胚胎的发育,形成包括生殖细胞在内的所有组织;它也可以在体外进行人工培养、扩增,以克隆形式保存,因此,将外源目的基因导入 ES 细胞,再移入胚泡期的宿主胚胎,最后将宿主胚胎移植到假孕母鼠子宫内,便可获得由胚胎干细胞介导的转基因动物。

以小鼠为例,如图 5-4 所示,大致过程如下:

(1)分离培养 ES 细胞。从确认受精后 3.5 d 母鼠体内取胚胎,胚胎培养 4 d～6 d后,分离出内细胞团。然后经胰蛋白酶处理,从中分离出 ES 细胞,并克隆 ES 细胞。

(2)ES 细胞基因操作。首先构建特定的外源目的基因载体,再通过电穿孔、显微注射、磷酸钙—DNA 共沉淀、逆转录病毒感染等方法，将外源目的基因导入 ES 细胞。

（3）获取囊胚期胚胎，以作为 ES 细胞的移植受体。

（4）通过显微操作将 ES 细胞注射到囊胚期胚胎的囊胚腔内，形成嵌合体。

（5）将注射过 ES 细胞的胚胎移植到交配后 3 d 的假孕母鼠子宫内，培育出转基因小鼠。

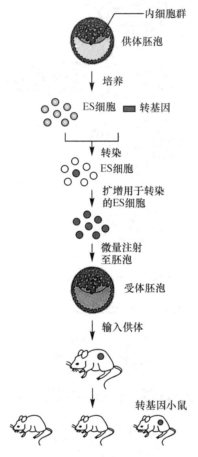

图 5-4　小鼠胚胎干细胞（ES 细胞）基因转化方法（引自张惠展：《基因工程》，2010）

其优点是：在将胚胎干细胞植入胚胎前，可以在体外选择一个特殊的基因型；用外源 DNA 转换以后，胚胎干细胞可以被克隆，继而可以筛选含有整合外源 DNA 的细胞用于细胞融合，由此可以得到很多遗传上相同的转基因动物。缺点就是许多嵌合体转基因动物生殖细胞内不含有所转的目的基因。

目前，胚胎干细胞介导法在小鼠上应用比较成熟，在大动物上应用较晚。Evans 等人（1981）用不同培养系统从小鼠囊胚的内细胞团分离并建立了多潜能干细胞克隆系；Stice 和 Strelchenko 等人（1996）获得了牛的胚胎干细胞。

5）体细胞核移植法

1997 年，英国 PPL 公司的 Scknieke 与 Roslin 研究所的 Wilmut 等人联手，首次建立这一技术，并获得 3 只人凝血因子 IX 基因和新霉素抗性基因的转基因克隆绵羊，取名为波莉（Polly）。该方法技术流程是先把外源基因整合到供体细胞上，然后将供体细胞的细胞核移植到去核卵母细胞，组成重构胚胎，再把其移植到假孕母体，待其妊娠、分娩后便可得到转基因的克隆羊。对转基因羊，体细胞核移植法最大的优点是可以节约大量动物，使大量胚胎操作变成细胞操作。

6) 受体介导的基因转移

受体介导的基因转移是利用细胞表面存在的特异性受体介导的内吞作用，将偶联了受体特异性配基的 DNA 结合分子与 DNA 形成可溶性复合物内在化而进入细胞，从而实现基因的定向转移与表达的一种基因转移策略。配体与目的基因的连接，一般是先通过加入化学物质使配体与多聚赖氨酸等多聚阳离子形成共价连接，然后与含有目的基因的质粒以适当的比例在室温下混合。带负电荷的质粒 DNA 与多聚阳离子形成牢固而稳定的静电结合。这种结合方式对 DNA 的表达影响较小，结合后的配体—多聚阳离子—DNA 复合物呈可溶性，进入细胞后形成囊泡，最终与溶酶体融合。囊泡膜破裂从而使 DNA 进入细胞质，再进入细胞核内进行基因表达。

与病毒载体相比，受体介导的基因转移可携带的外源基因片段大，毒性小，不易发生突变，制备、贮存及质量控制较易，特异强且可实现直接定向转移基因。

5.2 家畜的基因工程

转基因哺乳动物自 20 世纪 80 年代诞生以来，一直是生命科学研究和讨论的热点。1985 年，世界上首次报道了包括兔、绵羊、猪等转基因家畜的诞生。利用分子生物学技术来改良畜禽品种是一门新型学科，主要包括以转基因技术为基础的转基因育种和以基因组分析为基础的基因组育种两大研究领域。人们利用转基因技术培育抗病品系，提高畜禽生产性能，利用转基因动物作为生物反应器生产人用药物和疫苗，或作为人类器官移植的供体，在农业和医药领域取得了令人瞩目的研究成果，为人类的生产、生活实践提供方便。根据英、美等西方发达国家和联合国粮农组织的预测，21 世纪全球畜牧业 90% 的畜禽品种都将通过分子育种提供。

5.2.1 基因工程在家畜品种改良和人用器官移植中的应用

家畜作为与人的生活关系最为紧密的动物，其产品产量和自身健康水平的快速提高一直被人们密切关注。动物转基因技术的发展和完善，使转基因家畜在农业育种及人类医学领域的研究应用前景诱人。

5.2.1.1 转基因家畜的品种改良

转基因家畜的品种改良主要包括提高其生产性能和改善产品品质。

1) 提高家畜生产性能

生长激素(growth hormone，GH)是调节正常生长和肌肉发育的主要激素之一，能促进葡萄糖吸收、核酸与蛋白质的合成以及脂肪的分解，在动物的生长发育过程中有着重要的生理功能，其最明显的作用是促进动物生长。生长激素是由脑垂体前叶分泌的约 190 个氨基酸的肽类激素，属于内源激素。但外源生长激素能显著改善家畜生长速度、胴体品质和生长效率，同时减少饲料消耗和脂肪沉积。以家猪为例，转 GH 基因一般可使猪生长速度提高 15%～20%，从而显著缩短生产周期，提高经济效益。类

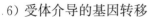

胰岛素样生长因子1(IGF1)构建转基因猪也可以加快猪的生长速度,减少脂肪,提高瘦肉率。而 *ESR* 和 *FSHβ* 亚基基因可显著提高母猪的总产仔数和活仔率。但这些转基因猪在生产性状提高的同时,也易发生如关节病、肾病及生殖能力丧失等问题。

2) 改善产品品质

通过转基因技术可以改变家畜肉质组成,改变肌肉中脂肪的种类及含量。多聚不饱和脂肪酸是哺乳动物体内必需但不能自身合成的必需脂肪酸,分为 ω-6 多聚不饱和脂肪酸(ω-6 PUFAs)和 ω-3 多聚不饱和脂肪酸(ω-3 PUFAs)两种类型。ω-6 PUFAs 在自然界中含量丰富,而被证实在减少心血管疾病、关节炎的发生以及抑制肿瘤方面具有一定作用的 ω-3 PUFAs 含量较少。ω-3 多聚不饱和脂肪酸脱氢酶(sFat-1)能以 ω-6 PUFAs 为底物催化反应生成 ω-3 PUFAs,利用转基因技术在家畜基因组中导入 *sFat-1* 基因,提高家畜肉中 ω-3 PUFAs 含量,既能提高其营养价值,又能提高肉的嫩度和风味。

5.2.1.2 转基因家畜的构建

以转猪生长激素(porcine growth hormonc,*pGH*)基因种猪为例,转基因家畜构建的大致方法如下:

(1)目的基因的提取。取新鲜猪脑垂体组织,按照总 RNA 提取试剂盒说明书提取脑垂体组织总 RNA。

(2)引物设计。参照 GenBank 中 *pGH* 基因序列应用 Primer5.0 基因分析软件分别设计上、下游引物,同时引入适当的酶切位点。

(3)PCR 扩增。以提取的脑垂体总 RNA 为模板,按一步法 RT-PCR 试剂盒说明书扩增目的基因并将产物进行琼脂糖电泳检测。

(4)构建克隆载体,转入感受态细胞挑选阳性克隆并送往公司测序。

(5)构建重组表达载体。用相同的内切酶分别处理克隆载体和表达载体,经琼脂糖凝胶电泳检测并回收后用 T4 连接酶反应体系连接,连接产物转化感受态细胞后,以菌液为模板进行 PCR 扩增并进行双酶切鉴定。

(6)重组载体转染猪 PK15 细胞。转染前将处于对数生长期的 PK15 细胞以 1×10^5 密度接种于 24 孔板培养 1 d,加入质粒后用 OPTI-DMEM 培养液稀释,同时用 OPTI-MEM 培养液室温孵育脂质体 Lipofectamine 2000 进行稀释,并在 30 min 内与 DNA 混合,室温孵育形成复合物后,用 DMEM 洗细胞 2 次,将复合物直接加入培养板孔内,并轻轻混匀。培养 6 h 后,换为含血清含双抗的全培养基,继续培养 24 h～48 h,观察荧光并拍照。

5.2.1.3 转基因家畜在人用器官移植上的应用

随着医学的发展,同种器官移植技术日趋完善,但这也造成了人供体器官的严重短缺,每年有数万患者因不能及时获得所需器官而死亡。这使人们不得不将目光投向异种器官移植领域。异种器官移植是指动物之间以及动物与人之间的器官移植,异种移植的免疫排斥反应包括补体反应和凝血系统激活造成的超急性排斥反应;抗体介导、自然杀伤细胞、巨噬细胞参与的急性体液排斥反应;T 细胞激活的急性细胞排斥反应和由于凝血因子分子的不匹配造成的慢性排斥反应。

目前，在异种器官移植领域研究最多的供体动物是家猪。虽然灵长类动物与人类的亲缘关系最近，但由于其传播种属间疾病的风险高、喂养困难、器官尺寸不匹配等原因而无法成为临床异种移植的适宜来源。而猪不仅易于饲养，而且在解剖、组织及生理等方面与人类最为相近，其器官与人的器官大小相仿，可通过基因调控来增强供体器官的匹配性，进行培养和移植不存在伦理方面的问题。这些特点使猪成为目前最适合用于研究人用器官移植的动物模型。

Gal 是猪抗人类和非人灵长类动物的主要抗原，由 α-1，3-半乳糖基转移酶基因表达。当这种基因被敲除后，超急性的排斥反应的发生率明显下降。将转基因猪用于狒狒的异种移植，心脏移植可以存活 3 至 6 个月，肾移植可以存活 3 个月，肝移植可以存活数天，肺移植可以存活数小时。

HLA-E 是 NK 细胞受体的配体。有研究显示，猪血管内皮细胞表达的转基因 HLA-E/β2 微球蛋白能显著抑制 NK 细胞介导的干扰素 γ 的分泌，为 T 细胞介导的主要效应细胞。将人类白细胞抗原(human leukocyte antigen，HLA)转入猪的内皮细胞中表达，能有效抑制 NK 细胞介导的细胞毒性作用。

异种器官移植目前面临的一个问题是凝血系统的生理不兼容。关于这一现象的机制目前还不明晰，如补体激活、异种抗体激活、内皮细胞激活增加组织因子活力引起的广泛血栓和消耗性凝血功能障碍等，未形成统一说法。体外研究表明，猪主动脉血管内皮细胞能通过免疫独立应答来诱导人体组织因子的暴露，而进一步处理免疫应答并不能完全克服异种移植后的消耗性凝血功能障碍。因此有人推测是组织因子的激活导致了消耗性凝血功能障碍，并且这种途径与免疫反应无关。人们正试图通过人类凝血调节蛋白、组织因子的抑制和 CD_{39} 的引入来克服猪和灵长类动物的凝血不兼容性。

5.2.2 基因工程在家畜抗病育种和生产人用药物中的应用

5.2.2.1 家畜转基因抗病育种

疾病防治在畜牧业生产中占有极其重要的地位，培育具有抗病能力的家畜新品种将大大降低畜牧业的成本和风险，促进畜牧业的健康和可持续发展。在转基因抗病育种中，较有价值的候选基因包括防御素基因、干扰素基因、干扰素受体基因、抗流感病毒基因、反义 RNA、*MHC* 基因、核酶、病毒衣壳蛋白基因和病毒中和性单克隆抗体基因等。基因工程技术可将多个抗病基因克隆到同一载体中，导入动物体，使之在核酸和蛋白质水平产生抗病性。

对转基因家畜的研究主要集中在抗病毒、抗菌和抗寄生虫几个方面。

1) 抗病毒

通过转基因提高家畜的抗病毒能力，目前有五种策略：一是转入病毒相应的抗体蛋白基因，诱导高效表达；二是转入病毒抗原基因，诱导转基因家畜产生相应的抗体；三是直接使转基因家畜表达识别特定病毒的单克隆抗体；四是通过干扰病毒侵入机制的方法进行有效的抗病毒育种；五是通过干扰病毒在家畜体内的复制或病毒结构基因和调节基因等特定基因的表达，获得抗病毒的家畜。

1995 年，中国农业科学院兰州兽医研究所通过转入表达识别 RNA 病毒特异序列的核酶，切割病毒核酸干扰其复制而成功建立抗猪瘟转基因动物模型。2008 年，吉林大学利用针对猪瘟病毒的 N^{pro} 基因和 $NS4A$ 基因的 siRNA 表达获得了带有抗猪瘟病毒基因的克隆猪。朊病毒引起家畜的疯牛病和羊瘙痒病，病原体 PrP^{Sc} 其实是动物基因组正常表达的朊蛋白 PrP^{C} 的异构体，当作为病原体的 PrP^{Sc} 进入动物体内后会引起 PrP^{C} 转变成 PrP^{Sc}，从而使 PrP^{Sc} 得到增殖。如果敲除动物体内编码 PrP^{C} 的基因 $PRNP$，则可抑制 PrP^{Sc} 的增殖，从而使动物具有抵抗朊病毒感染的能力。青岛农业大学的董雅娟等人与日本山口大学合作，就是利用了 RNA 干扰与体细胞克隆技术在牛供体细胞中稳定整合了能够抑制 $PRNP$ 基因表达的 shRNA 载体，成功培育出两头具有抗疯牛病基因的转基因奶牛（如图 5-5 所示）。

图 5-5　世界首例抗疯牛病克隆牛（引自新华社，2006）

2）抗菌

一直以来人们努力寻求安全有效的抗生素替代品，其中溶菌酶和抗菌肽一类的生物活性蛋白成为研究的热点。

2006 年，Maga 等人的研究表明，转人溶菌酶基因的山羊表达的重组溶菌酶，能有效抑制乳中嗜冷腐败菌以及能引起乳腺炎的金黄色葡萄球菌的生长。2008 年 10 月，中国农业大学获得了多个品种的转人溶菌酶基因克隆猪和转人溶菌酶基因再克隆猪。其乳腺表达的人重组溶菌酶使母猪乳汁具有高抑菌活性，对猪瘟病毒、仔猪腹泻病原菌等都具有杀伤作用，能显著提高幼仔的抗病力和存活率。

3）抗寄生虫

家畜抗寄生虫的转基因研究目前较少，有团队在研发将几丁质酶基因转入动物，以期使这种并不存在于哺乳动物体内的酶在汗腺中特异表达，得到抗寄生虫幼虫和抗皮肤蝇蛆病的新品种。

5.2.2.2　利用转基因家畜生产人用药物

生物医药产业的发展经历了三个不同的历史阶段：早期的天然药物如中草药或中成药，之后的化学合成药物，以及 20 世纪 70 年代后期随着 DNA 重组技术的问世而诞生的基因工程药物。

利用转基因方法把人或哺乳动物的某种基因导入哺乳动物的受精卵里，导入的基因如果与受精卵的染色体整合在一起，细胞分裂时，染色体倍增，该基因也随之倍增，每个细胞里都带有导入的基因，而且能稳定地遗传到下一代。在进行转基因时，用调节剂定位，可将药用蛋白基因整合到动物卵细胞染色体的特定区域，使药物在获得的转基因动物体的特定组织器官表达。

目前，利用转基因动物生产药用蛋白主要有三种渠道：一是通过血液，DNX公司将人的血红蛋白基因转移给猪种，这样可以通过转基因猪来生产人血红蛋白；二是通过尿腺，利用膀胱中尿腺合成和分泌蛋白的功能作为反应器的优点是转基因动物终其一生都将产尿，并且尿中几乎不含脂肪和其他蛋白，容易纯化；三是通过乳腺，泌乳是动物的一种生理活动，对动物健康没有影响，加之乳腺摄取、合成、分泌蛋白质的能力很强，并且能对重组蛋白质进行多种翻译后加工，包括羟基化、糖基化、氨基化等，同时能将重组蛋白质折叠成有功能的构象。

2002年，Kuroiwa等人将微细胞介导的染色体转移技术（MMCT）与体细胞克隆技术相结合，把含有整个人类免疫球蛋白重链基因 IgH 和轻链基因 $Ig\lambda$ 的染色体片段转入牛的原代胎儿成纤维细胞，获得了4只健康存活的转基因克隆牛，它们的血液中能不同程度表达人类多克隆抗体。这项研究为转移大片段基因或基因簇建立了基础，为利用人类人工染色体（HAC）和哺乳动物人工染色体（MAC）进行基因治疗，特别是为治疗由在染色体上连续排布的多个基因功能缺陷引起的综合征带来了希望。

利用转基因动物生产药物与传统的细胞培养生产方法相比，具有产量高、成本低、产品质量接近的特点。据报道，α1-抗胰蛋白酶、抗凝血酶Ⅲ和蛋白酶C都已进入临床应用，它们的价格约每克100美元，而细胞培养制药生产的人组织型纤维蛋白溶酶原激活因子（t-PA）每克价格高达15 000美元。

5.2.3 基因工程在动物乳腺生物反应器中的应用

乳腺生物反应器是基于转基因技术平台，将外源基因导入动物基因组中并定位表达于动物乳腺，利用动物乳腺能够天然、高效合成并分泌蛋白质的能力，在动物的乳汁中生产一些具有重要价值的蛋白质的转基因动物的总称。

在动物体内，细胞的分化需要发育基因来调节。这种调节是由多种蛋白质因子对增强区（enhancer）和启动区（promotor）中成丛的顺式元件进行作用实现的。最有效的顺式调节元件丛之一就是基因座控制区（LCR）。目前已经发现至少有一种特异性蛋白启动子——山羊 β-酪蛋白启动子可以启动若干种以 cDNA 为基础的构建物的高水平表达而不需要其他调节因子。用乳汁蛋白质基因的调节元件，不仅有可能使转基因的表达只限于乳腺组织，而且可能使转基因表达产物得到高水平表达和大量生产。

之所以选择乳腺作为理想的生物反应器是因为：①乳腺作为一个外分泌器官，乳汁不进入体内循环，不会影响到转基因动物本身的生理反应。②从转基因动物的乳汁中获取的目的基因产物，不但产量高、易提纯，而且表达的蛋白经过了充分的修饰加工，具有稳定的生物活性。用乳腺表达人类所需蛋白基因的羊、牛等产乳量高的动物就相当于一座药物工厂。

5.2.3.1　动物乳腺生物反应器的操作流程

1）特异性表达载体的构建

选择表达载体需满足两个条件：一是选用的调控成分要能指导目的基因在乳腺中特异性高效表达，且表达产物能分泌到乳汁中；二是整合到动物染色体组中的表达载体要处于活跃转录状态。目前人们常采用来自乳清酸性蛋白（whey acidic protein，WAP）、α-乳蛋白、β-乳球蛋白（β-lactoglobulin，BLG）、β-酪蛋白和 αsl-酪蛋白（asl-casein）的启动子及部分内含子序列进行乳腺特异性表达的调控。其中，BLG 是牛、羊等反刍动物乳汁中含量最高的乳清蛋白，说明其启动子效率较高。在目前有关乳腺生物反应器的研究报道中，以 *BLG* 基因调控序列指导人 α-1-抗胰蛋白酶基因在绵羊乳腺中的表达水平最高，达到 $35\ \mathrm{g \cdot L^{-1}}$。此外，*BLG* 基因调控区相对较短，大部分乳腺特异性表达调控元件位于 -406 bp 范围内，易于进行分子克隆。因此，*BLG* 基因调控序列是构建反刍动物乳腺特异表达载体的首选调控序列。

2）外源基因的整合

外源基因的整合即采用前文所述的转基因方法将外源基因导入受体细胞。

3）胚胎移植

将经过鉴定和体外培养的受精卵或早期胚胎，通过手术或非手术的方法植入经过同期发情处理的代孕母畜子宫内。移植后的受体在胚胎发育至 1～2 月龄时，用 B 超进行妊娠检查，出现孕囊的判定为怀孕，妊娠足月分娩。

4）转基因的检测

对于转基因效果的检测有 DNA 和蛋白质两个层面：一方面待子代动物出生后，提取其 DNA 进行 PCR 和 Southern 印迹杂交检测，判断外源基因的转入情况；另一方面将转入外源基因的雌性动物适龄诱导泌乳或饲养至性成熟配种产乳后，检测其乳汁中是否有转基因蛋白表达。此外，人们有时还将转入外源基因的雄性动物与雌性动物杂交，进一步检测其产生的后代。

5）转基因动物的扩群

转基因动物的扩群即通过子代杂交产生纯合的转基因动物来扩大转基因的畜群。

5.2.3.2　提高动物乳腺反应器表达水平的方法

基因表达调控元件的人工拼接和外源基因在动物基因组中随机整合所带来的"位置效应"是导致转基因动物表达外源基因的水平不高且差异较大的主要原因。哺乳动物乳蛋白调控序列中的表达调控元件包括启动子、增强子、内含子等，这些调控元件保证了乳蛋白表达的时空特异性，其应用也是克服染色体位置效应、提高表达的方法。

1）绝缘子的应用

在真核基因组中，基因和基因簇被某些 DNA 序列隔开，这些序列阻止相邻基因间的相互作用，这些 DNA 序列叫作绝缘子。鸡的 β-球蛋白 LCR 中的 5′HS4 区域是发现比较早的绝缘子之一，据报道，在基因构件中若添加鸡的 β-球蛋白 LCR 序列，能够大大提高外源基因的表达水平。

2) 增强子的应用

增强子是可以通过启动子增加连锁基因转录频率的 DNA 序列。除了其本身的促进作用外，可能还与 LCR 序列等调控元件相互作用而影响基因整合和遗传稳定性。2020年，张玉晶等人用一种人工合成的 DNA 增强子添加于哺乳动物细胞的重组蛋白表达载体，用于增强启动子转录活性强度，从而增强哺乳动物或者其他来源蛋白质的分泌表达，将其在动物细胞中的外源蛋白表达量大幅度提高。

3) 内含子的应用

在 cDNA 序列前加 1 至 2 个内含子，可大大促进转基因的表达效率。内含子的作用机制尚未明确，有推断认为是内含子中含有增强子或其他顺式调控元件，或者是由于内含子的剪切增加了 mRNA 在核内的稳定性，也有可能是由于内含子中含有一些与开放染色质功能域有关的序列，导致在细胞质中积累更多成熟的 mRNA。

4) 内部核糖体进入位点（IRES）

在特定的情况下，在同一个结构中表达两个顺反子是有效的，两个独立的转录单元可以装载在同一个载体中。大量研究表明，IRES 的作用并非不可预测，Houdebine 和 Attal 研究发现，同一结构中的第一个顺反子至少在 IRES 序列的第 80 位核苷酸处，这样方可允许第二个顺反子的有效表达。

此外，使用酵母人工染色体（yeast artificial chromosome，YAC）等大容量载体，利用重组酶，将重组序列先整合到染色体的特定部位获得转基因动物，再应用同源重组酶插入功能基因片段，也可减弱或消除位置效应。

5.2.3.3 乳腺反应器与转基因羊

Simons 等人（1987）将带 MT 启动子的 β-乳球蛋白-凝血因子 IX（BLG-FIX）、BLG-AAT 等重组 DNA 片段注射到绵羊受精卵中，获得了在乳汁中有外源基因表达的转基因后代。Wilmut 等人将羊乳球蛋白基因片段与 *F-IX* 和 *AAT* 基因的 cDNA 融合质粒注入小鼠及绵羊受精卵中，获得乳汁中含 *F-IX* 和 *AAT* 的转基因小鼠及绵羊。Wright 等人将绵羊 *BLG* 基因调控区与人 *AAT* 基因相连，获得了 4 只转基因绵羊。Velander 等人利用 *WAP* 基因启动子与人蛋白质 C（hPC）cDNA 重组基因获得的转基因猪，重组 hPC 的表达量（1 g·L^{-1}）比人血中 hPC 浓度还高 200 倍。Ebert 等人用 *β-CA* 基因的启动子引导 tPA 在山羊乳汁中得到表达（1～3 g·L^{-1}）。Wilmut 等人（1997）首创体细胞克隆技术并成功构建了表达人 F-IX 的转基因克隆绵羊。2000 年，英国 PPL 公司将人类 *AAT* 基因定点整合到胎儿成纤维细胞的前胶原基因座，用转基因细胞生产转基因打靶绵羊（McCreath et al，2000）；2001 年，他们又利用基因打靶技术生产出了 AAT、3-GT 和朊病毒双剔除的克隆绵羊。从上述研究可以看出，乳腺生物反应器研究从模式动物——小鼠的转基因开始，逐步建立起了大动物乳腺生物反应器制备的技术平台。1996 年 10 月，复旦大学遗传所和上海医学遗传所合作成功地获得了表达有活性的 F-IX 蛋白的转基因小鼠和 5 只转基因绵羊，真正开始了我国的乳腺反应器构建工作。现在，转基因羊乳腺生物反应器已被广泛用于研制各种人类药用蛋白、医用营养品、兽用产品和生物材料。如图 5-6 所示即为一例。

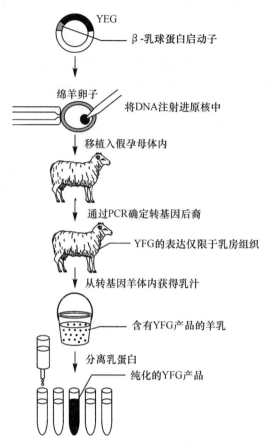

图 5-6　通过转基因绵羊生产有重要药用价值的蛋白质(引自 Waston, 1994)

世界上第一个获准上市的转基因山羊乳腺生物反应器生产的基因工程蛋白药物是重组人抗凝血酶Ⅲ(商品名：ATryn)。ATryn 可抑制血液中凝血酶活性，预防和治疗急慢性血栓血塞形成，对治疗抗凝血酶缺失症有显著效果，由全球最著名的动物乳腺生物反应器研发企业美国 Genzyme 转基因公司研制成功。

医用营养品是动物乳腺反应器应用的另一个领域，目前全球医用营养品市场的平均增长率超过 187%，其中医用营养蛋白的发展潜力巨大，但目前的生产量只能满足市场需求的 10%～15%，因此，运用动物乳腺生物反应器生产医用营养蛋白具有巨大的市场潜力，也成为近年来生物技术开发的热点。

兽用蛋白质药品是需求量很大的一类商品。用乳腺生物反应器生产兽用产品的条件要比医用产品低很多，尤其是纯化工艺简单得多，研发投资也许只有医用产品的十分之一或更少。2002 年，金羊网报道了中国农业大学陈永福教授成功利用转基因羊乳腺表达了鸡传染性法氏囊病毒蛋白(IBDV)。2005 年，青岛森淼公司与中科院遗传与发育生物学研究所等科研院所联合，选用崂山奶山羊完成了人的乙肝表面抗原、抗凝血酶 AT-Ⅲ、人 β-干扰素等三种转基因载体的构建，并完成了羊胎儿成纤维细胞株的建立，应用细胞核移植技术成功获得了克隆奶山羊。

用动物乳腺生产工业蛋白质是转基因动物应用的一个新领域。蜘蛛丝是目前已知最为坚韧且有弹性的天然动物纤维之一，但由于蜘蛛不能大规模群体饲养，因此不能从蜘蛛中获取大量蛛丝；且由于蛛丝相对分子质量巨大，也很难通过化学合成方法获得蛋白。为此，有人提出了利用动物乳腺来生产蛛丝蛋白的构想。2003 年，加拿大魁北克 NEXIA 生物技术公司的研究人员将蜘蛛体内的牵丝蛋白基因转入山羊体内，成功培育了羊奶中含牵丝蛋白的转基因山羊。用此种方法生产的人造蜘蛛丝强度比钢高 4～5 倍，因此亦被称为"生物钢"。这种"生物钢"有蚕丝的质感，有光泽，弹性极强，可以用来制造手术缝线、耐磨服装，还能制成具有防御功能且柔软的防弹衣，在医疗、航天、航海、军事和建材等工业市场可有广阔的应用前景。

拓展阅读

动物克隆庄园：从多利羊到克隆猴

2018 年 1 月 25 日，《细胞》杂志以封面文章的形式，发表了中国科研人员体细胞克隆猴的研究结果。此次成功克隆的是猕猴。克隆猴价值主要体现于科学上，已在主流科学界获得了认可。与其他哺乳动物不同的是，灵长类猴子的卵细胞在替换了细胞核后，本应继续发育的胚胎却停止了生长，路走不下去了。除了胚胎难以发育，猴子的克隆如此艰难的另一个原因就是灵长类动物的卵和细胞核都特别脆弱，轻微的挤压都会导致分裂失败，而且替换细胞核的过程要求苛刻，要在最快的时间内完成。在经历了近 5 年的理论和技术的摸索后，2017 年 11 月 27 日，第一只克隆猴中中诞生。该成果标志中国率先开启了以体细胞克隆猴作为实验动物模型的新时代，实现了我国在非人灵长类研究领域由国际"并跑"到"领跑"的转变。

5.3 家禽的基因工程

家禽与人类的生产生活关系紧密。由于家禽的生理构造与哺乳动物存在差异，要制备转基因家禽，需要了解卵这一载体的形成过程。

以母鸡为例，母鸡产蛋 24 min 后排卵。排卵后 3 min～35 min 卵子进入漏斗部，完成受精过程。禽类是多精入卵，但只有一个精子与卵结合，精子入卵时，卵子处于第二次减数分裂中期，精子入卵后，卵子排出第二极体，形成雌原核；此时，精子头部膨大，形成雄原核，雌雄原核结合，成为受精卵。然后沿输卵管向泄殖腔方向移动。在输卵管的膨大部形成卵系带和浓蛋白，然后进入输卵管的峡部。在峡部首先由管壁腺体分泌形成的蛋白纤维覆盖于浓蛋白之外，形成内壳膜，然后在峡部继续移动，形成第二层较厚的蛋白纤维层，即外壳膜；在子宫部形成蛋壳、蛋壳色素，并注入稀蛋白的水分，最后通过泄殖腔排出体外。

在对禽类进行转基因操作时，除了可采用受精卵原核注射、逆转录病毒载体、脂质体介导精子载体、精子细胞电穿孔、胚胎干细胞原生殖细胞操作等方法外，还可采用原始胚细胞的弹道转染法。该技术最初应用于植物细胞的转基因操作，其中包括两大组成部分：离子加速系统和离子包装系统。使用平均直径在 $1.5~\mu\text{m}$ 的钨离子，待卵孵化 2 d 后，揭掉 0.5 cm^2 外壳，然后将外包 DNA 的微粒射入暴露出的胚性新月，将洞口封好，把卵送回孵化器。此种方法效率较高，并且由于用的是不同大小的钨离子，而且胚胎新月区下主要是卵黄蛋白，所以不必考虑投射弹的速度和穿入的深度。鸡胚胎所具有的一系列特点使它更适合于弹道转染：①鸡胚材料易得；②鸡胚恰好位于外壳下、蛋黄表面；③位于胚性新月区的原始胚细胞在发育到 12 胚龄时易于鉴别；④胚性新月是外胚性的；⑤由于胚性新月区下仅有少量细胞，所以在弹道转染时对胚胎组织的伤害很小。但是，由于此方法导入的 DNA 不易整合到鸡的基因组中，故遗传稳定性和传代性不强。

5.3.1　基因工程在提高家禽生产性能上的应用

1988 年美国科学家佩里在试管内培育鸡胚胎成功，使得在家禽育种中，根据基因型选种有了希望。通过转基因工程技术可以提高鸡体内生长激素水平，促进鸡体生长、加速成熟、提高鸡体的肥瘦比例。同时可利用其他物种的有利基因，如反刍动物的小肠细胞分泌消化纤维素酶，通过基因工程技术将该酶基因导入鸡体内，就能分解多糖，可以增加营养来源。此外，根据决定性别基因的导入或剔除人为调整雏鸡性别比例，从而达到不同的育种目的，或者获得产蛋量高的母鸡，或者获得肉质优良的公鸡。通过转基因技术，在鸡的体内导入人体的瘦蛋白受体基因（$LEPR$ 基因），然后通过构建的过表达载体，使之定点在鸡蛋内表达该蛋白。这不仅增强了鸡蛋的营养，而且提高了鸡蛋的开发与利用价值。因此，转基因鸡技术有着其特殊的优越性，以鸡蛋为生物反应器显示出高效、优质、价廉之优势。

鸡 GH 基因转录起始位点上游 500 bp 内包含了表达调控的主要元素和 GHRF、SRIF、TRH，可能影响 GH 基因 mRNA 的表达量。但三种因子如何影响鸡 GH 基因的表达调控、禽类 GH 启动区含有哪些调控元件，目前尚未见报道。用外源生长激素注入 2 至 42 日龄的肉用鸡，对增重和饲料转化率有一定的影响，但不显著。而用外源生长激素注入蛋用鸡（特别是 40 周龄后），增重效果显著。利用复制竞争性病毒载体对鸡基因组导入生长激素基因后，转基因鸡血清中生长激素含量显著提高。随着 RLFP、RAPD、小卫星、微卫星等分子标记技术的发展与应用，已有 400 多个位点得到定位。

5.3.2　重组家禽干扰素在家禽疾病防控中的应用

近年来，病毒性疾病已成为危害养禽业最重要的疾病之一，其传播速度快，流行范围广，而且还呈上升趋势。虽然有多种药物可以治疗，但传统药物很难根治且极易复发。家禽病毒性疾病的特点，一方面是发病率高，各种日龄的禽类都可能感染，容易引起多种疾病的继发感染，使雏禽生长发育迟缓，成禽产蛋率下降；另一方面是死亡率高。目前，预防和控制病毒性疾病时，只能靠疫苗主动免疫产生抗体，但又受到疫苗质量、禽体状况、养殖环境等诸多因素的影响。而且发生病毒性传染病，主动防疫未达到效果，常常导致免疫失败，家禽未能获得全面免疫保护。按传统方法治疗，很难在短时间内控制病情，而利用重组干扰素（IFN）可有效地治疗病毒性疾病。

IFN 治疗病毒性疾病发挥作用较快，可在几分钟内使机体处于抗病毒状态，并且机体在 1 至 3 周时间内对病毒的重复感染有抵抗作用。目前，对家禽的主要病毒性疾病(鸡新城疫、法氏囊病、传染性支气管炎、喉气管炎、产蛋下降综合征、鸡痘、禽脑脊髓炎以及病毒性疾病混合感染)用重组干扰素进行预防和治疗，取得了较好的效果。

拓展阅读

"基因打靶"技术

瑞典皇家卡罗琳外科医学研究院诺贝尔生理学或医学奖评审委员会 2007 年 10 月 8 日宣布，美国科学家马里奥·卡佩基(Mario R. Capecchi)、奥利弗·史密斯(Oliver Smithies)和英国科学家马丁·约翰·埃文斯(Martin J. Evans)因在"涉及使用胚胎干细胞进行小鼠特定基因修饰方面的一系列突破性发现"而获得 2007 年度诺贝尔生理学或医学奖。他们的研究工作为"基因打靶"(gene targeting)技术奠定了基础。

"基因打靶"技术是分子生物学技术上继转基因技术之后的又一革命，它是在同源重组技术和胚胎干细胞(ES)技术成就的基础之上产生和发展的。基因打靶就是利用细胞染色体 DNA 可与外源性 DNA 同源序列发生同源重组的性质，通过同源重组将外源基因定点整合入靶细胞基因组上某一确定位点，以达到定点修饰和改造染色体上某一基因为目的的一项技术。通过基因打靶技术可以对生物体(尤其是哺乳动物)基因组进行基因灭活、点突变引入、缺失突变、外源基因定位引入、染色体大片段删除等修饰和改造，并使修饰后的遗传信息通过生殖系统遗传，并使遗传修饰生物个体表达突变性状成为可能。

5.4 水产养殖的基因工程

鱼类是脊椎动物门中种类最多的一个类群，其怀卵量大，体外受精，体外发育，易于操作观察和培育饲养。鱼又是人类的重要蛋白质来源，人们一直在寻求和培育生长快、饵料省、抗逆性强的养殖对象，基因工程技术为这一目标开辟了一条新的途径。目前人们已培育出转生长激素基因鲤、鲑和罗非鱼，转荧光蛋白基因斑马鱼与唐鱼等可稳定遗传的转基因鱼品系，其中快速生长转生长激素基因鱼的获得对于提高水产养殖的产量与养殖效益具有十分重要的意义。

5.4.1 基因工程在提高鱼类品质和生产性能中的应用

以生长激素、抗冻蛋白、抗菌肽和溶菌酶等作为目的基因，利用基因工程技术制备转基因经济鱼，可以加快其生长，改善其抗寒、抗病等性状。研究对象包括鲑鳟类和鲤、鲫、泥鳅、罗非鱼、斑点叉尾鮰及草鱼等。

我国转 GH 基因鲤的研究取得了较大的进展。目前，中国科学院水生生物研究所已建立了 5 个稳定遗传的、具有快速生长效应的转"全鱼"GH 基因黄河鲤(*Cyprinus carpios*)家系，其中一个转"全鱼"GH 基因鲤品系 F_1 代的平均体重是对照鱼的 1.6 倍；F_2 代的平均体重是对照鱼的 1.8～2.5 倍，特定生长率比对照鱼高出 10%～13%。除生长速度快之外,转基因鲤的饵料利用率也较高。中国水产科学研究院黑龙江水产研究所使用鲤金属硫蛋白基因启动子与大麻哈鱼 *GH* 基因,培育出转基因黑龙江鲤,其中最大个体的休重超出对照鱼 1 倍,其基因可遗传给子代。

美国将美洲大绵鳚(*Macrozoarces americanus*)的抗冻蛋白基因 *AFP* 的启动子与大鳞大麻哈鱼(*Oncorhynchus tshawytscha*)的 *GH* 基因转植于大西洋鲑中,培育了一个快长转 *GH* 基因大西洋鲑品系,并建立了不育、全雌转基因鲑培育技术,全雌不育个体在内陆封闭式水环境中养殖可解决转基因鲑的生态环境安全问题。养殖该转基因鲑达上市所需要的时间可比野生型鲑缩短 1 年。美国转基因银大麻哈鱼(*Oncorhynchus kisutch*)的研究也获得成功,将"全鲑"转基因构件(pOnMTGH1),即来自红大麻哈鱼(*Oncorhynchus nerka*)的金属硫 mMT-B 启动子与 GH-I 全长基因,转植于银大麻哈鱼中,转基因鱼的平均体重是对照鱼的 11 倍,最大的可达 37 倍。古巴培育的转 *GH* 基因(CMV-tiGH-SV40)荷那龙罗非(*Oreochromis hornorum*)品系 F_{70},生长速度比野生型的快 60%~80%。快长转 *GH* 基因鱼的培育对于提高养殖产量与养殖经济效益、缓解世界粮食紧缺问题具有十分重要的意义。

5.4.2 基因工程在饲料改良中的应用

开发优质高效的饲料资源一直是发展养殖业生产的重要问题。利用转基因技术可以提高饲粮作物中蛋白质、脂质等营养成分的含量和品质,导入抗菌素和饲用生物活性肽。

鱼类对蛋白质的需求较高,而鱼粉是水产饲料中最重要最优质的蛋白源,但随着饲料业、养殖业的日益发展,其对鱼粉的需求量也越来越大;另一方面,由于海洋渔业资源衰退、过度捕捞以及厄尔尼诺等现象的影响,鱼粉供应将严重不足,价格一路攀升。此外,由于鱼粉含磷量较高,而大多数鱼对鱼粉中磷的利用率很低,未被吸收的磷会随残饵和粪便进入养殖体,导致水体的富营养化发生。作为饲料的植物蛋白存在着氨基酸不平衡现象,且赖氨酸(Lys)是第一限制性氨基酸。提高鱼饲料作物中 Lys 的表达量,可以提高饲料蛋白质的营养价值,降低鱼粉用量,促进水产养殖的健康发展。正常情况下,Lys 由天冬氨酸(Asp)合成。首先由天冬氨酸激酶(Ak)将 Asp 转化成 β-天冬酰磷酸盐,然后通过二氢吡啶甲酸合成酶(DHDPS)把天冬氨酸 β-半醛转化成 2,3-二氢吡啶甲酸盐,再经过 5 步反应转化为 Lys。而 Lys 的积累会抑制 *Ak* 和 *DHDPS* 基因的表达,但编码 DHDPS 的棒杆菌 *dapA* 基因和编码 Ak 的突变体大肠杆菌 *LysC* 基因对 Lys 反应的敏感性较低。将 *dapA* 基因导入玉米,可使玉米种子中的游离 Lys 含量提高 100 倍,种子 Lys 含量增加 1 倍;而导入大豆后,游离 Lys 含量提高数百倍,种子 Lys 总量增加约 5 倍。

利用基因工程技术获得的转基因家畜具有明显的优点,也存在着亟待解决的问题。首先,转基因技术及相关安全评价还不够成熟。转基因技术本身成本高、效率较低,获得的动物体常常寿命较短或存在生理缺陷;其产品从研发到进入市场往往需要几年至十几年的时间,难以实现大规模生产。其次,人们缺少对转基因动物的管理经验,很难控制携带外源基因的动物对生态系统造成的影响。再者,国家对转基因技术应用及产品使用的政策法规以及转基因产品的质量及安全性检测体系非常欠缺,不能有效防止由转基因动物引发的社会问题。最后，最大的挑战来自公众接受程度。虽然从目前来看，并没有商品化的转基因食品对人类健康产生不利影响的可靠证据，但一些媒体舆论导向往往增添了人们对转基因产品尤其是食品的忧虑。转基因产品的安全性与广大人民的健康息息相关，这需要政府、科研人员和相关企业采取谨慎严肃的态度。

尽管转基因产品从实验室走向消费者面临着诸多问题，但这并不妨碍其成为21世纪生物工程技术行业最活跃的项目之一。转基因技术的应用将给人类的家畜改良、医疗卫生领域，特别是在药物生产和器官移植等方面带来革命性的变化，在减少环境资源浪费的同时刺激经济的发展。同时也将促进相关制度的完善，并逐渐改变人们的观念。我国对创新技术产业化的高度重视以及近年来对农业的大力支持，将为转基因动物技术在畜牧、养殖领域的发展创造良好的机遇和光辉的前景。

5.5 动物转基因亟待解决的问题及展望

5.5.1 技术性问题

转基因动物的效率低。统计资料表明，小鼠转基因的阳性率为 2.6%，大鼠为 4.4%，兔子为 1.5%，牛为 0.7%，猪为 0.9%，绵羊为 0.9%，造成这种现象的主要原因可能与胚胎受到损伤有关。

转基因的行为难以控制。外源 DNA 引入受体细胞后可以随机地插入受体细胞基因组中的任意位置，容易导致内源有利基因结构的破坏和失活，或激活有害基因（如癌基因）。其结果将导致转基因阳性个体出现不孕、胚胎死亡、四肢畸形等异常。

转基因表达水平难以预料。大部分转基因表达水平很低，几乎难以检测到，但个别基因表达又过高。外源基因的高水平表达是宿主动物难以承受的。例如表达外源生长激素的转基因猪，长期处于较高生长激素的体内环境中，内分泌平衡遭到破坏，出现了多种病态，如胃溃疡、关节炎、心包炎、肾脏疾病、不育等，使其寿命短，早死亡率高。

此外，人们对动物许多重要基因的结构和功能尚不完全清楚，使得转基因动物研究进展受到了极大的阻碍。

5.5.2 安全性问题

5.5.2.1 食品、药品安全性问题

转基因动物的有些外源基因及其启动子来自病毒序列，有可能在受体动物体内发生同源重组或整合，形成新的病毒。外源基因在染色体内插入位点的不同也可能造成不同程度的基因改变，引起非预期效应。此外，转基因动物还可能增加人畜共患病的风险，危害人类健康，某些动物可能导致人类过敏性反应等。

5.5.2.2 生态安全性问题

已经有事实表明，转基因技术会产生超级杂草，同样的超级病毒、超级害虫也可

能会产生，这些都是对生态环境潜在的威胁。一方面，转基因动物在外界环境中与野生动物交配，导致外源基因扩散，改变了物种原有的基因组成，造成了物种资源的混乱，还有可能导致野生等位基因的丢失，从而导致遗传多样性的下降。另一方面，转基因个体经过人工定向改造，往往抗逆抗病性强，对环境具有更强的适应性和竞争力，一旦释放到自然环境中，可能破坏原有的种群生态平衡，威胁物种的遗传多样性，例如转基因鱼一旦放入鱼塘或江河中便无法控制，影响水域生态平衡。

5.5.2.3　伦理性问题

转基因动物使用了曾经只属于自然的伟大力量——人为制造新的动物，特别是将人类的某些基因转移到动物身上，已经引起了伦理道德的争议。从内容上看，关于转基因技术的伦理争论的伦理原则主要有5个：①仁慈原则；②不伤害原则；③正义原则；④自主性原则；⑤尊重自然原则。人们对上述伦理原则的诉求无疑都具有合理性。人们争论的实质是，究竟哪些伦理原则具有更大的优先性，应当优先把哪些伦理原则整合进关于动物转基因技术的政策决策中。

5.5.3　转基因动物应用展望

任何一个技术的发明都是为了推进人类及社会的发展，然而任何一种新技术都会存在潜在的风险性。控制得当会给日常生活带来便利，相反，则有可能会带来灾难性后果。面对转基因动物技术，为保障生物技术的健康发展，当务之急是制定一套切合实际的可以被各国认可的转基因动物食用安全评价体系，全面地评估转基因技术带来的风险。开展具有产业化前景的符合国家安全许可要求的转基因动物食用安全性评价工作，可以建立转基因动物及其产品的食用安全评价体系，获得面向国际化市场的安全评价数据，辅助产品向美国、欧盟、南美和世界其他国家地区提交安全许可申请，这些信息储备不仅可以公正科学地引导大众了解转基因生物及其产品安全性，也可更好地推进转基因动物产业的发展。

目前，转基因生物的商品化生产仅限于植物，尚无转基因动物商品化养殖报道。尽管存在一些问题，转基因技术在家畜、家禽和水产养殖中仍然显示出十分广阔的应用前景。虽然关于转基因动物安全性的争论一直不断，但在显著经济和社会效益的引导下，全球转基因研究的发展势头依然强劲。现在亟待解决的问题不再是要不要研究和开发转基因产品，而是如何运用转基因技术为人类的生存与发展提供更多、更安全的优质产品。将转基因等现代生物技术引入传统的家畜、家禽和水产养殖中，已成为必然的发展趋势。目前的研究水平与其巨大的社会及经济效益之间仍存在相当的距离，我们应该加强动物功能基因结构与表达、转基因技术体系的稳定性以及转基因动物的安全性等相关基础性和应用性研究，开创更有特色的生物技术，尽快使动物转基因技术为人类造福。

许多国家的政府和大型制药企业仍竞相投入巨资资助乳腺生物反应器产品的开发和生产，使乳腺生物反应器研制和产业化呈现日益加速的趋势。利用乳腺生物反应器生产营养活性蛋白，如需求量极大的护肤品中的活性蛋白，或者改造奶质而使其具备营养和药用双重功能，或者直接生产口服生物制品，都具有极大的市场潜力。

拓展阅读

第三次抗体革命——噬菌体展示技术

噬菌体展示技术是将多肽或蛋白质的编码基因或目的基因片段克隆入噬菌体外壳蛋白结构基因的适当位置，在阅读框正确且不影响其他外壳蛋白正常功能的情况下，使外源多肽或蛋白与外壳蛋白融合表达，融合蛋白随子代噬菌体的重新组装而展示在噬菌体表面。被展示的多肽或蛋白可以保持相对独立的空间结构和生物活性，以利于靶分子的识别和结合。肽库与固相上的靶蛋白分子经过一定时间孵育后，洗去未结合的游离噬菌体，然后以竞争受体或酸洗脱下与靶分子结合吸附的噬菌体，洗脱的噬菌体感染宿主细胞后经繁殖扩增，进行下一轮洗脱，经过 3 轮～5 轮的吸附—洗脱—扩增后，与靶分子特异结合的噬菌体得到高度富集。所得的噬菌体制剂可用来做进一步富集有期望结合特性的目标噬菌体。

噬菌体展示技术通过将外源肽段和噬菌体衣壳蛋白融合展示于噬菌体表面，进行高通量筛选及富集，并对所需功能的克隆进行定性分析，该技术展示对象涵盖抗体、抗体片段、肽段、cDNA 等。在对抗体库的研究中，噬菌体展示技术可对人和其他动物的 B 细胞抗体库进行体外建库筛选，避开了免疫和细胞融合等步骤从而缩短实验周期并增加了稳定性，该技术还具有筛选容量大、可发酵大量生产、方法简单等优点。

思　考　题

1. 简述转基因动物的操作流程。
2. 将外源基因导入动物细胞的方法有哪些？
3. 基因工程在畜牧养殖业中的应用主要有哪些？
4. 简述克隆羊的技术路线。
5. 简述基因工程在家禽养殖业中的应用。
6. 简述基因工程在水产养殖业中的应用。
7. 简述动物基因工程有哪些安全性问题。

6 工业领域中的基因工程

基因工程作为生命科学领域的前沿科学，在近几十年中得到了迅速的发展和广泛的应用。随着人们生活水平的提高，对工业的标准也有了进一步的要求，基因工程应用于工业之中不仅能使轻工业中食品的质量得以提高，还能为世界面临的粮食危机、能源环保等工业问题提供新的解决思路和方法。基因工程方法在改造所用微生物和酵母等特性中有极大潜力，因此，可以应用在工业生产的许多方面，以提高质量、改进工艺或发展新产品。21世纪，基因工程在工业中将得到更为广泛的应用。

6.1 工业领域中的转基因技术

基因工程技术是生物技术的核心技术之一。基因工程研究的是对某种目的产物在体内的合成途径与其关键性代谢步骤、关键基因及其分离鉴别进行研究，采用自然条件下或过程中不可能发生的方法改变生物体的分子学或细胞生物学性状。主要包括重组DNA、基因缺失、基因加倍、导入外源基因以及改变基因位置等分子生物学技术手段，使某种特定性能得以强烈表达，从而使目的产物产量大幅度提高的整个工程技术。基因工程技术用于工业领域主要表现在酵母菌转基因技术和大肠杆菌转基因技术两方面。

6.1.1 工业领域转基因技术的操作流程

6.1.1.1 酵母菌转基因技术

1) 酵母菌表达外源基因的优势

酵母菌是一群以芽殖或裂殖方式进行无性繁殖的单细胞真核生物，分属于子囊菌纲(子囊酵母菌)、担子菌纲(担子酵母菌)、半知菌类(半知酵母菌)，共由56个属和500多个种组成。酵母菌全基因组已经测序，是最简单的真核模式生物，基因表达调控机理比较清楚，遗传操作简便；具有原核细菌无法比拟的真核蛋白翻译后加工系统；大规模发酵历史悠久、技术成熟、工艺简单、成本低廉，能将外源基因表达产物分泌至培养基中，不含有特异性的病毒，不产内毒素，被认为是较为安全的基因工程受体系统。因此，酵母菌已成为最成熟的真核生物表达系统。

2) 酵母菌的宿主系统

目前已广泛用于外源基因表达和研究的酵母菌包括：酵母属，如酿酒酵母(*Saccharomyces cerevisiae*)；克鲁维酵母属，如乳酸克鲁维酵母(*Kluyveromyces lactis*)；毕赤酵母属，如巴斯德毕赤酵母(*Pichia pastoris*)；裂殖酵母属，如非洲酒裂殖酵母

（*Schizosaccharomyces pombe*）；汉逊酵母属，如多态汉逊酵母（*Hansenula polymorpha*）。其中酿酒酵母的遗传学和分子生物学研究最为详尽，以巴斯德毕赤酵母表达外源基因最理想。另外，还有提高重组蛋白表达产率的突变宿主菌，这些突变类型的宿主菌能导致酿酒酵母中重组蛋白产量提高或质量改善。此外，还有抑制超糖基化作用的突变宿主菌。因为许多真核生物的蛋白质在其天门冬酰胺侧链上接有寡糖基团，它们常常影响蛋白质的生物活性。整个糖单位由糖基核心和外侧糖链两部分组成。酵母菌普遍拥有蛋白质的糖基化系统，但野生型酿酒酵母对异源蛋白的糖基化反应很难控制，呈超糖基化倾向，因此超糖基化缺陷株非常重要。

3）酵母菌的载体系统

几乎所有的酿酒酵母中都含有 2 μm 双链环状质粒，拷贝数达 50 个～100 个。酵母菌克隆表达质粒的构建过程为：①含有 ARS 的 YRp 质粒的构建——ARS 为酵母菌中的自主复制序列，0.8 kb～1.5 kb，染色体上每 30 kb～40 kb 就有一个 ARS 元件。酵母菌自主复制型质粒的构建组成包括复制子、标记基因、提供克隆位点的大肠杆菌质粒 DNA。以 ARS 为复制子的质粒称为 YRp，以 2 μm 质粒上的复制元件为复制子的质粒称为 YEp。上述两类质粒在酿酒酵母中的拷贝数最高可达 200 个，但培养几代后，质粒的丢失率高达 50%～70%，主要是由分配不均匀所致。②含有 CEN 的 YCp 质粒的构建——CEN 为酵母菌染色体 DNA 上与染色体均匀分配有关的序列，将 CEN DNA 插入含 ARS 的质粒中，获得的新载体称为 YCp。YCp 质粒具有较高的有丝分裂稳定性，但拷贝数只有 1 至 5 个含有 TEL 的 YAC 质粒的构建。③含有酵母菌染色体 DNA 同源序列的 YIp 质粒的构建——在大肠杆菌质粒上组装酵母菌染色体 DNA 特定序列和标记基因，构建出来的质粒称为 YIp。目的基因表达盒通常插在染色体 DNA 特定序列中，这样目的基因就能高效整合入酵母菌特定的染色体 DNA 区域。

4）酵母菌的转化系统

（1）转化质粒在酵母细胞中的命运。单双链 DNA 均可转化酵母菌，但单链的转化率是双链的 10～30 倍。含有复制子的单链质粒进入细胞后，能准确地转化为双链并复制。不含复制子的单链质粒进入细胞后，能高效地同源整合入染色体，这对于体内定点突变酵母基因组极为有利。克隆在 YIp 整合型质粒上的外源基因，如果含有受体细胞的染色体 DNA 的同源序列，会发生高频同源整合，整合子占转化子总数的 50%～80%。

（2）用于转化子筛选的标记基因。一是营养缺陷型的互补基因：用于酵母菌转化子筛选的标记基因主要有营养缺陷型互补基因和显性基因两大类。营养缺陷型互补基因主要有氨基酸和核苷酸生物合成基因，如 *LEU*、*TRP*、*HIS*、*LYS*、*URA*、*ADE*。但对于多倍体酵母来说，筛选营养缺陷型的受体非常困难。二是显性标记基因：显性标记基因的编码产物主要是毒性物质的抗性蛋白。

5）酵母菌表达系统的选择

（1）酿酒酵母表达系统。酿酒酵母的基因表达系统最为成熟，包括转录活性较高的甘油醛-3-磷酸脱氢酶基因 *GAPDH*、磷酸甘油激酶基因 *PKG*、乙醇脱氢酶基因 *ADH* 所属的启动子，多种重组外源蛋白获得成功表达。酿酒酵母表达系统的最大问题在于其超糖基化能力，往往使得有些重组蛋白（如人血清白蛋白等）与受体细胞紧密结合，而不能大量分泌。这一缺陷可用非酿酒酵母型的表达系统来弥补。

（2）乳酸克鲁维酵母表达系统。乳酸克鲁维酵母的双链环状质粒 pKD1 已被广泛用作重组异源蛋白生产的高效表达稳定性载体，即便在无选择压力的条件下，也能稳定遗传 40 代以上。乳酸克鲁维酵母表达分泌型和非分泌型的重组蛋白，性能均优于酿酒酵母表达系统。

（3）巴斯德毕赤酵母表达系统。巴斯德毕赤酵母是一种甲基营养菌，能在低廉的甲醇培养基中生长，甲醇可高效诱导甲醇代谢途径中各酶编码基因的表达，因此生长迅速、乙醇氧化酶基因 *AOX1* 所属强启动子、表达的可诱导性是巴斯德毕赤酵母表达系统的三大优势。由于巴斯德毕赤酵母没有合适的自主复制型载体，所以外源基因的表达序列一般整合入受体的染色体 DNA 上。在此情况下，外源基因的高效表达在很大程度上取决于整合拷贝数的多寡。目前已有 20 余种具有经济价值的重组蛋白在巴斯德毕赤酵母系统中获得成功表达。

（4）多态汉逊酵母表达系统。多态汉逊酵母也是一种甲基营养菌。其自主复制序列 HARS 已被克隆，并用于构建克隆表达载体，但与巴斯德毕赤酵母相似，这种载体在受体细胞有丝分裂时显示出不稳定性。所不同的是，HARS 质粒能高频自发地整合在受体的染色体 DNA 上，甚至可以连续整合 100 多个拷贝，因此重组多态汉逊酵母的构建也是采取整合的策略。目前，包括乙型肝炎表面抗原在内的数种外源蛋白在该系统中获得成功表达。

6.1.1.2 大肠杆菌转基因技术

大肠杆菌是第一个用于基因工程技术中重组蛋白生产的宿主菌，它不仅具有遗传背景清楚、培养操作简单、转化和转导效率高、生长繁殖快、成本低廉、可以快速大规模地生产目的蛋白等优点，而且其表达外源基因产物的水平远高于其他基因表达系统，表达的目的蛋白量甚至能超过细菌总蛋白量的 30%，因此大肠杆菌是目前外源基因表达最成熟和应用最广泛的蛋白质表达系统。

1）大肠杆菌表达系统的组成

（1）表达载体：对于一个完整的表达载体来说，除了插入的基因片段外，还应该包括复制起点、选择性筛选标记、启动子以及转录终止子。由于真核基因启动子不能为大肠杆菌 RNA 聚合酶所识别，因此在进行真核基因表达时，必须将该基因编码区的序列置于大肠杆菌 RNA 聚合酶所能识别的原核表达载体的启动子控制之下；外源基因表达的产物可能会对大肠杆菌有毒害作用，影响大肠杆菌的生长，所以表达载体应带有诱导性表达所需要的元件，即有操纵子序列以及与之相应的调控基因等；外源基因需要插入载体合适的位置上，所以表达载体要有合适的多克隆位点；基因克隆及筛选的必备条件，包括载体在细胞中复制必需的复制起始序列、抗性筛选标记等。目前已知的应用较广的大肠杆菌表达载体有非融合表达载体、融合表达载体、分泌型表达载体和表面呈现表达载体等。

（2）启动子：启动子是 DNA 上 RNA 聚合酶的识别与结合位点。它包括两小段核苷酸序列，即-35 区的 TTGACA 和-10 区的 TATAAT，它不仅决定转录的起始位点，而且决定转录的起始效率，是影响外源基因表达水平的关键因素。一个启动子的强度取决于它与 RNA 聚合酶的亲和性以及转录起始复合物的异构化速度，而-35 区和-10 区顺序是启动子的结构要素。由于外源基因的表达往往会影响宿主细胞的生长和繁殖，有些表达产物甚至对细菌有毒性作用，造成其死亡和裂解，影响表达水平，用于在大肠杆菌中表达重组蛋白的理想启动子不仅要能指导高效转录，保证目的蛋白的高产量，而且还应被紧密调控，以最大限度降低细菌的代谢负荷和外源蛋白的毒性作用。目前选用的启动子多为可控制表达，主要包括温度诱导和 IPTG 诱导表达。常用的启动子有 P_L、P_R、P_{trp}、P_{tac}、P_{lac} 等，还有后来出现的几种高效和特异性的启动子如 T7 启动子、ara 启动子、cadA 启动子等。这些启动子在诱导前基础表达水平很低或没有，当大肠杆菌生长到一定时期进行诱导表达。

（3）SD 序列：即核糖体结合位点，它是位于起始密码子 ATG 上游 3 bp～10 bp 处的由 3 bp～9 bp 组成富含嘌呤核苷酸的序列。这段序列刚好与 16S rRNA $3'$ 末端的富含嘧啶的序列互补结合而起始翻译过程，于 1974 年由 Shine 和 Dalgarno 发现而命名为 Shine-Dalgarno 序列，简称 SD 序列。原核生物中，核糖体受 SD 序列引导从而识别 AUG 起始密码，保守区为 $5'$-UAA GGA GGU GA-$3'$。SD 序列的结构及其与起始密码 AUG 之间的距离决定了核糖体的结合强度，从而对翻译的效率有显著影响，在设计的时候要注意，SD 与 AUG 之间相距一般以 4 bp～10 bp 为佳。

（4）转录终止子：在原核细胞中，转录终止子根据其作用机制可以分为两类：依赖 ρ 因子的终止子和不依赖 ρ 因子的终止子。它是位于基因下游附近的一段序列，使得转录 mRNA 尽可能的短，特别是对于像 P_L、T7 等强启动子的控制更为重要，防止通读以减少不必要的能量和原料的损耗，提高转录效率。转录终止子具有多种重要的功能，把转录终止子置于基因编码序列下游的合适位置，它可以通过其他启动子而阻止基因的连续转录。此外，转录终止子还可以形成稳定的茎环结构，增加 mRNA 的稳定性，提高重组蛋白的产量。

2）外源基因结构

外源基因是指在大肠杆菌表达体系中所要表达的目的基因，包括原核基因和真核基因两大类。其中原核基因可以在大肠杆菌中直接表达，而真核基因与原核基因不同，它是断裂基因，基因组 DNA 中的基因是不连续的，含有内含子序列，大肠杆菌对转录出的前体 mRNA 不能进行剪切形成有功能的 mRNA，故不能在大肠杆菌中直接表达，而只能以 cDNA 的形式在大肠杆菌中表达。而且由于真核转录和翻译元件不能为大肠杆菌所识别，必须提供大肠杆菌识别的转录及翻译元件以保证真核基因的表达。如真核基因的前导肽不能被大肠杆菌识别发生正确的剪切，在设计真核基因时应去除前导肽序列，必要时换以原核的信号肽序列。真核基因产物除带有前导肽外，许多蛋白质都是以无活性的前体蛋白的形式表达，通过翻译后的加工才能成为活性状态，因此在设计基因时应从活性蛋白质编码序列开始。

3）表达宿主菌

表达宿主菌株的选择也是在原核蛋白表达过程中必须要综合考虑的因素。作为原核表达的宿主，对外源基因的表达会产生一定的影响。比如，菌株内源的蛋白酶过多，可能会造成外源表达产物的不稳定，所以一些蛋白酶缺陷型菌株往往成为理想的起始表达菌株。堪称经典的 BL21 系列就是蛋白酶缺陷型，也是我们非常熟悉的表达菌株。真核细胞偏爱的密码子和原核系统有所不同，因此，在用原核系统表达真核基因的时候，真核基因中的一些密码子对于原核细胞来说可能是稀有密码子，从而导致表达效率和表达水平很低。

Rosetta 2 系列携带 pRARE2 质粒的 BL21 衍生菌，能够弥补大肠杆菌缺乏的 7 种（AUA、AGG、AGA、CUA、CCC、GGA 及 CGG）稀有密码子对应的 tRNA，提高外源基因尤其是真核基因在原核系统中的表达水平。当要表达的蛋白质需要形成二硫键以形成正确的折叠时，可以选择 K-12 衍生菌 Origami 2 系列，提高细胞质中二硫键形成概率，促进蛋白可溶性及活性表达。Rosetta-gami™2 则是综合上述两类菌株的优点，既补充 7 种稀有密码子，又能够促进二硫键的形成，帮助表达需要借助二硫键形成正确折叠构象的真核蛋白。Origami B 是衍生自 LacZY 突变的 BL21 菌株，这个突变能根据 IPTG 的浓度精确调节表达产物，使得表达产物量呈现 IPTG 浓度依赖性。

4）表达系统的选择

目前人们运用基因工程技术已在大肠杆菌中成功地表达了许多重要的生物活性蛋白基因，但是由于目的基因结构的多样性及其与大肠杆菌基因的差异，不同的外源基因在表达效率上有很大的差异。pET 系统是在大肠杆菌中克隆和表达重组蛋白的最强大系统，利用与启动子配套能高效转录特定基因的外源 RNA 聚合酶构建的 T7 RNA 聚合酶/启动子系统，可以从各种基因（包括原核、真核细胞）生产大量的目的蛋白，pET 表达系统的优势主要表现在以下几个方面：

（1）优化靶蛋白表达。pET 等表达系统的各种启动子及宿主为各类不同蛋白表达产量的最大化提供了重要的选择。另外，具亲和力的标签的融合蛋白易于通过蛋白杂交检测，并通过使用相应树脂和缓冲液等用于亲和纯化；His 标签序列作为纯化蛋白的融合蛋白非常有用，尤其对那些以包涵体形式表达的蛋白来说，它可以使亲和纯化在溶解蛋白的完全变性条件下进行，而 GST 标签序列可以用来增加其融合蛋白的溶解性。对于目的基因表达的蛋白并没有一个通用的策略或条件，因此需要在实际过程中单独优化不同类型基因的蛋白表达条件。

（2）严格控制基础表达水平。pET 表达系统能严格控制诱导剂缺失时的基础表达水平，从而阻止低浓度下就能严重影响宿主细胞生长速度的毒性基因的稳定克隆，与其他以大肠杆菌启动子为基础的系统不同的是，由于大肠杆菌的 RNA 聚合酶不能识别 T7 启动子，当没有 T7 RNA 聚合酶时，则不存在基础转录，从而使克隆与表达两步很好地分离。目的基因首先用不含有 T7 RNA 聚合酶基因的宿主菌进行克隆，这就避免了对宿主细胞有毒的蛋白产物影响质粒的稳定性。完成克隆后，将其转入染色体上带有 Lac UV5 调控的 T7 RNA 聚合酶基因的表达宿主菌中，用 IPTG 诱导即可表达目的蛋白。由于 T7 噬菌体的转录翻译信号非常强，许多难用其他大肠杆菌表达系统表达的基因可在 pET 系统中高效稳定地克隆和表达。

（3）宿主菌的最佳背景。质粒在非表达宿主菌中构建完成后，通常转化到一个带有 T7 RNA 聚合酶基因的宿主菌中表达目的蛋白。pET 系统有 11 种不同 DE3 溶源化宿主菌，其中使用最广泛的为 BL21 及其衍生菌株，它的优点在于缺失 lon 和 omp T 蛋白酶。宿主菌染色体上编码 T7 RNA 聚合酶的 DE3 基因的表达，受控于 Lac UV5 启动子，IPTG 可以激活 Lac UV5 启动子，从而表达 T7 RNA 聚合酶，使噬菌体 T7 启动子下游的外源基因获得高效表达。当 T7 RNA 聚合酶基因受控于 P_L 或 P_R 时，T7 表达系统也可采用热激的方式来诱导表达。这是由于该反应可以调动细胞内几乎所有的能源来参与外源基因的表达，诱导后外源蛋白的产量最高可达菌体总蛋白的 50% 以上。

Rosetta 宿主菌从 BL21 衍生而来，可增强带有大肠杆菌稀有密码子的真核蛋白的表达，该菌株通过一个相容性氯霉素抗性质粒补充密码子 AUA、AGG、AGA、CUA、CCC 和 GGA 的 tRNAs。这样 Rosetta 菌株提供了"万能"的翻译，从而避免由大肠杆菌密码子使用频率导致的表达限制。

总的来说，大肠杆菌表达系统作为目前应用最广泛的蛋白质表达系统具有较多的优点：能够在较短时间内获得表达产物，且所需的成本相对较低。但也存在一些不足，比如目的蛋白常以包涵体形式表达，产物纯化困难，且原核表达系统翻译后加工修饰体系不完善，表达产物的生物活性较低等。同时基因的表达过程是一个复杂的过程，涉及基因的转录、翻译、翻译后加工、细胞的代谢以及细胞内基因与蛋白、蛋白与蛋白之间的相互作用。进入后基因时代之后，大肠杆菌首先被选作研究蛋白质组学、基因功能、蛋白质网络等新课题的模型，揭示了很多基因表达的未知领域，同时提供了更多发展大肠杆菌表达系统的依据。伴随分子生物学新技术的涌现，大肠杆菌势必在工业基因工程领域生产重组蛋白的应用中发挥出更大的作用。

6.1.2 工业领域转基因技术的研究方法

6.1.2.1 酵母菌转基因技术的研究方法

（1）酵母菌原生质体转化法：早期酵母菌的转化都采用在等渗缓冲液中稳定的原生质体转化法，在 Ca^{2+} 和 PEG 的存在下，转化细胞可达原生质体总数的 $1\% \sim 2\%$。但该程序操作周期长，而且转化效率受到原生质体再生率的严重制约。原生质体转化法的一个显著特点是，一个受体细胞可同时接纳多个质粒分子，而且这种共转化的原生质体占转化子总数的 $25\% \sim 33\%$。

（2）碱金属离子介导的酵母菌完整细胞的转化：酿酒酵母的完整细胞经碱金属离子（如 Li^+ 等）、PEG、热休克处理后，也可高效吸收质粒 DNA，而且具有吸收线型 DNA 的能力明显大于环状 DNA 等特性。

（3）酵母菌电击转化法：酵母菌原生质体和完整细胞均可在电击条件下吸收质粒 DNA，但在此过程中应避免使用 PEG，它对受电击的细胞具有较大的副作用。电击转化的优点是不依赖于受体细胞的遗传特征及培养条件，适用范围广，而且转化率可高达 $10^5 / \mu g$ DNA。

6.1.2.2 大肠杆菌转基因技术的研究方法

（1）大肠杆菌 $CaCl_2$ 转化法：$CaCl_2$ 转化法是适用于大肠杆菌等革兰氏阴性细菌的经典转化技术。在低温下，高浓度的 Ca^{2+} 能与细菌外膜磷脂形成液晶结构，然后在热脉冲作用下发生收缩，这样细胞膜就会出现空隙，从而使外源 DNA 进入受体菌，所以 $CaCl_2$ 转化法也被称作热激法。热激法的关键影响因素是低温和 Ca^{2+} 浓度，对实验条件要求较低，在实际应用中最为广泛。

（2）大肠杆菌电击转化法：电击转化法是一种操作简捷快速的物理转化方法。在电场的作用下细胞表面结构的两侧会产生高强度的跨膜电势，当施加的电位差超过某一临界水平时，细胞表面会被击穿而出现暂时性电穿孔，外源分子就能通过产生孔隙进入细胞。这些过程在几毫秒到十几毫秒内完成，因此只要采用足够高的电场强度击穿细胞，并且用一定时间的电压维持这些孔道的存在就可以实现细胞的转化。电转技术最早运用于真核细胞中，但效率较低。随着技术的发展，电转效率也逐渐提高，现已广泛运用于原核细胞中外源 DNA 分子的导入。在大肠杆菌电击转化法中，电场强度和脉冲时间是影响电击转化效率的两个关键因素。

（3）超声波转化方法：超声波转化方法的基本原理是通过低频超声波（20 kHz～100 kHz）在液体中产生气穴和微泡。气穴分为稳定气穴和瞬间气穴，稳定气穴在液体中形成的微泡以一种物理平衡的状态存在，而瞬间气穴在液体中形成的微泡极其不稳定，此微泡形成过程中可裹入溶液中的核酸、多糖等生物大分子。在连续的超声下，瞬间气穴形成的微泡不断胀大、破裂、释放出能量，并在细胞膜上产生瞬间的纳米通道，其包裹的生物大分子通过纳米通道进入细胞内部，完成转化过程（如图 6-1 所示）。影响超声波转化效率的环境因素主要包括超声波本身的参数设置如频率、时间等，以及缓冲液的 pH 值、温度、成分及浓度等。

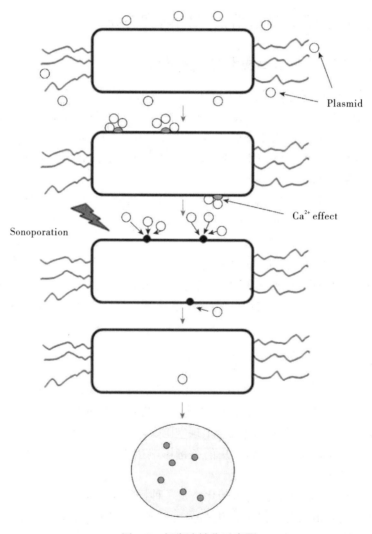

图 6-1　超声波转化示意图

因绿色荧光蛋白应用，钱永健获诺贝尔化学奖

因绿色荧光蛋白应用，钱永健获 2008 年诺贝尔化学奖。他利用基因工程技术，改变了荧光水母的蛋白结构，陆续开发出绿、红、黄、蓝等荧光蛋白，将不同颜色的荧光打入细胞之后，可以观察到细胞的成长状况，进而了解细胞传递的讯息。由于癌细胞会不断分裂增生，所以有的发红光、有的发绿光，糅在一起看就是黄色。透过不同颜色的荧光标记，清楚地传递细胞讯息的路径，成为现代分子生物学一项重大的发现。

6.2　酿造工业中的基因工程

人类很早就利用自然界无处不在的微生物酿酒制酱，自从知道了微生物以后，特别是进入 20 世纪后，更是不断地利用各种微生物来发酵生产各种产品。例如工业用的丙酮，食品中用的柠檬酸、味精等。不论是什么产品，都无非是利用每一种微生物的特性，生产特定种类的产品。基因工程技术诞生后，人们可以使大肠杆菌生产动物的生长激素、蜘蛛丝蛋白等。利用基因工程手段只要把生长因子基因进行克隆，把携带目的基因的载体导入合适的微生物细胞，便能用它来进行发酵生产。同样直径的蜘蛛丝与钢丝的拉力相似，但是它具有其他一些优点，例如可以拉长 10 倍，并返回原来的状态等。虽然人们既无法大量地收集天然的蜘蛛丝蛋白，也不能像养蚕那样养蜘蛛，可是只要把携带蜘蛛的丝蛋白基因的载体导入微生物细胞，就能在发酵缸里大量生产这种蛋白了。

应用微生物发酵生产基因工程产品除了必须取得所需要的基因以外，还得选择不致病的便于培养的微生物，产品能分泌到培养液中以便于提取和转化等。目前利用基因工程技术生产凝乳酶、α-淀粉酶和食品添加剂等已有广泛应用。此外，利用基因工程手段还可以生产出动物、植物新品种，从而获得新食品。例如，高赖氨酸的玉米、高蛋白的小麦、无毒素的棉籽、降血压的番茄等，这些基因工程产品改善了日常食品的质量，丰富了食品资源。

6.2.1　基因工程在乳制品开发中的应用

乳制品发酵是利用微生物对牛乳进行乳酸发酵，使乳糖变为乳酸。最主要的发酵乳制品包括酸乳、乳饮料和干酪制品。由于近年来酸奶在我国的消费量迅速增加，因此，乳制品发酵在食品工业中的地位非常重要。国内重点奶业科技研究单位光明乳业股份有限公司乳业生物技术国家重点实验室、东北农业大学国家乳业工程技术研究中心和内蒙古农业大学乳品生物技术与工程教育部重点实验室等，都不约而同地把乳酸菌菌种选育、功能性乳品开发及干酪加工新技术研发等作为主要的研究方向。

6.2.1.1　乳制品发酵中存在的问题

乳制品发酵工艺相对成熟，主要的问题是菌种的遗传不稳定而引起的产品质量的

劣变，现已基本确定了影响菌种遗传稳定性的分子生物学基础。人们发现，在多数用于发酵的菌株中，质粒控制的次级代谢恰恰是乳制品发酵过程中与质量形成关系密切的乳糖代谢过程，例如，在乳酸链球菌中，就已鉴定了至少 12 种不同的质粒，这些质粒以其相对分子质量命名，它们携带着参与乳制品发酵过程的主要酶分子的编码基因，其中，52 MD 质粒编码有控制乳糖发酵的蛋白酶基因；40 MD 质粒编码有控制乳糖转移的基因、抗噬菌体感的温度敏感的噬菌体抗性基因以及抗细菌生长的抑制物，即乳链球菌肽的编码基因；5.5 MD 质粒编码参与柠檬酸利用的蛋白酶基因，可发酵柠檬酸盐，产生丁二酮，从而赋予发酵乳制品芳香的风味。质粒在细菌内作为遗传物质存在，但这种遗传物质的一个重要特点是其不能完全稳定遗传，表现为在菌体分裂过程中，由于质粒的随机分配而使有些子代细胞中质粒丢失。这种缺失质粒的菌株具有很快的生长速度，迅速生长为发酵剂中的优势菌株，而使携带有质粒的菌株最终被"稀释"掉，很显然也就丢失了这些质粒所编码的基因，从而影响了次级代谢过程，这就解释了发酵乳制品菌株不稳定的分子本质。困扰乳制品发酵工业长达半世纪之久的另一个问题是噬菌体对发酵菌株的感染，这种感染导致菌株生产性能下降，产品质量劣变，因此结果是致命的。生产中预防噬菌体感染的方法很多，但通常是防不胜防。利用基因重组技术改造原有菌株无疑给乳制品发酵业带来了无限光明。

此外，对于乳制品发酵工艺，其关键环节是氧的控制，因为多数发酵菌株是厌氧的，要求隔氧密封，这给生产带来诸多困难，特别对于双歧杆菌更是要求绝对厌氧，因多数生产条件难以达到这一苛刻条件，因此在一般乳制品中双歧杆菌数量极少，具有生产能力的活菌体更少。厌氧菌或兼性厌氧菌几乎没有超氧化物歧化酶和过氧化氢酶基因或活性很小，这就使其难以清除由于氧化作用产生的有害物质，如超氧阴离子、过氧化脂质，这些物质的存在对于微生物生命代谢过程中的酶有破坏作用。

6.2.1.2 基因工程技术在乳制品发酵工业中的应用

根据乳制品发酵菌株遗传不稳定的分子本质，应用基因重组技术，把参与乳制品发酵作用的重要质粒基因，整合到菌株的染色体基因组上，染色体基因组作为遗传物质可稳定遗传，发生质粒丢失的可能性很小，这样，便能够培养出性能稳定的工程菌株。用同样的方法可以构建抗噬菌体的菌株，分离 40 MD 质粒上抗噬菌体感染的抗性基因，转移到发酵工程菌的基因组中，该基因表达产生的一种叫脂磷壁质的物质黏附在细胞表面，使得噬菌体无法与细胞表面的受体结合从而失去感染能力。因此，通过基因重组技术可以构建出性能稳定又可抗噬菌体的新型发酵工程菌株。为了解决发酵菌株对氧的不耐受性问题，首先应用基因工程技术克隆超氧化物歧化酶基因和过氧化氢酶基因，然后导入发酵菌株中，置于强启动子之下使其高效表达，可使发酵菌株对氧的抵抗能力增加。此外，若通过基因工程改变超氧化物歧化酶的调控基因，也可以提高耐氧活性。目前重要的应用方面包括：

1) 提高牛乳产量

将采用基因工程技术生产的牛生长激素(BST)注射到母牛身上，可提高母牛产奶量。目前利用 DNA 的克隆繁殖技术，把人垂体激素重组体互补到 BST 的 mRNA 中，利用外源 BST 来注射乳牛，可提高 15% 左右的产奶量，BST 现已进入商业化领域。多个国家已采用 BST 来提高乳牛的产奶量，具有极大的经济效益，且对人体无害。

2) 改善牛乳的成分

利用基因工程技术将 β-半乳糖苷酶基因转入微生物细胞，在发酵罐规模上生产表达优良特性的 β-半乳糖苷酶，进一步水解牛乳中的乳糖，这对众多乳糖不耐症患者是一个难得的好技术。删除乳糖合成有关的 α-乳白蛋白基因，也可达到降低牛乳中乳糖含量的目的。此外，谷胱甘肽硫转移酶具有解毒作用，对于对抗有机体的致癌物和诱变剂起重要作用，将谷胱甘肽硫转移酶基因转入乳酸乳球菌菌株，有望研制具有抗癌功效的乳制品。通过基因工程技术将秀丽隐杆线虫的脂肪酸脱氢酶基因转入奶牛，发现奶牛所产的牛奶中 ω-3 脂肪酸含量是普通牛奶的 4 倍。

3) 生产甜蛋白

甜蛋白来源于西非热带植物的果实，正常结果所需生态环境非常苛刻，很难在其他地区引种成功，所以提取甜蛋白难以形成规模。因此，自 20 世纪 80 年代末以来，国际上开始采用基因工程技术人工合成甜蛋白的研究工作。现已合成多种甜蛋白，目前利用转基因植物生产嗦吗甜的商业开发较为成熟。我国自 1994 年开展人工合成甜味剂的研究工作，由中国农业科学院生物技术所的研究人员主持的"利用基因工程技术高效表达高甜度蛋白"项目成果在国际上首次采用细菌优化密码子，人工合成了蛋白产物甜度为相同重量蔗糖甜度 1 100 倍的单链莫奈林甜蛋白基因；通过定点突变，又首次获得了蛋白产物甜度为相同重量蔗糖甜度 4 500 倍的莫奈林甜蛋白基因，并通过优化发酵条件使其在人肠杆菌中得到表达，其表达效率在 40% 左右，发酵时间仅为 24 h～36 h。

6.2.2 基因工程在啤酒生产中的应用

啤酒酵母是一类单细胞的低等真核微生物，能将葡萄糖发酵为酒精和二氧化碳。现代啤酒工业竞争相当激烈，而且消费者对啤酒风味的需求越来越多元化，解决这些问题都需要依赖现代分子生物技术对传统工艺进行改进。

6.2.2.1 啤酒工业中存在的问题

啤酒的酿制过程是啤酒酵母通过 EMP 途径将麦芽汁中的糖，如蔗糖、果糖、葡萄糖、麦芽糖、麦芽三糖等发酵产生酒精、CO_2 和少量有助于啤酒风味的多种次级代谢产物。由于麦芽汁中的主要成分是麦芽糖，啤酒酵母能迅速有效发酵麦芽糖十分重要。麦芽糖由诱导性渗透膜酶传输进入细胞中，再由渗透性 α-葡萄糖苷酶水解为葡萄糖，麦芽三糖的利用过程与此类似。发酵过程中主要的限速步骤是这两种糖的吸收过程，因为这种传输酶的产生受葡萄糖存在的抑制。只有当 50%～60% 的葡萄糖已被利用时酵母才开始利用麦芽糖和麦芽三糖。现在利用基因工程的方法改良发酵菌株为解决上述难题提供了有效方法。此外，啤酒酿制过程中苦味物质形成、啤酒冷浑浊的形成，都可以通过现代基因重组技术改变酿酒酵母性能来得以实现。

6.2.2.2 基因工程对啤酒工业的改造

为了避免酵母菌优先利用葡萄糖，并且由于葡萄糖的消耗限制了其对其他碳源的利用的效应,可应用重组 DNA 技术构建营养缺陷型菌株,使葡萄糖被利用后产生的降解产物不再抑制酵母产生利用其他碳源的酶。利用基因重组技术,培育出新的酿酒酵母菌株,改进传统的酿酒工艺,并使之多样化。例如:通过插入糖化酵母和曲霉的糖化酶基因以及芽孢杆菌的 α-淀粉酶基因,来增加啤酒酵母发酵低聚麦芽糖的能力,这样可使酿酒原料麦汁中低聚麦芽糖的残留量降低,提高原料利用率,并且使啤酒风味纯正;同时由于 α-淀粉酶的活性,可直接发酵淀粉,省去了酿酒工艺中的糖化工序,节省能源,缩短生产周期,导致啤酒生产的革新;通过导入枯草芽孢杆菌和木霉属的 β-葡聚糖基因分解大麦的 β-葡聚糖来提高啤酒的过滤性能;导入基因提高酵母的絮凝特性,也有利于啤酒的过滤;导入大肠杆菌和克雷伯氏菌的 α-乙酰乙酸脱羧酶基因,控制双乙酰的形成,降低啤酒的苦味;导入产蛋白酶基因,其高效表达产生蛋白水解酶,使大麦醇溶蛋白水解,控制浑浊的形成。

在啤酒工业中,由于啤酒酵母菌种不存在 α-淀粉酶,需要利用麦芽产生的 α-淀粉酶使谷物淀粉液化成糊精,但现在已经采用基因工程技术将大麦中 α-淀粉酶基因转入啤酒酵母中,这种酵母便可以直接利用淀粉进行发酵,简化生产流程和工艺;啤酒在生产过程中容易产生一种令人不愉快的馊酸味,严重破坏啤酒的风味和品质,这是由于啤酒酵母产生的 α-乙酰乳酸经一系列反应生成双乙酰,为除去双乙酰,利用转基因技术将外源 α-乙酰乳酸脱羧酶基因导入啤酒酵母中使其表达便可以达到此目的。近期江南大学的研究人员通过基因工程技术让啤酒酵母产生特定的化合物 NADH,提高酶的活性来分解啤酒中的醛类物质,不仅可以提高啤酒的保质期而且还能确保其保持更长时间的美味。

新的啤酒技术是产生沉香醇和香叶醇物质取代啤酒花对啤酒风味的影响,这样可以保障每一批次生产出来的啤酒具有一致性。用基因工程酵母发酵的啤酒,可以不加啤酒花,但产生风味强度比普通酵母加啤酒花强烈得多。

应用体外突变技术主动改变酵母发酵液中的酶的活性,例如,有目的突变编码葡萄糖淀粉酶的基因,使其表达产物酶的稳定性增加,从而延长其活性维持时间,最大限度地将糊精转化为葡萄糖,这样便可生产甜味啤酒。此外,利用粮食替代品酿造啤酒的首选原料是纤维素,因为纤维素是自然界存量最多的有机物,某些真菌如平菇、香菇、灵芝、红曲霉等对纤维素有很强的分解能力,如果利用现代基因工程技术将这些真菌中控制纤维素酶合成的基因转移到啤酒酵母中去,那么啤酒酵母就能利用纤维素酿造啤酒,改变传统的啤酒生产中消耗大量的大麦和大米等粮食的局面。

6.2.3　基因工程在酶制剂改良中的应用

酶蛋白可以降解和合成几乎所有的有机化合物,酶制剂可以称得上是新兴生物产业的"芯片",利用基因工程技术生产的凝乳酶、蛋白酶、木聚糖酶和葡糖氧化酶等酶类在食品工业的乳制品、肉类和谷物等加工领域有广泛的应用。

6.2.3.1　利用基因工程技术生产食品工业用酶

酶的传统来源是动物肝脏和植物种子,后来因发酵工程的发展,出现了以微生物为主要酶源的格局,20 世纪 50 年代初开始,分子生物学和生物化学的发展使基因工程技术在酶制剂方面的应用越来越广泛。凝乳酶是第一次应用基因工程技术把小牛胃中的凝乳酶基因转移到细菌或真核微生物生产的酶,利用基因工程菌生产凝乳酶是解决凝乳酶供不应求问题的理想途径。有科学家将编码牛凝乳酶的基因克隆到乳酸克鲁维酵母中发现,乳酸克鲁维酵母能有效地把凝乳酶原分泌到培养基质,并成功地进行了大规模的工业生产。将 α-淀粉酶基因克隆到枯草芽孢杆菌中,得到的转化菌具有 α-淀粉酶活力。另外,将地衣芽孢杆菌的高产 α-淀粉酶基因克隆到质粒后,再转移到枯草芽孢杆菌 α-淀粉酶突变体上,α-淀粉酶产量提高了 7~10 倍,并且已经广泛地应用于食品和酿酒工业。近期基因工程技术生产出的木聚糖酶和葡糖氧化酶已用于生产,其中木聚糖酶用于制造面包和其他谷类产品,葡糖氧化酶用于谷物产品制造和鸡蛋加工。

6.2.3.2 利用基因工程技术定向改造其他酶类

β-环状糊精广泛用于食品、医药和化妆品中,但由于生产菌中 β-环状糊精葡基转移酶活力低,不能满足需求,复旦大学和上海工业微生物研究所等利用染色体整合扩增技术,成功地构建高表达 β-环状糊精葡基转移酶的基因工程菌;采用基因工程手段改良产酶菌株,还应用于超氧化物歧化酶(SOD)和生产高果葡糖浆的葡萄糖异构酶的生产;除了上述酶制剂外,近年来基因工程技术的发展,使我们可以按照需要来定向改造酶,其至创造出自然界没有的新酶种。

酱油风味的优劣与酱油在酿造过程中所生成氨基酸的量密切相关,而参与该反应的羧肽酶和碱性蛋白酶的基因已克隆并转化成功,在新构建的基因工程菌株中碱性蛋白酶的活力可提高 5 倍,羧肽酶的活力可提高 13 倍,可有效提高酱油酿造过程中氨基酸的量。另外,在酱油酿造过程中,木糖可与酱油中的氨基酸反应产生褐色物质,从而影响酱油的风味。而木糖的生成与制造酱油用曲霉中木聚糖酶的含量与活力密切相关。利用反义 RNA 技术抑制米曲霉中的木聚糖酶基因的表达所构建的工程菌株酿造酱油,可大大地降低这种不良反应的进行,从而酿造出颜色浅、口味淡的酱油,以适应特殊食品制造的需要。

拓展阅读

酶分子定向进化获得诺贝尔化学奖

因实现酶的定向进化,美国科学家 Frances H. Arnold 获得 2018 年诺贝尔化学奖。一般催化剂包括酸碱、金属、过渡金属和过氧化物等,但在众多催化剂中,有一种催化剂效果特别突出,那就是酶。它是一种极为高效的特殊催化剂,其化学本质是具有催化活性的蛋白质或核酸。酶相比化学催化剂,其高效的原因就在于它能更大幅度地降低反应活化能,让反应从底物到产物更容易进行。可以说,所有生物正是由于酶这种天然生物催化剂才得以生存繁衍。正是由于酶如此重要的地位,才造就了近 20 位和酶学研究相关的诺贝尔奖得主。酶分子定向进化技术是酶催化领域上游核心技术之一,正是由于该技术的突破,才造就了生物催化的第三次浪潮,使得酶促生物合成进入了全新的时代——酶分子定向进化。

6.3 食品工业中的基因工程

生物技术应用于食品生产有着悠久的历史，传统上曾被集中用于生产面包、奶酪、米酒、啤酒、葡萄酒、酱油等多种发酵食品。自 20 世纪 70 年代以来，随着基因工程为核心内容，包括细胞工程、酶工程和发酵工程的现代生物技术广泛应用于食品生产与开发，食品工业也有了飞速的发展。利用基因工程技术不仅能改造食品资源，同时还能改进传统工艺、改良食品品质、提高产品加工深度、增加食品包装功能并将其产业化，而且还可以赋予食品多种功能、优化生产工艺和开发新型功能性食品。基因工程技术也将成为解决食品工业生产所带来的环保和健康等问题的有效途径。

目前，基因工程技术在食品工业中也越来越显示出它的优越性和发展前景。基因工程技术之所以能够在食品工业中快速发展，是因为利用转基因技术生产的食品往往具有传统食品无可比拟的优点，它给人类带来的好处是显而易见的，如营养品质好、产量高、含有特殊保健成分、保鲜期延长等，而产量提高则特别适合人口众多的发展中国家，因此在时间、效果、成本方面均明显优于传统食品的生产。

6.3.1 转基因食品及其应用前景

食品科学是一个建立在化学、物理学、工程学、生物学领域基础上的交叉性学科。由于食品科学的终端产品是为人类提供各种适合生理需要的食品，因此，没有任何一门科学比食品科学对人类健康的影响更直接。作为食品科学基础理论体系的组成部分，生物技术必将通过食品科学的终端产品对人类的营养和健康产生深远而广泛的、正面或负面的影响。基因工程技术作为生命科学的前沿，每向前迈出一步，都会给生命科学以及包括食品科学在内的相关学科带来革命性的影响。

转基因食品又称基因改良食品或基因工程食品，是利用基因工程技术将一些微生物、动物或植物的基因植入另一种微生物、动物或植物中，接受的一方面由此获得了一种它所不能自然拥有的品质。转基因食品根据其原料可分为三类：转基因微生物及其产品、转基因作物及其产品和转基因畜产品。转基因微生物主要用来生产食品用酶。转基因畜产品主要用于医药方面的研究，在食品中多用于乳制品的生产。目前市场上的转基因食品主要是转基因作物及其加工产品，如转基因大豆、西红柿、玉米、油菜、番茄以及它们作为原料经过加工而得到的各种食品等。

转基因食品在人类发展史上，是人类对自然的认识和改造的结果，必将给人类的生存带来重大影响。通过转基因技术来改良作物的产量、品质和抗逆性等是一个不可阻挡的趋势，因为现在有许多问题是无法通过常规育种来解决的，特别是耐旱、耐贫瘠等作物品种的培育。例如非洲的沙漠地区，如果按照现在的育种手段，它的粮食产量根本不可能满足当地人民的基本生活需求，人们现在寄希望于通过转基因技术生产一些比较耐旱、耐贫瘠的作物，以解决土地可耕面积的减少给人类带来的压力。

另外，转基因技术可以改良作物的营养成分，黄金大米就是通过将胡萝卜素合成途径的关键基因转到水稻中去，生产出金黄色的大米，这种水稻含有维生素 A 的合成原料，在解决吃饭问题的同时也有助于治疗缺乏维生素 A 导致的失明等疾病，这对于発展中国家人民来说非常重要。近期中国科学家李家洋在国际学术期刊《细胞》发表的论文首次提出了异源四倍体野生稻快速从头驯化的新策略，成功创制了落粒性降低、芒长变短、株高降低、粒长变长、茎秆变粗、抽穗时间不同程度缩短的各种基因编辑源四倍体野生稻材料。未来或将培育出新型多倍体水稻作物，大幅提升粮食产量并增加作物环境变化适应性。因此，转基因技术具有广阔的发展前景。

目前国内外对转基因食品的安全性众说纷纭，我们应该适当借鉴国外经验，建立一套既符合中国国情又与国际接轨且科学合理的基因安全评价和监控体系，为保护国人的健康，也为日后我国转基因食品走向世界奠定基础。相信科学技术特别是基因工程技术的不断发展和进步，将使转基因食品的安全性得到保证，基因工程技术在食品工业中的应用也将越来越广泛，能够让人们吃到安全、营养丰富、更有利于健康并且独具风味的更多样的食品，也能解决世界面临的粮食短缺、能源危机、环境保护等问题。基因工程技术将为人类的衣食住行和保健发挥无穷无尽的力量。

6.3.2 基因工程在改良食品加工原料品质中的应用

6.3.2.1 改良植物源食品原料

20 世纪 80 年代初，DNA 重组技术和细胞融合技术相结合，培育出了高产、抗虫、抗病、生长快、高蛋白的基因改良植物。例如，抗虫和推迟成熟的转基因西红柿，由于其抗虫能力的提高和成熟期的延长，减少了化学农药的使用和对化学农药的依赖性，减少了环境污染，减少了运输损失，具有显著的社会经济效益。中国科学家商彩霞使用 CRISPR 基因编辑技术获得的小麦不再受小麦白粉病的影响。基因工程技术不仅改进了农作物的抗病虫特性，也改进了食品营养、味道和外观，增加了食品资源的多样性。

采用基因工程技术可改良原料的品质，提高食品质量。例如，大豆或油菜经过转入硬脂酰 CoA 脱氢饱和酶基因后，其植物油中含不饱和脂肪酸较高，因而食用油的品质提高；将玉米的醇溶蛋白基因导入马铃薯中，可提高后者含硫氨基醇含量，增加完全蛋白质的来源，提高其营养价值。另外，用转基因方法还可控制果实软化、延缓蔬果成熟。例如，利用反义基因技术，将反义 PGC 基因转入番茄中，可以延长番茄的货架期，增加番茄的风味，其纤维素酶的活性降低 70%～90%，而且易于保存，无须冷藏，货架期延长，风味增加，并有抗虫害能力。

同时，还可以通过调控酶基因的表达改变实现作物碳水化合物的改进。高等植物体中淀粉合成的酶类主要有 ADPP 葡萄糖焦磷酸酶(ADP-GPP)、淀粉合成酶(SS)和分枝酶(BE)。通过反义基因抑制淀粉分枝酶基因可获得只含直链淀粉的转基因马铃薯，油炸后的马铃薯风味更好，且吸油量较低。谷物类植物中淀粉合成酶有两种不同形式，其中一种为蜡质基因(Wx)，是决定直链淀粉合成的基因，玉米上利用 Wx 基因的反义基因抑制该酶的活性，使玉米中 Wx 的活性大大降低，抑制了直链淀粉的合成，从而改善淀粉的品质。中国科学家近期在水稻日本晴背景中基因编辑 Wx 基因的不同位点，其直链淀粉含量降低，为精准和快速改良水稻品质提供了新思路。此外，还针对长粒香米的迫切需求，利用基因编辑技术同时编辑粒型基因($GS\,3$ 和 $GS\,9$)及香味基因

Badh 2 三个靶基因，可将普通圆粒品种改良为长粒香型品种，加快了长粒香米的育种进程。

6.3.2.2 改良动物源食品原料

利用转基因动物来表达高价值蛋白，目前已在家畜及鱼类育种上初见成效。当前，生长速度快、抗病力强、肉质好的转基因兔、猪、鸡、鱼已经问世。利用基因工程生产的动物生长激素，可以加速动物的生长，改善饲养动物的效率及改变畜产动物和鱼类的营养品质。在不影响奶的质量前提下，利用基因工程生产的牛生长激素注射到乳牛身上，便可提高乳牛的产奶量；将基因工程生产出的猪生长激素注射到猪身上便可以使猪瘦肉型化，有利于改善肉食品质；而将疫苗的基因转入羊的乳腺，可使这些产物随乳汁而分泌。

中国科学院水生生物研究所在世界上率先进行转基因鱼的研究，成功地将人生长激素基因和鱼生长激素基因导入鲤鱼，育成当代转基因鱼，其生长速度比对照快，并从子代测得生长激素基因的表达。中国农业大学瘦肉型猪基因工程育种获得第二、三、四代转基因猪数百头。上海医学遗传研究所与复旦大学合作的转基因羊的乳汁中含有人的凝血因子，既可以食用，又可以药用，使人类药物研究迈出了重大的一步。

在肉的嫩化方面，可利用基因工程技术对动物体内的肌肉生长发育进行调控，获得嫩度好的肉。可以从两个方面着手：一个途径是活体调控钙激活酶系统，这是利用基因工程在动物的生长发育阶段提高钙激活酶系统中钙激活酶抑制蛋白的含量，从而降低肌肉中蛋白质的代谢速度，增加肌肉中蛋白质的积存，提高瘦肉的生产量；而在动物准备屠宰前则通过调控提高钙激活酶的活性来改善肌肉的嫩化。另一个途径是调控脂肪在畜体内沉积顺序以达到改善肉质的目的。均匀分布于肌肉中的脂肪使肌肉呈大理石状，嫩度好，而皮下脂肪对肉的品质则没有任何益处，在肉品加工中也很难利用。因此，改变或淡化畜体的脂肪沉积顺序、减少皮下脂肪的产量具有相当的经济意义。

6.3.3 基因工程在改进食品生产工艺中的应用

啤酒制造中对大麦醇溶蛋白含量有一定要求，如果大麦中醇溶蛋白含量过高就会影响发酵，使啤酒容易产生浑浊，也会使其过滤困难。采用基因工程技术，使另一蛋白基因克隆到大麦中，便可相应地使大麦中醇溶蛋白含量降低，以适应生产的要求。在牛乳加工中如何提高其热稳定性是关键问题，牛乳中的酪蛋白分子含有丝氨酸磷酸，它能结合钙离子而使酪蛋白沉淀，现在采用基因操作，增加 k-酪蛋白编码基因的拷贝数和置换，k-酪蛋白分子中 a-53 被丝氨酸所置换，便可提高其磷酸化，使 k-酪蛋白分子间斥力增加，以提高牛乳的稳定性，这对防止消毒奶沉淀和炼乳凝结起重要作用。在烘烤工业中，将含有地丝菌属 *IXVZ* 基因的质粒转化到面包酵母中，可以使面包蓬松，内部结构较均匀，优化了加工工艺。通过转基因技术改良小麦中麦谷蛋白和麦醇溶蛋白的组成比例，能够改善其面团的流变学特性，进而提高焙烤特性。

6.3.4 基因工程在生产食品添加剂中的应用

食品添加剂是为改善食品品质和色、香、味以及为防腐和加工工艺的需要而添加到食品中的物质。根据来源的不同，可分为天然和化学合成添加剂两大类。研究、开发、使用无毒、天然、安全、高效及具有保健作用的抗氧剂、增稠剂、防腐剂等食品添加剂是当今食品添加剂发展的新趋势。

目前，利用微生物方法生产的食品添加剂包括酸味剂、防腐剂、增稠剂、凝固剂和着色剂等，它们在食品工业中得到了广泛的应用。例如由黄单孢菌生产的黄原胶是一种很好的增稠剂，广泛用于焙烤食品、饮料、乳制品和罐头食品的生产，用于改善食品的品质，提高稳定性；利用曲霉和酵母发酵生产的柠檬酸，是食品工业中最常用的酸味剂，除了具有改善食品风味的作用外，还有抗氧化、增溶、防腐、除腥、脱臭等方面的用途。

此外，微生物天然防腐剂的研究开发，已成为当今食品保藏研究的热点。由基因工程改造后的菌种，不仅可以使产品的产量和风味获得改进，而且可以使原来从动植物中提取的各种食品添加剂，如天然香料、天然色素，转到由微生物直接转化而来。如草莓中的红色素是一种非常好的天然食用色素，要获得这种色素，通常需要种植大量草莓采摘后进行生物提取，不仅需要大量土地和人工，需要很长的生长周期，而且草莓体中红色素含量尚不丰富，提取有一定困难。将草莓产红色素基因转入大肠杆菌，可以发酵生产草莓红色素。从西非发现的由植物果实中提取的甜味蛋白基因转入大肠杆菌，还可以生产高效低热量的新型甜味剂。通过基因工程可以改变酶的性质，生产食品结构改良剂。如植物种子所含的 α-半乳糖苷酶基因转入酵母中，可以切除植物多糖类的侧链，改善稳定剂的性质。目前，通过基因工程已能生产出如红曲色素、胡萝卜素、维生素 C、香味脂类和黄原胶等多种食品添加剂。

拓展阅读

转基因食品在中国的发展历程

20 世纪 90 年代中期，我国转基因抗虫棉的育成打破了跨国公司的技术垄断，使我国成为继美国之后第二个自主开发并拥有抗虫转基因技术专利的国家。在这项成果的带动下，转基因水稻、玉米、小麦等多种作物以及林木的研究进展迅速。目前，除抗虫棉以外，转基因抗虫杨树和抗病毒木瓜已被批准大规模生产应用，其他转基因作物正在进行田间试验和安全性评价，尚未推广应用，产品也未进入市场销售。

经过 20 多年的发展，我国已打破了外国的技术垄断，基本建成了转基因育种研究与开发体系，成为世界上为数不多的拥有自主基因产权，并独立实现转基因作物产业化的国家。之前各国研究开发的主要是抗虫、抗病、抗除草剂的转基因作物，它们的效益主要表现在减少农药使用、节约劳力、增产增收和保护生态环境上。下一代转基因作物将以产量与品质协同提升、抗旱抗盐碱提高、对化肥有效利用等为目标；从广大消费者的需要考虑，品质优、营养丰富、具有医疗保健功能的食品是未来基因工程发展的重要方向。

6.4 生物能源中的基因工程

能源是国民经济和社会经济发展以及人们日常生活不可缺少的物质基础。随着经济的高速发展，能源大量消耗，世界各国均面临着化石能源资源枯竭和大量化石能源的开采、使用造成的地质灾害频繁发生、温室效应引起的全球气候变暖、酸雨等严重的环境问题。因此，如何开发新型的、对环境友好的可再生能源成为一项重要课题。要实现社会经济的可持续发展，新型能源必须是储量丰富、可再生，且对环境影响较小的。基于这一原则，以能源植物为主的生物质能将是人类未来的理想能源。"大力发展非粮生物乙醇、生物柴油等生物能源产品相关关键技术；研究开发微藻生物固碳核心关键技术"也已经被列入我国"十二五"期间能源发展规划主攻方向之一。

酒精是重要的能源物质之一，生产涉及的能源植物主要有玉米、马铃薯、木薯和甘蔗。这是因为这些农作物中所含的多糖类物质经过微生物发酵可以产生乙醇，以 10% 的比例加入汽油中，不仅可以减少汽油的消耗，还可以减少铅、硫的污染。另外，甘蔗具有较高的光合速率和干物质积累能力，是发展燃料酒精的理想作物。在巴西，人们利用甘蔗汁为原料发酵产生酒精，相当于每天生产 117 万桶石油，实现了该国不进口石油的目标。

6.4.1 基因工程在提高总的生物量中的应用

理想的能源植物应该是太阳能利用转化率高、具有较高的光合速率和干物质积累能力、快速生长的植物。研究表明，目前普通植物对于阳光的利用效率不到 4%，如果通过改良使光能利用效率提高到 5%，那么只要世界农田面积的 1/10，就可提供相当于目前人类使用的全部化石能源。利用植物基因工程技术调控光合作用途径来提高植物对光能的捕获和利用效率已成为能源植物改良的重要目标。

利用植物基因工程技术降低植物的光呼吸、提高植物最初光能捕捉效率已进行了不少探索。我国科学家采用水稻自身的基因乙醇酸氧化酶（OsGLO3）、草酸氧化酶（OsOXO3）和过氧化氢酶（OsCATC）创建了一条新的光呼吸支路并成功将其导入水稻叶绿体中形成了光合 CO_2 浓缩机制，显著提高了水稻的光合效率和产量。此外，将玉米 C4 途径的磷酸烯醇式丙酮酸羧化酶、丙酮酸磷酸双激酶的基因在各自启动子的控制下同时引入水稻，可使水稻的光合能力提高 35%，稻谷产量增加 22%。转入其他一些基因也能改善植物的碳同化效率。例如，将蓝藻的一个无机碳转运蛋白基因重组到植物中表达，可使植物的 1,5-二磷酸核酮糖羧化酶/加氧酶的羧化效率显著提高，在潮湿的培养条件下使植物的生物量明显提高。另外，将蓝藻 C3 循环中景天庚酮糖 1,7-磷酸化酶在烟草叶绿体中超量表达，可使烟草的光合效率提高，促进植株的生长。通过转基因抑制拟南芥中去氧海普赖氨酸合成酵素基因的表达，可以延迟拟南芥植株的成熟、衰老时间。通过延长叶的光合作用时间跨度，可提高植株根、茎和种子的生物量。

除了操纵光合成来提高植物的光能捕捉效率，操纵植物营养代谢过程中的基因也能提高植物的生物量。例如，我国科学家通过转基因超表达水稻中的寡肽/硝酸根运输基因 $O_SNPF7.3$、$O_SNPF7.7$、$O_SNPF8.20$ 等能够提高水稻的氮利用效率，促进水稻的生长、提高生物量，并且能够提高产量；而通过基因编辑技术敲除氨基酸转运基因 *OsAAP*3 和 *OsAAP*5，能够解除碱性氨基酸对水稻分蘖芽伸长的抑制，从而显著提高水稻分蘖数和单株产量。过量表达谷氨酸合成酶基因的转基因黄杨，树高较对照提高 141%。在烟草中过量表达细菌的谷氨酸脱氢酶，其生物产量在实验室和田间的条件下均有提高。磷素营养对植物的光合作用、呼吸作用以及许多酶的调控有重要作用。苜蓿的紫色酸性磷酸化酶基因转入拟南芥，转基因拟南芥的生物产量比对照增加 2 倍。将拟南芥的花发育相关 *FLC* 基因转入烟草，转基因烟草植株的干重显著提高。

6.4.2　基因工程在乙醇发酵生产中的应用

6.4.2.1　利用基因工程技术改变植物木质纤维组分

酒精生产涉及的原材料主要为糖、淀粉和纤维素。糖类和淀粉组成作物的主要产品器官，多作为粮食或饲料被人类所应用，而纤维素质原料则是地球上最丰富的可再生资源。纤维素质原料中的纤维素主要以木质纤维素的形式存在，植物的木质纤维素价格低廉，且可再生。据测算，全世界秸秆或木质纤维类生物质能相当于约 640 亿吨石油，其中一半以上为稻草等秸秆，目前以焚烧处理方式为主，造成了环境污染，危害人类健康。如果能有效地利用生物转化技术将这些木质纤维素转化为能源，不仅可以变废为宝，而且可能成为目前世界上唯一可预测的为人类持续提供能源的资源。近年来，人们对再生植物能源的研究已转向以废弃秸秆为材料，通过酶解手段将纤维素成功地转化成单糖或多糖，再发酵产生乙醇等能源物质。

在木质纤维中，纤维素包埋在木质素和半纤维素中。因此，木质纤维必须经化学或高温处理破坏其原有结构，去除木质素和半纤维素，才能分离出纤维素。这样，纤维素才能通过与纤维素酶直接接触转化为糖，继而发酵产生乙醇。然而，植物原材料的预处理（木质纤维中木质素的去除）成本与纤维素水解酶的生产成本都很高，制约了利用木质纤维素生产乙醇的实际应用。降低木质纤维中的木质素含量、提高纤维素含量有利于降低木质纤维的前处理成本。通过基因工程改变木质素合成途径中不同基因的表达来降低木质素含量、提高纤维素含量已有大量报道。在转基因杨树中，下调木质素合成途径中的一个主要酶基因 *pt*4CL1 的表达，可使其木质素的含量下降 45%。作为补偿的纤维素含量提高了 15%，使杨树的纤维素/木质素的比率升高了一倍。将烟草木质素单体聚合最终一步的酶（过氧化物酶）转入菜豆，抑制菜豆中其同源酶（阳离子过氧化物酶）的表达，得到的反义转基因植株相比对照木质素的含量降低 40%～50%。

植物秸秆等木素纤维素原材料转化为糖的转化效率还依赖于纤维素水解酶与纤维素的接触程度，所以改变植物细胞壁木质素的结构成分同样也有益于植物原材料的预处理。通过下调杨树木质素单体合成途径中的酶基因 *CCR* 的表达，转基因植株细胞壁的纤维素成分更容易被纤维素酶所水解，释放出的可溶性糖是对照的两倍。尽管对木质素合成途径中的酶进行调控可以降低或改变木质素的含量与成分，但必须保证对这些基因表达的调控不能对转基因植物对病虫的防御功能造成伤害，并且由于一些特定植物细胞的细胞壁的木质素的形成受到精细的时空调节以适应内部、外部环境的需要，因此对木质素合成途径的遗传调控需要做更多基础性的研究，以便在此基础之上，通过生物技术减少木质素的含量，改变其结构组成，而不对植物造成长期的伤害。

6.4.2.2 利用基因工程技术在植物中生产纤维素酶

由于通过微生物发酵生产纤维素水解酶的成本高昂，科学家们试图通过生物技术在植物中直接产生纤维素水解酶。热稳定的 1,4-β-内切葡聚糖酶的催化区域 E1 已在拟南芥、番茄和马铃薯中被成功表达，在拟南芥中酶含量可达植物可溶性蛋白含量的 25%。1,4-β-内切葡聚糖酶的催化区域 E1 也被导入水稻和玉米中，在水稻和玉米的叶片中酶含量分别为总可溶性蛋白含量的 4.9% 和 2.1%，并且此酶积累对植物的生长和发育没有明显的危害作用。当水稻可溶性蛋白的粗提物被加到用氨纤维爆破法预处理的水稻或玉米秸秆中，这两种秸秆中 30% 和 22% 的纤维素被分别水解成葡萄糖。而用最温和的预处理方法处理 1,4-β-内切葡聚糖酶的催化区域 E1 的转基因烟草，酶活性在预处理过程中大约有 2/3 丧失。由此可以看出，纤维素分解酶在原材料的预处理过程中极易失活。因此，在植物中过量表达异源纤维素分解酶，最好是先将纤维素酶从植物中粗提或纯化出来，然后再加入已预处理好的原材料中进行发酵。例如将内切葡聚糖酶 E1 从转基因水稻中粗提出来，冷冻 3 个月后加入用温和方法预处理好的水稻和玉米秸秆中，分别约有 30% 和 22% 的纤维素被转化为葡萄糖。

6.4.3 基因工程在生物柴油开发中的应用

生物柴油是清洁的可再生能源，是优质石油柴油代用品。柴油分子由 15 个左右的碳形成的碳链组成，研究发现植物油分子一般由 14 个～18 个碳形成的碳链组成，与柴油分子的碳数相近。因此可利用油菜籽油等可再生植物油加工制取生物柴油。按化学成分分析，生物柴油燃料是一种脂肪酸甲酯，它可以通过以植物油酸 C18 不饱和脂肪酸为主要成分的甘油酯分解而获得。

目前生产生物柴油的主要问题是原料少而成本高，因此能否采用廉价原料及提高转化率从而降低成本是生物柴油能否实用化的关键。脂肪酸从头合成的重要步骤是乙酰-CoA 羧化而成丙酰-CoA。基于对乙酸-CoA 和乙酰-ACP 成分的分析，丙酰-CoA 的含量可能是这条合成途径潜在的控制点。有报道称将拟南芥的一个乙酰-CoA 羧化酶同源基因导入油菜的质体，这个基因在种子特异性启动子的控制下表达，产生了更高的乙酰-CoA 羧化酶活性，提高了质体中丙酰-CoA 的含量，同时使转基因油菜的种子产油量提高了 3%～5%。随着转基因试验研究的逐渐增多，大量研究结果显示通过对任何一种脂肪酸合成酶的上调而使油料植物的含油量大幅度地提高可能性较小。脂肪酸含量的大幅提高要求同时上调多个脂肪酸合成途径中的多个酶，这使得调控整个脂肪酸合成途径的转录因子、蛋白激酶和其他调控因子引起广泛关注。研究还显示在 TAG 合成途径末端的反应能提高"库"的容量，从而刺激提高脂肪酸的产生。在拟南芥和油菜中超表达酵母长链 sn-2 乙酰转移酶可使转基因拟南芥和油菜的种子含油量提高 50% 以上。有报道称在拟南芥种子中超表达拟南芥的一个甘油二酯—乙酰转移酶可提高种子的含油量和重量。

微藻的细胞中含有独特的初级或次级代谢产物，化学成分复杂，光合作用过程中太阳能转化效率可达到 3.5%，因而作为能源原料的潜力十分巨大。从微藻中得到的脂肪酸可转化成脂肪酸甲酯，即生物柴油。河北新奥集团利用微藻的光合作用，让微藻在生长中吸收煤化工企业生产中排放的工业二氧化碳，再从培育出的微藻中提炼生物柴油以及其他高附加值产品；还运用含氮、磷较高的工业废水回收技术和工业废热利用技术，提高养殖效率，降低养殖成本，实现微藻生物能源的产业化。

来源于作物种子的植物油有被用于工业用途的潜力，然而这些植物油的工业价值被其脂肪酸的成分所限制。各种植物中构成油脂的脂肪酸成分有很大区别，这意味着植物在脂肪酸代谢上存在着多样性和可塑性。因此，可以应用基因工程等生物技术对油料植物种子中的脂肪酸成分进行改良，生产主要成分为单一脂肪酸的植物油；利用基因工程改造植物油成分可以通过 RNA 干涉、基因编辑等技术调控脂肪酸脱氢酶基因和延长酶基因的活性，修饰脂肪酸链的长度和不饱和度，调整脂肪酸分子在三酰甘油酯相关位置上的分布；增加或减少特定脂肪酸成分，或者可以通过转移外源基因创造出高等植物不能合成的脂肪酸。中科院华南植物园克隆了麻疯树油脂代谢途径关键酶乙酰辅酶 A 羧化酶（ACCase）4 个亚基对应的基因序列，在拟南芥中超表达麻疯树 ACCase 和 β-酮脂酰基 ACP 合成酶基因（KAS I，II，III）表明，能够提高植物体内的脂肪酸含量，以此为麻疯树的基因工程改造提供分子基础和理论依据。

全球每年仅陆生植物即产生近 1 000 亿吨的生物量，而这些生物质仅有 1% 左右被用作能源而被消耗。在未来的几十年里，对这些生物质能源进行有效的开发与利用，一个主要的挑战是降低利用能源植物生产再生能源的成本。20 世纪 90 年代中期以来，基因工程技术对全球农业产生了深刻的影响，在棉花、大豆、玉米等主要农作物上都得到了很好的应用。由于人们对自身健康的关注，植物转基因研究在以食用为目的的作物上的应用受到了一定的限制，而这却为能源植物的改良提供了新的契机。在改良能源植物的特性方面，人们已利用基因工程在提高植物总生物量、改变木质纤维素组分、利用植物产生纤维素酶以及改变油料植物的油脂成分和含量等方面进行了有益的尝试并取得了初步成效。这些工作对于提高能源植物的利用效率、降低生物质能的开发成本都起到了积极作用。随着植物功能基因组研究的深入，植物生长、发育、代谢的生理生化过程中相关基因功能及其调控机制将不断明确，利用包括基因编辑技术在内的基因工程技术在分子基础上设计和优化能源植物将成为今后改良能源植物的重要研究方向。

拓展阅读

屠呦呦：用一株小草改变世界

因发现青蒿素可以有效降低疟疾患者的死亡率，中国中医科学院屠呦呦研究员 2015 年获得诺贝尔生理学或医学奖。屠呦呦是第一位获得诺贝尔科学奖项的中国本土科学家、第一位获得诺贝尔生理学或医学奖的华人科学家。其获得的奖项是中国医学界迄今为止获得的最高奖项，也是中医药成果获得的最高奖项。在此之前，屠呦呦因创制新型抗疟药——青蒿素和双氢青蒿素的贡献，于 2011 年 9 月获得被誉为诺贝尔奖"风向标"的拉斯克奖。

疟疾是仅次于艾滋病呈逐年上升趋势的世界性流行病。全球受疟原虫威胁的人口达到20亿，每年疟疾的临床病例达5亿人次，每年的死亡病例约为300万。青蒿素是目前世界上最有效的疟疾治疗药物，特别是对脑型疟疾和抗氯喹恶性疟疾的治疗效果更佳。

屠呦呦发现青蒿素的科研过程特别艰辛，曾从2 000余方药中选编640种药物，并到海南岛疟区实验室工作，先后筛选方药200余种，经过191次实验，才获得了青蒿抗疟发掘的成功，为确保用药安全她还亲自试服。

思 考 题

1. 酵母菌表达外源基因有什么优势？

2. 简述蛋白质融合表达的原理和优缺点。

3. 大肠杆菌表达系统为何能够成为应用最广泛的蛋白质表达系统？

4. 在大肠杆菌中表达真核生物的基因会遇到什么问题？如何有效地解决？

5. 简述基因工程技术在酿造工业中的应用。

6. 转基因技术和转基因食品是一回事吗？我们该如何看待它们？

7. 简述转基因技术在食品工业中的应用。

8. 请展望基因工程技术在生物能源发展中的应用前景。

9. 中国科学家近期在工业领域基因工程中取得了哪些重大进展？

10. 自选一种新型的酶，提出基因克隆、蛋白质表达与纯化、生物活性测定的实验研究方案。

7　医药卫生领域中的基因工程

随着转基因技术研究的不断深入，尤其是人类基因组测序完成后，基因工程在医药卫生领域中的应用越来越广泛，如将与许多遗传病相关的基因制成生物芯片，通过设定程序检测人类 DNA 基因型的改变，从而对疾病进行基因诊断和基因治疗；而治疗许多疑难杂症的药物如细胞因子、多激素、溶血栓药物、疫苗和抗体等也能通过基因工程的手段进行生产，给疾病的预防和治疗带来革命性变化，为患者带来了福音。本章将对基因工程药物、基因诊断、基因治疗进行介绍。

7.1　基因工程药物

生物医药产业的发展经历了三个不同的历史阶段。第一阶段是天然药物，如从中草药中提取有效成分直接入药，或者进一步加工成中成药；第二阶段是通过化学方法合成新的药物，以增加疗效或者降低成本；到了 20 世纪 70 年代后期，随着 DNA 重组技术的问世，诞生了第三阶段的基因工程药物，也称重组药物，重组药物以高产值、高效率的特点给药物生产带来了一场革命，推动了整个医药业的发展。

基因工程药物是指用现代基因重组技术对基因进行克隆，通过重组 DNA 导入大肠杆菌、酵母或动植物细胞成功构建工程菌株或细胞株，在工程菌株、细胞株所表达生产的新型药物包括细胞因子、激素、溶血栓药物、疫苗、抗体以及基因治疗和核酸药物等。基因工程药物因其疗效好、应用范围广泛、副作用小的特点成为新药研究开发的新宠，也是发展最迅速和最活跃的领域。自 1982 年美国 Lilly 公司上市了第一个基因工程药物——重组人胰岛素以来，至今已有 140 多种基因工程药物上市，尚处于临床试验或申报阶段的基因工程药物有 500 多种。当传统制药业的增长速度减慢时，基因工程制药正在加速发展，全世界基因工程药物持续 6 年销售额增长率都在 15%～33%，基因工程制药已成为制药业的一个新亮点。2019 年，全球基因工程药物市场规模超过 20 000 万亿元，中国基因工程药物市场规模约为 2 800 亿元，在全球市场中所占份额较小，未来市场增长空间巨大。

7.1.1　基因工程药物的研究策略

基因工程药物研究首先确定对某种疾病具有预防和治疗作用的蛋白质，然后将该蛋白质编码基因通过 PCR 扩增出来，与合适的载体连接，将重组载体导入可生产的受体细胞体内(包括动植物细胞、细菌、酵母等)，经过不断繁殖，大规模生产具有预防和治疗疾病功能的蛋白质即基因工程药物，如图 7-1 所示。基因工程药物的发展大致经历了细菌基因工程、细胞基因工程和转基因动植物细胞工程三个阶段。

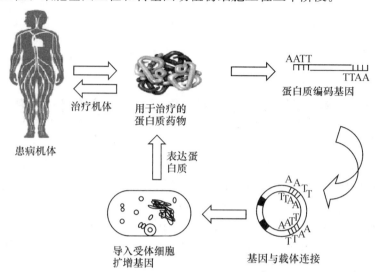

图 7-1　基因工程药物的研究策略示意图

7.1.1.1　细菌基因工程

细菌基因工程是指通过原核细胞来表达目的基因，目前上市的基因工程药物绝大多数都采用这一方法。1973 年，Boyer 和 Cohen 首次完成在大肠杆菌中表达外源基因，几年后，第一个基因工程产品——利用构建的基因工程菌生产重组人胰岛素获得成功，1982 年，美国首先将重组人胰岛素投放市场，标志着世界第一个基因工程药物的诞生。几十年来，基因工程的技术成果 60％集中应用于生物医药行业，为生物医药的发展带来崭新的革命。

大肠杆菌是细菌基因工程中最常用的受体菌，利用大肠杆菌表达外源基因的优点是：已完成全基因组测序，基因克隆表达系统成熟完善；大肠杆菌繁殖迅速，培养简单，遗传转化操作方便；是美国批准的安全的基因工程受体生物。但是大肠杆菌也存在缺陷：一是细菌本身是一种低等生物，往往不能表达哺乳动物或人类的基因，或者表达的产品往往没有生物活性，糖基化、磷酸化和蛋白水解加工等翻译后修饰的缺乏限制其生产较复杂的重组生物药物；二是细胞周质里含有种类繁多的内毒素。这些缺点限制了细菌基因工程的发展。

7.1.1.2　细胞基因工程

细胞基因工程指用真核单细胞，例如酵母菌来表达目的蛋白，相比细菌基因工程而言，细胞基因工程有以下优点：作为真核生物，提供了一个与天然蛋白相似的转译后加工与分泌的环境；将异源蛋白与 N-端前导肽融合，指导新生肽分泌，同时对表达的蛋白进行糖基化修饰；如同高等真核生物一样去除起始甲硫氨酸，避免作为药物使用过程中引起各种免疫反应的问题。

自 1981 年 Hitzeman 等人首次报道应用酿酒酵母表达了人干扰素基因以来，众多研究者开始重视应用酵母菌这种真核单细胞生物表达外源基因，建立了多种基因表达系统，成功表达了多种蛋白，巴氏毕赤酵母、克鲁维亚酵母和多形汉逊酵母等由于旺盛的生长能力和独有的生物学特性，近年来较为受人关注。利用巴氏毕赤酵母表达系统的强启动子 AOX1 已高效表达的外源蛋白包括肿瘤坏死因子、破伤风毒素 C 片段等均已经超过发酵液 $1\ g\cdot L^{-1}$ 的水平。利用克鲁维亚酵母表达系统可实现高密度发酵，表达有稳定的附加体型载体和整合体型载体，且表达产物也有较好的分泌性，在工业生产方面具有较强的应用价值。该系统已成功表达了牛凝乳酶、人血清白蛋白和人溶菌酶等外源基因。

7.1.1.3 转基因动植物工程

转基因动植物工程指利用某些转基因动植物作为一种生物反应器来生产各种药用蛋白，最常见的是动物乳腺生物反应器。转基因动物细胞工程的基本流程是：首先分离人类药用蛋白的编码基因，将其与乳腺特异性表达调节元件相连接，采用显微注射等技术将融合基因注射到哺乳动物受精卵或胚胎干细胞，植入宿主动物体内，当转基因胚胎长成个体后，在泌乳期选择在动物乳汁中表达药用蛋白的个体，选择表达药用蛋白量最高的雌性个体产下的子代雄性个体，作为第 3 代转基因动物的父本，根据市场对药用蛋白的需求量，大量繁殖转基因动物。上海医学遗传研究所与复旦大学遗传学研究所合作，成功地在转基因羊乳汁中表达了人凝血因子Ⅸ。扬州大学农学院与中国科学院发育研究所合作，研究了乙肝病毒表面抗原（HBsAg）在转基因羊乳汁中的表达，最近又培育出具有商业应用价值的人促红细胞生成素（EPO）转基因山羊。中国农业大学与北京兴绿原三高生物技术中心合作，成功培育我国首例含有人体抗胰蛋白酶因子基因的奶山羊，我国转基因制药已经达到国际先进水平。

人血清白蛋白是人血浆中最丰富的蛋白质，占血浆总蛋白的 $50\%\sim60\%$，浓度达 $38\sim48\ g\cdot L^{-1}$，是人体血浆中最主要的蛋白质，维持机体营养与渗透压，在机体中具有重要的生理功能。国际上从 1981 年开始就试图通过基因工程技术生产重组人血清白蛋白，但是目前仍然没有临床级的产品上市。英国诺维信生物医药公司的重组人血清白蛋白作为药用辅料保护剂应用于美国 Merck 公司的麻风腮三联疫苗；另外作为培养基级和人体干细胞培养级产品已经广泛应用；2014 年在中国作为药用辅料申请进口注册。美国 Ventria Bioscience 利用基因重组技术改造水稻的基因，实现在水稻胚乳细胞中表达重组人血清白蛋白，实现试剂销售。2011 年由华北制药研发的药用辅料级基因重组人血清白蛋白获得河北省食品药品监督管理局药品生产许可证，标志着这一填补国内空白的重组人血清白蛋白技术已经成熟，正在开展与疫苗结合的Ⅲ期临床试验。武汉禾元利用基因重组技术改造水稻的基因，利用水稻胚乳细胞表达平台研发的生物药植物源重组人血清白蛋白注射液于 2019 年获得美国 FDA 批准进行临床研究。通化安睿特生物制药公司发酵、纯化的重组人血清白蛋白已于 2019 年在吉林大学第一医院正式开展Ⅰ期临床试验。

7.1.2 基因工程激素类药物

激素是调节机体正常活动的重要物质，对生物繁殖、生长发育及适应内外环境的变化起着重要作用。当某一激素分泌失去平衡时，就会引发疾病。激素类药物按化学本质可分为氨基酸衍生物类、多肽与蛋白质类、甾体类和脂肪酸衍生物类。它们可以通过天然提取、生物技术和化学合成等获得。肽与蛋白质激素通常由人体特殊腺体合成和分泌，天然提取的激素不但来源困难，而且易受致病菌和病毒污染。生物技术使大量生产药用人体激素成为可能。下面将以重组人胰岛素和重组人生长激素为例介绍基因工程方法生产激素类药物的主要技术路线。

7.1.2.1 重组胰岛素

糖尿病是由遗传因素、免疫功能紊乱、微生物感染及其毒素、自由基毒素、精神因素等各种致病因子作用于机体导致胰岛功能减退、胰岛素抵抗等而引发的糖、蛋白质、脂肪、水和电解质等一系列代谢紊乱综合征。糖尿病的流行成为发展中国家和发达国家中的少数民族及欠发达地区所面临的重大社会和公共卫生问题之一。目前，糖尿病在发达国家是第 6 位死因。2021 年全球成年糖尿病患者人数达到 5.37 亿（10.5%），相比 2019 年增幅达 16%，突显出全球糖尿病患病率的惊人增长。据国际糖尿病联合会（IDF）推测，到 2030 年和 2045 年，全球糖尿病患者总数将增至 6.43 亿（11.3%）和 7.83 亿（12.2%）。过去 10 年间，我国糖尿病患者人数由 9 000 万增加至 1.4 亿，增幅达 56%，其中约 7 283 万名患者尚未被确诊，比例高达 51.7%。

胰岛素治疗糖尿病是现代医学最大成就之一。人体内的胰岛素在胰岛的 β 细胞中被合成和分泌，能增强细胞对葡萄糖的摄取利用，对蛋白质及脂质代谢有促进合成的作用。胰岛素随血液循环到达靶组织，通过与其专一膜受体结合发挥生理功能。胰岛素由 A 和 B 两条多肽链组成，A 链含 21 个氨基酸残基，B 链由 30 个氨基酸残基组成，如图 7-2 所示。1921 年—1922 年，Banting 和 Best 从牛胰岛中分离出胰岛素，并把它作为治疗糖尿病的特效药，至今在临床上仍被广泛应用。

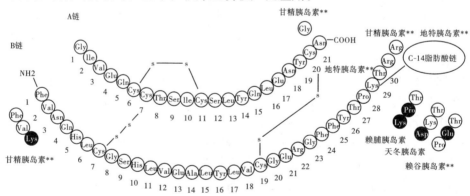

图 7-2　人胰岛素分子的一级结构示意图

胰岛素的来源主要有三种途径：一是从动物胰腺中分离纯化胰岛素，这是传统的生产方法，但是每吨动物胰腺仅能分离纯化生产胰岛素 40 g，在 20 世纪 60 年代全世界糖尿病患者就达到近 7 000 万人，其每天所需胰岛素的量需有 60 万吨动物胰腺的分离提纯才能满足。所以过去治疗糖尿病最大的困难就是缺少胰岛素。二是以猪胰岛素为底物，采用酶切技术将猪胰岛素 B 链第 30 位的丙氨酸一次性移换成苏氨酸即成为人胰岛素的氨基酸结构，又称半合成法。三是基因工程重组胰岛素。1978 年，Genentech

公司利用基因工程操作在大肠杆菌中成功表达出胰岛素，其成为最早在微生物中被表达的哺乳动物蛋白质之一，从 200 L 发酵液中可以提取到 10 g 胰岛素。1982 年，美国 Elilily 公司推出全球第一个基因工程药物——重组人胰岛素。1998 年，通化东宝公司研制出中国第一支重组人胰岛素。重组人胰岛素不但产量大大提高，还具有免疫原性低、吸收率快、生物活性强等特点。

下面以大肠杆菌生产人胰岛素为例介绍基因工程生产胰岛素的主要流程。根据所用基因不同，用大肠杆菌生产人胰岛素有两种途径。

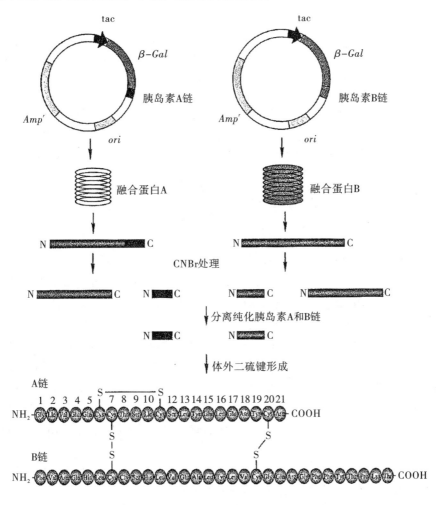

图 7-3 由分别克隆 A 链和 B 链基因获得人胰岛素流程图

第一种方法是 A 链和 B 链分别表达法：用化学方法分别合成 A 链和 B 链编码的 DNA 片段，并在其 5′ 端分别加上甲硫氨酸密码子。将上述基因插入克隆载体，置于载体上 β-半乳糖苷酶(β-gal)基因的下游形成融合基因，由 tac 启动子控制基因的表达。转化大肠杆菌，经过发酵，分别从细胞中分离含有 A 链和 B 链的融合蛋白，用溴化氰(CNBr)处理融合蛋白，裂解甲硫氨酸使 A 链和 B 链释放下来，并将其转变成稳定的 S-磺酸盐。经过纯化，在过量 A 链存在下，由 A 链和 B 链组合成完整的重组人胰岛素，如图 7-3 所示。

第二种方法是融合表达法：在人胰岛素原基因的 5′ 端加上甲硫氨酸密码子，构建

在 β-半乳糖苷酶基因下游形成融合基因，插入质粒，转化大肠杆菌。表达产生的 β-半乳糖苷酶—人胰岛素原融合蛋白沉淀于细胞浆中。从细胞中分离融合蛋白，经溴化氰裂解后得到人胰岛素原，将其转变成稳定的 S-磺酸型。分离纯化得到的 S-磺酸型人胰岛素原经变性、复性和硫硫键配对，折叠成天然构象的人胰岛素原，产率可达 45%。副产物同分异构体和多聚体回收后可重复利用。具有天然构象的纯的人胰岛素原经胰蛋白酶和羧肽酶 B 处理，去除 C-肽得到结晶人胰岛素，如图 7-4 所示。

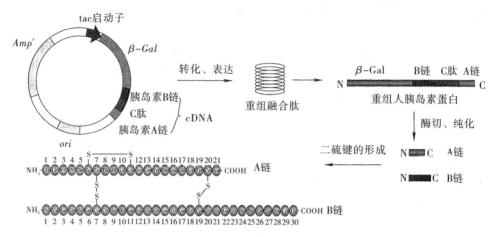

图 7-4　融合表达法获得胰岛素流程图

目前世界上有很多公司生产人胰岛素，所用菌株和生产工艺均有差异。美国 Elililly 公司是用大肠杆菌合成重组人胰岛素，丹麦诺和诺德公司是用酵母合成的重组人胰岛素，德国 HMR 公司是通过大肠杆菌 K12 生产融合蛋白形式的嵌合体产品，下游工艺中用化学及酶修饰。我国东宝药业股份有限公司和科兴生物工程股份有限公司均是利用重组 DNA 技术通过大肠杆菌生产重组人胰岛素。现在为了进一步加快胰岛素起效时间和机体吸收速度，很多公司都在开发对胰岛素进行结构修饰后的重组人胰岛素类似物，在生物技术背景下胰岛素产品的开发日渐成熟。目前在我国上市的胰岛素类药物共有 8 种，分别是胰岛素、精蛋白生物合成人胰岛素、生物合成人胰岛素、赖脯胰岛素、精蛋白锌胰岛素、低精蛋白锌胰岛素、精蛋白锌胰岛素（30R）、中性胰岛素等。

7.1.2.2　重组人生长激素

人生长激素(human growth hormone，hGH)是人脑垂体前叶分泌的一种蛋白质类激素，含 191 个氨基酸，以脉冲方式分泌至循环系统，主要生理功能是刺激代谢、促进蛋白质合成和脂肪降解，是人出生后促进生长的最主要激素之一。hGH 缺乏可造成身体生长障碍，身材矮小。1958 年，Raben 首次报道垂体矮小症患者注射人垂体提取物后，组织生长明显改善。但是由于 hGH 种属特异性很强，动物的生长激素不能应用于人，因此以往 hGH 的唯一来源是从尸体的脑垂体中取得。能供临床应用的数量也极有限，约 50 个腺垂体才能够提取 1 名患者治疗 1 年所需要的 hGH 剂量。另外，由于提纯技术的问题，其中还可能混有其他垂体激素或病毒等，因此 hGH 来源难、产量低、价格高，无法满足临床需求。

基因工程重组人生长激素是美国食品药品监督管理局（FDA）批准的促进儿童身高增长的唯一有效药物，对各种生长发育迟缓类疾病均有较确切的疗效。1979 年，美国加州斯坦福大学医学中心和旧金山基因公司用基因重组技术生产 hGH，1 L 发酵液 7 h 内产生的 hGH 相当于 60 个垂体的提取量。因此利用基因工程技术生产的 hGH 大大降低了自然提取的种种风险，并提供了丰富的药源。目前生产重组人生长激素主要是应用原核细胞的分泌型表达技术或哺乳动物细胞重组 DNA 技术合成的生长激素，其氨基酸序列、二级和三级结构均与天然 hGH 相同，生物活性也相同，是目前临床上最为理想的产品。我国人生长激素上市时间比国外晚 10 年左右，目前主要的生产公司及产品有长春金赛药业有限责任公司生产的金磊生长素、上海联合赛尔生物工程有限公司生产的 rhGH（商品名"珍怡"）、安徽安科生物高技术有限公司的安苏萌等。

7.1.3 基因工程细胞因子类药物

机体的细胞可产生多种多样的小分子多肽类因子，它们利用旁分泌或自分泌的方式调节机体的功能，这些因子统称为细胞因子。许多细胞因子参与免疫系统的调节，提高机体免疫力，同时在一定条件下也会导致病理反应，如炎症、发热、变态反应、休克等。细胞因子的种类繁多，包括淋巴因子、单核因子、白细胞介素、干扰素、肿瘤坏死因子、集落刺激因子、转化生长因子、干细胞因子、白血病抑制因子以及各种生长因子。

在 20 世纪 80 年代以前细胞因子的来源是利用细胞培养时添加刺激物，从培养液中提取纯化细胞因子，但这样的方法产量低、成本高、纯度不够，限制了对细胞因子的研究和应用。随着基因工程技术的广泛应用，细胞因子的研究有了飞跃发展，这一技术的主要过程是将细胞因子的基因连接到适当的表达载体（如质粒、噬菌体、病毒载体等），导入大肠杆菌、酵母菌或哺乳动物细胞中使之表达，生产出重组细胞因子，其活性与天然细胞因子相同，可用于实验室研究和临床应用。

目前已有一大批重组细胞因子及其相关产品进入市场，在医药领域得到广泛应用，特别是作为多肽类药物具有很多优越之处，例如，细胞因子为人体自身成分，可调节机体的生理过程和提高免疫功能，很低剂量即可发挥作用，因而疗效显著、副作用小，是一种全新的生物疗法，在一些疑难病症的治疗中获得重大突破。因此，世界各国政府和企业都在不遗余力地投资研究开发细胞因子产品，本节将以重组人干扰素和重组白介素为例进行介绍。

7.1.3.1 重组人干扰素

干扰素（interferon，IFN）是指当人或动物受到某种病毒感染时体内产生的一种物质，可阻止或干扰其再次受到该病毒的感染。通常情况下，干扰素基因在人体内处于"睡眠"状态，只有当发生病毒感染或受到干扰素诱导物诱导的时候，才会产生干扰素，但数量极少，通常从 8 000 mL 左右人体血液中经过诱导才能提取得到 1 mg 干扰素。1957 年，英国公立卫生研究院的科学家 Isaacs 和 Lindenmann 发现了第一个细胞因子，由于其具有干扰病毒感染的活性而命名为干扰素。20 世纪 70 年代，研究者用病毒诱导离体人白细胞和人源转化细胞系合成干扰素，分离制备了人白细胞干扰素。但由于该制品是多种天然干扰素亚型的混合物，疗效受到影响；另外，白细胞来源有限，制备工艺复杂，而且存在潜在的血源性病毒污染的可能性，因此临床应用受到限制。20 世纪 80 年代，研究者克隆了人干扰素基因，实现了基因工程干扰素的大规模生产，降低了生产成本，提高了产品的产量和质量。

目前已发现的哺乳动物干扰素有十多个家族，其中人干扰素有 7 个家族，包括Ⅰ型干扰素 α、β、ε、τ、ω、κ 以及Ⅱ型干扰素 γ，另外，还发现了干扰素样蛋白（interferon-like proteins），也称为Ⅲ型干扰素。Ⅰ型干扰素由白细胞、巨噬细胞、成纤维细胞等在病毒等诱导下产生，Ⅱ型干扰素 γ 由免疫细胞，如 B 细胞、T 细胞和 NK 细胞产生，Ⅲ型干扰素功能上与Ⅰ型干扰素相似，诱导抗病毒的保护效应，抑制细胞生长，具有抗肿瘤活性。Ⅰ型干扰素编码基因成簇位于染色体 9p21。干扰素 α 有 13 个功能基因和 5 个假基因，干扰素 β、干扰素 ε、干扰素 κ、干扰素 ω 和干扰素 τ 各只有 1 种亚型，但干扰素 ω 存在 8 个假基因。干扰素 γ 的编码基因位于 12q14，只有 1 个功能基因。Ⅲ型干扰素的编码基因成簇位于 19q13，仅有 1 个功能基因。

下面以干扰素 γ 为例介绍基因工程生产人干扰素的基本流程。大肠杆菌 *E.coli* 是基因工程蛋白质常用的原核表达系统，其生产人干扰素 γ 的主要程序包括：从健康人外周血单个核细胞中分离总 RNA，通过逆转录 PCR 克隆人干扰素 γ cDNA，构建高效表达载体和高效表达菌株，大量发酵生产，包涵体的分离与裂解，蛋白质的纯化与复性及人干扰素 γ 的生物活性检测等，如图 7-5 所示。

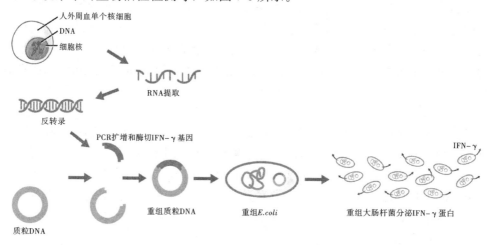

图 7-5　基因工程生产人干扰素的基本流程

Ealick 等确定了大肠杆菌中获得的重组人干扰素 γ 的 X 射线晶体结构。研究表明，重组人干扰素 γ 是由两个相同的亚基通过非晶型二维轴相连的二聚体（如图 7-6 所示）。二聚体呈球状，直径约 1.5 nm～2.0 nm；每个亚基含 6 个 α 螺旋（A、B、C、D、E、F），占总体结构的 62%，不含 β 折叠。在不同亚基的螺旋之间，有广泛的内部螺旋接触。一个亚基的前四个螺旋形成了一个裂缝，正好容纳另一亚基的羧基末端的一个螺旋。羧基末端螺旋中部 Glu 残基位置有一个弯曲，角度大概是 125°。这个弯曲的产生可能是因为在螺旋和裂缝之间大量的接触。在所有螺旋之间都有疏水接触，但大部分存在于 C 和 D 螺旋之间，C 螺旋是亚基所有螺旋中疏水性最强的区域，因此包裹在二聚体的中心。

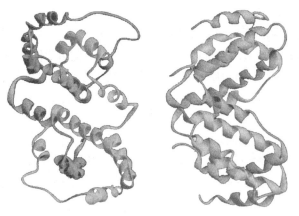

图 7-6　干扰素 γ 二聚体的平行(左)和垂直(右)结构图

7.1.3.2　重组白介素

白介素(interleukin，IL)是由多种细胞产生并作用于多种细胞的一类细胞因子。由于最初发现是由白细胞产生又在白细胞间发挥调节作用，所以由此得名。IL 现在是指一类分子结构和生物学功能已基本明确，具有重要调节作用统一命名的细胞因子，在传递信息，激活与调节免疫细胞，介导 T、B 细胞活化、增殖与分化，炎症反应以及抗病毒和抗肿瘤等方面起重要作用，是淋巴因子家族中的成员，由淋巴细胞、巨噬细胞等产生。下面将以基因工程生产重组人白介素 12(interleukin-12，IL-12)为例进行介绍。

IL-12 是 1990 年由美国的 Stern 等人发现的一个细胞因子，最初根据其生物学基本功能将它称为自然杀伤细胞刺激因子(natural killer cell stimulatory factor，NKSF)或细胞毒性淋巴细胞成熟因子(coyotoxic lymphocyte maturation factor，CLMF)。IL-12 主要由单核细胞、巨噬细胞产生，部分来自树突状细胞、中性粒细胞、郎格罕氏细胞等。1991 年 Gubler 等人成功克隆表达了 CLMF cDNA，并将其命名为白细胞介素-12(IL-12)。此后，学者们研究发现 IL-12 具有多种生物学活性，在免疫调节、抗肿瘤和抗感染等方面具有很重要的作用，显示了它作为疫苗免疫佐剂的应用前景。

具有生物活性的天然 IL-12 是一种相对分子质量为 75 kD 的糖蛋白，是由 40 kD 和 35 kD 两个亚基(p40 和 p35)依靠二硫键组成的异二聚体(p70)，也是目前发现的唯一由两个不同亚基组成并呈异二聚体结构的细胞因子，也就是说，p35 和 p40 两者单独存在时无生物学作用，只有以异二聚体方式结合为 p70 后才具有生物学活性。

利用基因工程生产重组人 IL-12 基本流程包括载体的构建与表达、基因在受体细胞的表达、获得有活性的重组蛋白。

1) 载体的构建与表达

载体可选择腺病毒载体、杆状病毒载体、逆转录病毒载体等病毒载体或者真核表达载体。如果选择腺病毒作为载体可以采用下述实验方案：将 IF-12 的 p35 和 p40 cDNA 分别克隆至腺病毒载体 pAC 构建 pAC/p35 和 pAC/p40 表达载体，或构建到真核表达载体 pcDNA3 中。

2）基因在受体细胞的表达

重组病毒载体可转染人肾上皮细胞系（HEK293 细胞）或肝癌细胞株后诱导表达；真核表达载体可利用磷酸钙共沉淀法转染中国仓鼠卵巢（CHO）细胞，通过阳性克隆的筛选鉴定，可获得表达人 IL-12 的 CHO 细胞株；真核表达载体的受体细胞还可以选择毕赤酵母菌，步骤为：将携带 IL-12 两个亚基的表达载体先后转化至毕赤酵母菌感受态细胞，经抗性筛选后，获得含完整的 p35 和 p40 cDNA 的阳性毕赤酵母菌，经甲醇诱导后，能表达有活性的 IL-12。

3）获得有活性的重组蛋白

对重组 IL-12 生物学活性的鉴定目前国内外多采用淋巴细胞增殖试验（MTT）、NK 细胞杀伤试验（LDH）、细胞因子流式细胞（CFC）、IFN-γ 产生等方法。有活性的 IL-12 具有抗肿瘤作用和抗肝炎病毒作用，大量动物实验表明，IL-12 能够明显抑制恶性肿瘤的生长和转移，延长荷瘤动物的生存时间。IL-12 是调节宿主免疫反应的关键分子，IL-12 通过刺激产生 IFN-γ 抑制乙型肝炎病毒的复制。

总之，IL-12 是一种极有前景的具有多种生物学功能的细胞因子，它可以促进 NK 细胞和 CTL 细胞的活性，能刺激 T 细胞及 NK 细胞的增殖，并诱导分泌多种细胞因子，尤其是 IFN-γ。因此，在抗肿瘤、抗肝炎病毒以及抗艾滋病毒治疗中，IL-12 已经越来越受到人们的重视。

7.1.4 基因工程抗体

抗体是在抗原物质刺激下产生的、能与相应抗原发生特异性免疫反应的蛋白质分子。它是体液免疫中起免疫作用的最主要的成分。抗体分子的基本结构是由四条肽链组成，即两条完全相同的轻链和两条完全相同的重链形成"Y"型结构，重、轻链之间和两条重链之间通过二硫键相连。抗体能够与特异性抗原结合发生免疫反应，通过与不同受体结合而介导 I 型变态反应或调节吞噬细胞的吞噬功能、活化补体。目前主要用于抗肿瘤、抗感染、防止器官移植中的排斥反应、解毒及抗血栓的形成等。

单克隆抗体是通过 B 淋巴细胞杂交瘤技术，筛选获得特异性针对某一种抗原决定簇的单克隆细胞株，产生的均一性抗体，具有高度均一性、高度专一性、高产量及稳定性等优点。鼠源单克隆抗体不能激活相应的人体效应系统，作为外源蛋白进入人体内还会引起严重的机体排异反应，进而影响抗体的安全性和治疗效果等临床价值，因此需要通过基因工程对鼠源单克隆抗体进行人源化改造。其基本原理是保留单克隆抗体保守序列为人源序列，降低机体的排斥反应，将与抗原结合的区域替换为鼠源单克隆抗体的序列，维持抗体的亲和力和特异性。根据序列改造的程度可将人源化抗体分为嵌合抗体、改型抗体或全人源化抗体。目前制备人源单克隆抗体主要有两种途径：一种途径是将人的整套抗体基因克隆到噬菌粒载体上，构建抗体基因文库，通过噬菌体展示或核糖体展示等技术筛选，再利用原核或真核表达系统获得特异抗体；另一种途径是以人的免疫球蛋白基因组置换小鼠免疫球蛋白基因组后，利用抗原物质刺激小鼠，表达出人源特异性抗体。阿达木单抗（adalimumab）是第一个被批准上市的全人源化单克隆抗体，是利用噬菌体展示技术制备的由人源重、轻链的可变区和 IgG1 的 κ 恒定区组成的靶向 TNFα 的重组人 IgG1 单克隆抗体，主要用于治疗强直性脊柱炎、类风湿关节炎和银屑病等自身免疫性疾病。

小分子抗体是针对完整抗体的分子量较大、不易透过血管壁等不足而进行改进的。根据构建方法不同，可将小分子抗体分为 Fab 抗体、单域抗体（纳米抗体）、单链抗体和超变区多肽抗体。Fab 抗体是针对抗体的 Fab 段进行改造，将抗体分子的重链可变区和 CH1 区与轻链整合在一起，重组到表达载体上，在合适的表达系统中表达出具有特异性抗原结合能力的 Fab 片段，其分子大小只有原来的 1/3，可用于治疗中毒等疾病。单域抗体（纳米抗体）是通过基因工程方法对抗体分子进行改造，使得新的抗体分子只含可变区，但仍保留了原抗体分子的特异性，最典型的是骆驼的 V_{HH} 抗体。单链抗体（single-chain variable fragment, scFv）是将重链可变区（V_H）与轻链可变区（V_L）通过一段连接肽（如（G4S）$_3$ 序列）连接形成单链抗体基因片段，再构建到表达载体上，诱导表达出能与抗原特异结合的单链抗体，其大小只有完整抗体的 1/6，是具有完全抗原结合位点的最小抗体片段，对靶抗原的结合活性与天然抗体十分接近，可用于发展 CAR-T 等肿瘤免疫或靶向治疗方法。超变区多肽是根据抗体分子可变区中与抗原物质进行特异性结合的区域的氨基酸序列，设计具有特异性抗原识别和结合能力的多肽分子。该分子一般只有几十个氨基酸，对组织细胞具有很强的穿透能力，在临床诊断和治疗中有重要意义。

7.1.5 基因工程受体

受体是指细胞表面与各种配体（如抗体等）进行特异性结合的大分子物质，一般为糖蛋白，其主要功能是接受胞外信号并将信号传递到细胞内，引发细胞产生一系列的生理变化。根据与受体结合的配体种类不同，可将受体分为细胞因子受体、免疫球蛋白受体、补体受体及抗原受体等。临床上用于治疗的一般为可溶性受体。

抗原受体是免疫细胞表面与特异性抗原结合的蛋白质分子，其化学本质是一类膜结合态免疫球蛋白。B 细胞表面抗原受体是通过 mRNA 的不同剪接而形成，能与抗原分子直接特异性结合，并诱导 B 细胞产生抗体，清除抗原物质。T 细胞表面抗原受体包括 α、β、γ、δ 四种，一般情况下 α 和 β、γ、δ 分别形成异源二聚体，然后与抗原分子结合，通过一系列活化作用，诱导 T 细胞发挥免疫功能。临床上基因工程可溶性抗原受体可用于治疗自身免疫疾病，清除因病理而形成的过多的免疫细胞，从而减轻自身免疫对机体造成的伤害。

免疫球蛋白受体是一类与特异性抗体结合的受体分子。免疫细胞的表面存在免疫球蛋白的受体，它能与免疫球蛋白发生特异性结合，从而促进免疫细胞的吞噬和免疫调节作用。基因工程可溶性的免疫球蛋白受体在临床上主要用于治疗自身免疫性疾病。

补体受体有四种以上不同的类型，分别与不同的补体结合。由于补体在机体免疫调节和抗感染中起着重要作用，利用基因工程可溶性补体受体可治疗炎症和自身免疫性疾病。

细胞因子受体与相应的细胞因子结合后引发信号传导，导致细胞表面结构和功能的变化。TNF 受体是目前临床应用的细胞因子受体之一，其主要功能是与病理条件下产生过多的 TNF 结合，从而封闭 TNF 的病理效应。临床上 TNF 受体可用于治疗顽固性类风湿关节炎及其他炎症性和自身免疫性疾病等。

7.1.6 基因工程疫苗

自从英国乡村医生 Edward Jenner 于 18 世纪末发明牛痘天花疫苗以来，人类已研制出上千种疫苗用来预防和控制各种疾病。20 世纪 80 年代，随着现代生物学技术的兴起，特别是 DNA 重组技术的出现，为研制新一代的疫苗提供了崭新的方法。基因工程疫苗是用分子生物学技术，对病原微生物的基因组进行改造，以降低其致病性，提高其免疫原性，或者将病原微生物基因组中的一个或多个对防病治病有用的基因克隆到无毒的原核或真核表达载体上制成疫苗，使接种动物产生免疫力和抵抗力，达到防治传染病的目的。

7.1.6.1 基因工程疫苗的类型

根据基因工程疫苗研制的技术路线和疫苗组成的不同，目前可分为如下几类，如图 7-7 所示。

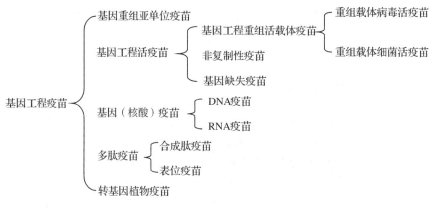

图 7-7 基因工程疫苗的分类

基因工程亚单位疫苗又称生物合成亚单位疫苗或重组亚单位疫苗，指只含有病原体的一种或几种抗原，而不含有病原体的其他遗传信息。它可以利用体外表达系统（如大肠埃希氏菌、杆状病毒、酵母等）大量表达病毒的主要保护性抗原蛋白作为免疫原，因此具有良好的安全性，且便于规模化标准化生产。"三针剂"新冠疫苗是以新冠病毒 S 蛋白的受体结合域（RBD）为靶点，采用基因重组技术通过成熟的 CHO 细胞重组表达 RBD 蛋白，诱导人体产生中和抗体，从而阻断新冠病毒与宿主细胞表面受体 ACE2 结合，达到预防感染的目的。与已上市的乙肝疫苗、HPV 疫苗、戊肝疫苗、带状疱疹疫苗等生产工艺相似。

活载体疫苗是通过基因工程的方法使非致病性微生物表达某种特定病原菌的抗原决定簇产生免疫原性，或是修饰或是剔除致病性微生物的毒性基因，但仍保持免疫原性。在这类疫苗中，抗原决定簇的构象与致病性病原菌抗原的构象相同或者非常相似，活载体疫苗克服了常规疫苗的缺点，兼有死疫苗和活疫苗的优点，在免疫效力上具有独特的优势。"一针剂"新冠疫苗属于该新型疫苗中的腺病毒载体疫苗，它是采用基因工程方法将新冠病毒 S 蛋白的核酸片段重组到复制缺陷型人源 5 型腺病毒基因组中，注射到人体内后免疫系统会识别表达的新冠病毒抗原蛋白，从而激活机体免疫反应获得免疫力。

基因疫苗又称为核酸疫苗，是将编码某种抗原蛋白的外源基因（DNA或RNA）直接或借助载体导入动物体细胞内，并通过宿主细胞的表达系统合成抗原蛋白，诱导宿主产生对该抗原蛋白的免疫应答，以达到预防和治疗疾病的目的。它所合成的抗原蛋白类似于亚单位疫苗，区别只在于核酸疫苗的抗原蛋白是在免疫对象体内产生，并能引起体液和细胞免疫反应。

合成肽疫苗指用化学合成法或基因工程手段获得病原微生物的保护性多肽或表位，并将其连接到载体上，再加入佐剂制成的疫苗。

转基因植物疫苗是将某种病原微生物抗原蛋白的编码基因导入植物，并在植物中表达出活性抗原蛋白，人或动物食用含有该种抗原蛋白的转基因植物，激发肠道免疫系统，从而产生针对病毒、寄生虫等病原生物的免疫力。

7.1.6.2　基因工程疫苗的优缺点

基因工程疫苗与传统的疫苗相比，具有以下显著的优越性：①核酸疫苗在体内持续表达产生抗原，不断刺激机体免疫系统产生长程免疫，免疫效果更可靠。②对于易变异的病毒，可以选择各亚型共有的核心蛋白保守DNA序列制备核酸疫苗，产生跨株系的免疫保护反应，从而避免易变异病毒产生的免疫逃避问题。③一个质粒可插入多个抗原编码基因，即组成多价核酸疫苗，故一种核酸疫苗可免疫多种疾病。④核酸疫苗具有减毒活疫苗的免疫原性，但不存在活疫苗的毒力回升的危险。⑤核酸疫苗的质粒DNA无免疫原性，不会像重组疫苗那样诱发针对载体蛋白的自身免疫反应，故可重复使用。另外，核酸还不会受机体已有抗体的影响，可用于带母体抗体的婴儿。⑥对于毒性大、危险的病毒以及难以提取抗原的疫苗，核酸疫苗的制备相对安全、容易。⑦核酸疫苗制备简单，容易大量生产且成本低。质粒DNA非常稳定，易于贮存和运输。⑧使用方便，可以经多种途径给药，不需免疫佐剂等。

基因工程疫苗也存在缺点，如可能会存在质粒DNA整合到染色体上，从而引起突变的问题，免疫效率存在个体差异，可能产生免疫耐受等。

7.1.6.3　基因工程乙肝疫苗

乙型病毒性肝炎（HBV）疫苗是细菌基因工程的一个典例。完整的HBV是由一个囊膜和核衣壳组成的病毒颗粒，其DNA分子是一个有部分单链区的环状双链DNA。如图7-8所示，HBV分子最外层为S和preS基因编码的大蛋白、中蛋白和小蛋白，它们插入脂双层，形成外衣壳，里面是核心抗原蛋白形成的核衣壳，包裹着DNA分子。外部有一层外壳蛋白质，本身不具有传染性，但它的出现常伴随乙肝病毒的存在，称为乙肝表面抗原（HBsAg）。因此，给人体注射一定量的HBsAg，使机体产生抗HBV的抗体，可清除侵入机体的HBV。

乙肝疫苗分为血源疫苗和基因工程疫苗。血源疫苗是用乙肝表面抗原携带者的血清和血浆作为原材料，利用甲醛灭活和加热法制成，故称血源性乙肝表面抗原疫苗，国际上称第一代疫苗，该种血液制品存在着不良因素，可能混有其他型的肝炎病毒或

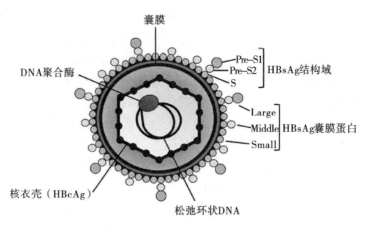

图 7-8　HBV 结构示意图

其他病原体。此外，由于血液来源极为有限，因此乙肝疫苗供不应求，但基因工程疫苗解决了这一难题。基因工程疫苗亦称基因重组疫苗，是用 DNA 重组技术把乙肝病毒的表面抗原基因片段插入酵母细胞或哺乳动物细胞的基因中，在体外培养增殖过程中组装或分泌出乙型肝炎表面抗原。然后，把表面抗原收集起来，经纯化、灭活及加入佐剂吸附制成乙肝疫苗。因基因工程能大规模地工业化培养酵母和细胞，原材料来源方便，基因工程疫苗价格也会随生产的扩大而下降。

1981 年，美国科学家 Buter 首先在酵母中表达了乙型肝炎表面抗原（HBsAg）。1982 年，Valenzula 等人在啤酒酵母中表达乙型肝炎表面抗原获得成功，同年被美国食品药品监督管理局（FDA）批准上市。其后比利时史克必成生物技术公司在啤酒酵母中表达制成疫苗，1989 年通过 FDA 批准上市。日本熊木、武田制药、绿十字、盐野义、美国安进等公司的酵母基因工程乙肝疫苗也都先后上市。我国天坛生物技术公司和深圳康泰生物制药公司已从美国默克公司购买重组酵母乙肝疫苗技术进行生产。哺乳动物细胞系统表达的乙型肝炎表面抗原更接近天然形式，从而使其成为发展基因工程乙肝疫苗的一个重要系统。1981 年法国巴斯德研究所的 Tiollal 和美国西奈山医学中心的 Chrsman 在哺乳动物细胞中成功表达了乙型肝炎表面抗原。巴斯德研究所研制的中国仓鼠卵巢细胞（CHO）重组乙肝疫苗包含 preS$_2$ 和 S 抗原的中蛋白疫苗，对免疫抑制者接种可能有效。1991 年中国预防医学科学院病毒学所联合长春生物制品研究所等单位研制成功了由 CHO 细胞表达的基因工程乙肝疫苗。华北制药集团公司从 1993 年开始进行基因工程乙肝疫苗的产业化开发工作，并且产品于 1997 年上市。2021 年，有信息披露北京亚东生物制药（安国）有限公司拥有重组乙型肝炎疫苗（CHO 细胞）药品文号，分别用于新生儿（一类）和母婴阻断（二类）的乙肝免疫治疗。该疫苗是继法国巴斯德研究所之后的世界上第二个 CHO 细胞重组乙肝疫苗，也是中国首个上市销售的 CHO 细胞重组乙肝疫苗品种。

尽管微生物和动物系统都能表达 HBsAg，但仍存在诸如残余 DNA、动物病毒污染、来源局限、成本高及冷藏系统等问题，因此人们探索用植物来表达 HBsAg。近二十年来，植物生理及植物基因表达调控的研究使人类获得了操纵植物基因表达的能力，使植物体或植物细胞成为生产具有重要经济价值的药用蛋白、抗体和疫苗的生物反应器。

利用转基因植物生产疫苗，是将某抗原蛋白的核码基因导入植物，使其在植物中表达，人或动物摄取该植物或提取纯化的抗原蛋白，就可产生对该抗原的免疫应答，这就是口服疫苗。转基因植物生产口服疫苗的一般流程如下：目的抗原基因的获得，插入结构基因构建植物表达载体，通过农杆菌或基因枪等介导使目的基因导入植物基因组中，进行愈伤组织的诱导和分化及转基因植物的再生，最后进行表达水平的检测和免疫原性的测定等过程，如图 7-9 所示。

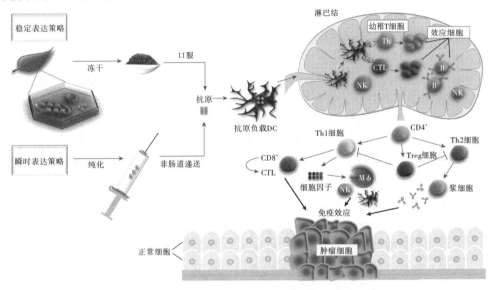

图 7-9　转基因植物生产抗肿瘤疫苗及应用流程图

用植物生产疫苗有明显的优势，如成本低、易推广；植物具有完整的真核细胞表达系统，能进行有效的翻译后加工，如糖基化、磷酸化、酰胺化等；表达产物无毒，安全性好，转基因植物只表达亚单位疫苗，不含致病微生物或潜在的致病微生物，对人畜安全；植物表达系统生产的疫苗可以直接储存在植物种子和果实中，易于长距离运输和普及推广。因此从商业角度来看，植物是生产异源乙肝疫苗蛋白的极具诱惑力的一个系统。

7.1.6.4　基因工程新冠病毒疫苗

DNA 疫苗的研制是基因工程技术在疫苗研究中的重要突破，其基本原理是将编码某种蛋白质抗原的重组真核表达载体直接注射到动物体内，使外源基因在活体内表达，产生的抗原激活机体的免疫系统，从而诱导特异性的体液免疫和细胞免疫应答。DNA 疫苗的优点是生产成本低，更易储存和运输，在室温下可保持稳定 1 年以上，在标准冷藏温度下可保存 5 年。但 DNA 疫苗面临的挑战是它需要进入细胞核中转录为 mRNA，在临床试验中难以诱导有效的免疫反应。目前在猪流感病毒、禽流感病毒等动物病毒研发和应用上较为成熟，而与人类相关的疟疾、流感、轮状病毒、艾滋病病毒方面的 DNA 疫苗还在研发中。

2019 年底新冠肺炎疫情暴发后，国内外正在研发的预防新冠病毒的 DNA 疫苗有十余种，2021 年印度紧急授权批准了一款 DNA 新冠疫苗上市，这是全球第一款 DNA

新冠疫苗。这款 DNA 新冠疫苗名为 ZyCoV-D，使用的 DNA 为环状 DNA 链，其编码新冠病毒的刺突蛋白（S 蛋白）及启动基因表达的启动子序列。该环状 DNA 进入细胞核后，会转录为 mRNA，然后回到细胞质并被翻译为刺突蛋白（S 蛋白），从而引起人体的免疫反应。另外美国 Inovio 公司和中国艾棣维欣联合开发的预防新冠病毒的 DNA 疫苗 INO-4800 已进入临床实验，也有望不久后上市。

RNA 疫苗中 mRNA 疫苗和环状 RNA 疫苗的研发和应用，已成为近几年兴起的突破性基因工程技术。mRNA 疫苗的基本原理是通过脂纳米颗粒（LNP）将 mRNA 导入体内来表达抗原蛋白，以刺激机体产生特异性免疫反应。参与的抗体与 T 细胞介导的广泛免疫反应，可以改善现有疫苗的效力的潜力。针对新冠肺炎的 mRNA 疫苗（Moderna mRNA-1273；Pfizer/BioNTech BNT162b2）在多种疫苗类型中脱颖而出。mRNA 疫苗由于其高效性、安全性，以及生产效率高、廉价等优点，被认为是疫苗学的未来，但 mRNA 疫苗在标准冷藏条件下仅可保存 5 天。

与线性的 mRNA 不同，环状 RNA 分子呈共价闭合环状结构，且不需要引入修饰碱基，其稳定性高于线性 RNA，比如编码新冠病毒刺突蛋白（Spike）受体结构域（RBD）的坏状 RNA 疫苗，可以诱导产生高水平的新冠病毒中和抗体以及特异性 T 细胞免疫反应，显著缓解新冠病毒感染引起的肺炎症状。面对新冠病毒的不断变异，还可以有效中和包括奥密克戎变异株在内的多种新冠变异株。北京大学魏文胜最新研究进展表明，基于奥密克戎变异株的环状 RNA 疫苗的保护范围狭窄，其诱导产生的抗体只能够中和奥密克戎变异株。而针对德尔塔变异株设计的环状 RNA 疫苗则可以在小鼠体内诱导产生广谱的中和抗体，有效中和包括奥密克戎株在内的多种新冠变异株。

7.1.6.5　基因工程百日咳疫苗

百日咳是由百日咳杆菌（bordetella pertussis）引起的一种具有强传染性的呼吸系统疾病，百日咳杆菌是一种营养需求复杂的革兰氏阴性短小球杆菌，能专门附着在人呼吸道的黏膜层。该疾病为一种流行周期为 2 年～5 年的区域性疾病，人类是百日咳杆菌的唯一宿主，百日咳杆菌主要通过飞沫经空气传播，患病对象主要为 5 岁以下婴幼儿。在大规模使用疫苗以前，百日咳是最常见的儿童期疾病之一。在发达国家，平均年发病率为 $1.5‰ \sim 2.0‰$。据世界卫生组织最新估计，2003 年全世界约有 1 760 万百日咳病例，其中 90% 发生在发展中国家，约 27.9 万人因此死亡。在 20 世纪 50 年代至 60 年代间实施大规模百日咳疫苗接种后，发达国家的百日咳发病率和死亡率显著下降（>90%）。2003 年全球预防百日咳的疫苗免疫接种避免了约 3 830 万感染病例和 60.7 万死亡病例的发生。1978 年，我国将百白破疫苗（百日咳、白喉、破伤风混合疫苗）纳入计划免疫，此后百日咳发病率大幅下降，但近些年又呈增高趋势。2021 年第三届百日咳国际论坛报告显示，我国比较明显的"百日咳再现"从 2014 年开始，2019 年出现发病高峰，报告总病例为 30 027 例。百日咳不仅发病率逐年上升，其传播模式也已由从前的儿童间相互传染转变为目前以成年人、青少年和学龄前儿童向婴幼儿传播，因此，百日咳仍是一个备受关注的全球公共卫生问题。

百日咳疫苗主要有两类：全细胞（wP）疫苗和无细胞（aP）疫苗。wP 和 aP 疫苗通常与白喉类毒素和破伤风类毒素制成百白破联合疫苗接种（DTwP/DTaP）。全细胞百日咳疫苗为灭活的百日咳杆菌菌体混悬液，细菌灭活剂通常为甲醛溶液。疫苗的制备工艺因生产厂家不同而各有不同，因此每种 wP 疫苗的成分相对不同。每批疫苗必须进行效力评价(小鼠保护试验)、毒性试验(小鼠体重增加试验)、无菌试验以及防止菌数过多的浊度试验。20 世纪 30 年代，全细胞百日咳疫苗成功应用于临床，从很大程度上控制了百日咳的流行，大大降低了死亡率。但由于是灭活的全菌体疫苗，接种时副反应大，导致接种覆盖率下降及发病率上升。80 年代以来，以日本为代表的一些国家先后成功研制了无细胞百日咳疫苗(APV)，它是直接从细菌中提取各种抗原成分，按不同的种类和剂量组合而成。这些抗原成分主要包括：百日咳毒素(pertussis toxin，PT)、丝状血凝素(filamentous hemagglutinin，FHA)、百日咳杆菌黏着素(Pertactin，PRN)、凝集原(agglutinogens，AGGs)等。临床研究证实，这些疫苗具有良好的免疫原性，副反应少。但两个原因制约了其发展：①对纯化工艺、设备要求高，纯化费用高；②百日咳杆菌产生的某些抗原成分太少，尤其是 PT，不利于疫苗的大规模生产。2012 年，全细胞百白破疫苗在中国停产，无细胞百日咳疫苗成为主流。无细胞百日咳疫苗的制备分为共纯化疫苗和组分纯化疫苗两种工艺。其中，共纯化工艺是指在细菌培养后，沉淀其中的多种保护性抗原，去除杂质，并收集有效成分；组分纯化工艺则是将不同的保护性抗原分别纯化，然后再按一定配比"合并"成疫苗。组分纯化疫苗工艺更先进，但尚无中国企业采用此种生产方式。目前，我国的百白破系列疫苗主要有吸附白喉破伤风联合疫苗、吸附破伤风疫苗、吸附无细胞百白破联合疫苗，以及与 B 型流感嗜血杆菌(Hib)的联合疫苗，即百白破-Hib 四联苗和百白破-IPV-Hib 五联苗。

随着生物技术的迅猛发展，人们对百日咳的基因组结构，各种毒力因子、抗原成分的结构和功能有了更加深入的了解，为开发新一代基因工程疫苗提供了理论依据。现在研究最多的是亚单位疫苗和 DNA 疫苗。理想的重组亚单位疫苗应该是能引起显著保护性免疫应答的最小、无毒的蛋白片段。目前用于研究的抗原成分主要是 PT、FHA 和 PRN。由于这些抗原成分相对分子质量都很大，直接重组表达基本不可能，现有的研究主要是从中筛选具有免疫原性的片段并对其保护性进行研究。在百日咳的 DNA 疫苗研究中，主要是采用 S1 亚单位(PT 的一个亚单位)的编码基因作为研究对象，以日本研究最多，Kazunari 等将编码 S1 亚单位的基因插入哺乳动物表达载体，免疫动物后可以抑制天然 PT 所诱导的白细胞活化。

第三军医大学对基因工程亚单位疫苗进行了研究，首先采用生物信息学手段对 FHA'蛋白结构和抗原性进行预测，成功筛选出长度为 138 个氨基酸的片段 Fs，免疫印迹证实其具有良好的免疫反应性，该蛋白表达量在 50% 以上，克服了百日咳杆菌抗原成分难以表达的技术难题。其次利用基因工程操作将 Fs 片段与百日咳毒素 S1 亚单位突变体(S1')融合，成功构建了重组质粒 pET22b-FsS1' 和 pET22b-FsS1'S1'，二者均在大肠杆菌 BL21(DE3)中得到了高效表达，成功实现了 S1 亚单位的高效表达。第三是采用镍离子金属螯合层析和分子筛层析纯化目的蛋白，蛋白纯度均达到 95% 以上；Western blotting 结果显示重组蛋白能与特异性抗 FHA 和抗 PT 抗体反应。第四是通过白细胞活化试验和 CHO 细胞凝集试验证实，重组蛋白基本丧失了其不良的生物学活性和毒性，与天然毒素之间存在显著差异。最后，纯化蛋白免疫家兔后能产生抗血清，免疫双扩试验和 ELISA 均证实抗血清能与天然 PT 和 FHA 发生特异性结合，提示重组蛋白具有良好的免疫原性，可作为百日咳疫苗的候选抗原。

7.1.7　基因工程溶血栓药物

溶栓药物现已广泛用于临床血栓性疾病的治疗，按其发展过程可大致分为三代：

第一代溶栓药：以链激酶（streptokinase，SK）及尿激酶（urokinase，UK）为代表，可以直接或间接激活纤溶酶原使之转变为具有溶栓活性的纤溶酶溶解纤维蛋白，达到溶栓目的。但两者都不具有纤维蛋白特异性，易引起全身纤溶亢进，出血发生率高，且链激酶具有免疫原性，可引起药物抗性和变态反应。

第二代溶栓剂：具有较高的纤维蛋白选择活性，如组织纤维溶酶原激活剂（tissue-type plasminogen activator，t-PA）、阿尼普酶（茴酰化纤溶酶原链激酶激活剂复合物，anisoylated plasminogen streptokinase activator complex，AP-SAC）、尿激酶原（pro-UK）或称单链纤溶酶原激活剂（single chainurokinase PA，scu-PA）等。

第三代溶栓剂：利用基因工程和单克隆抗体技术对第二代产品的改造，包括重组组织型纤溶酶原激活剂（recombinant tissue-type plasminogen activator，rt-PA）及其突变体、PorUK 突变体、重组 PA 嵌合体、纤维蛋白单克隆抗体与 PA 的结合体（有导向溶栓作用）等。另外，第三代溶栓剂还包括新天然来源栓剂，如吸血蝙蝠唾液纤溶酶原激活剂和葡激酶（SaK）、蚯蚓纤维蛋白溶解酶（EFE）以及蛇毒溶栓酶等。这些新型 PA 通过对某些特定氨基酸残基的改变和某些特定结构域的删除，延长其在血液中的半衰期，提高对纤维蛋白的选择性和对 t-PA 抑制剂的抗性，提高纤溶效率，减少颅内出血的危险。

拓展阅读

胰岛素的发现——1923 年诺贝尔生理学或医学奖

19 世纪以前，糖尿病像妖魔一样，肆意成批地夺走人们的生命。在那时，糖尿病患者的平均生存时间仅 4.9 年。那时已经发现在胰脏中一些呈岛状分布的细胞，即胰岛细胞分泌一种物质与糖尿病有关，但是因为胰腺分泌的蛋白消化液容易将胰岛素降解，所以很难收集并进行功能验证。1920 年出生于加拿大的巴丁突发奇想，先将正常活狗的胰腺导管统统结扎掉，使胰腺无法分泌降解胰岛素的消化液，而萎缩后的胰腺组织里存在着成千上万的胰岛细胞，因此仍然可以分泌胰岛素。他的想法在迈克劳德的实验室获得了验证，不但如期收集到了胰岛素，并在患糖尿病的病人身上获得了验证。1923 年，诺贝尔奖委员会决定授予巴丁和迈克劳德当年的生理学或医学奖。

胰岛素化学结构——1958 年诺贝尔化学奖

胰岛素被发现之后，各国的科学家对这一神奇物质充满了好奇，纷纷开展对胰岛素的研究，大家努力探索着胰岛素的化学结构，以便能够摆脱单纯依赖从动物体内获取胰岛素的方法。化学家桑格是第一个找出胰岛素化学结构的科学家，他因此荣获了 1958 年的诺贝尔化学奖。

7.2 基因诊断

基因诊断即核酸诊断或分子遗传学诊断，是以分子生物学、分子遗传学理论为基础，利用分子生物学的技术和方法，对受检者的某一特定基因或其转录物进行分析和检测，从而对相应的疾病进行诊断，即从基因水平阐明疾病的病因所在。基因诊断是继形态学、生物化学和免疫学诊断之后的第四代诊断技术。传统的疾病诊断方法大多为"表型诊断"，即以疾病或病原体的表型为依据。这种诊断方法有许多缺陷，如疾病的表型改变往往出现较晚，因此易错过治疗的最佳时期；某些疾病本身不呈现显著的表型改变，用传统的检测方法易出现"假阴性"反应，精确度低等。基因诊断不仅具有特异、敏感、准确、稳定、早期诊断、预测、诊断范围广、适用性强、临床应用前景好的特点，还有以下优点：

（1）基因诊断可用于研究基因差异表达，对有组织和分化阶段特异性表达的基因进行检测。

（2）基因诊断不仅可对某些疾病作出准确检测，还能对疾病的易感性、发病类型和阶段、感染性疾病以及疾病抗药性作出判断。

（3）基因诊断还可快速检测不易在体外培养（如艾滋病病毒、各种肝炎病毒等）和不能在实验室安全培养的病原体（如新冠病毒），并可采用 DNA 长度片段多态性分析对病原体进行基因分型。

基因诊断的问世标志着人们对疾病的认识已从传统的表现性诊断步入基因诊断的新阶段，人类基因组计划的完成和分子生物技术的发展，为基因诊断带来了空前的机遇。基因诊断领域不断扩展新的标志物和疾病种类，在临床上得到了更广泛的应用，是现代检验医学非常重要、非常有前景的一种检测手段。未来的分子诊断主要有个体化医学、治疗诊断学和商业化的基因诊断产品等发展方向，随着临床医学各学科与分子生物学、基因工程、生物物理学和仪器分析学等学科的交叉融合，人们将会更深入理解生物大分子与疾病的关系，基因诊断必将在疾病诊断、治疗和防控等方面发挥更加重要的作用。

7.2.1 基因诊断的基本类型

（1）诊断性基因检测：用于精确识别引发健康问题的疾病，它有助于指导患者的治疗选择和健康管理。

（2）预测性和症状发生前的基因检测：用于发现那些可能导致患病风险增加的基因改变。这种基因检测结果可以了解到发生某一特定疾病的风险信息，对于调整生活方式和医疗保健有一定的指导意义。

（3）载体基因检测：用于发现那些携带有与疾病相关的基因突变的人。这些基因突变的携带者可能并没有表现出疾病症状，但很可能将这种基因突变遗传给后代，从而使子代发生相应的疾病或成为携带者。有些疾病是父系遗传或母系遗传，而有些疾病需要同时继承父母双方的基因突变才会发病。这种类型的基因检测通常适用于有特定遗传病家族史的人群，或者拥有较高风险罹患特定遗传病的特定民族。

（4）产前基因检测：用于孕期帮助识别胎儿是否患有特定疾病。如无创唐氏基因筛查通过取母血检测出胎儿游离 DNA，对胎儿的染色体病和代谢性遗传病作出诊断，即得出胎儿患唐氏综合征的风险。

（5）新生儿基因筛查：在婴儿出生后几天内进行基因检测，有助于发现新生儿是否罹患影响健康和发育的特定疾病。

（6）药物基因组学测试：通过该测试可获悉特定药物在特定个体体内的作用情况，从而有助于指导医生选择与患者基因构成最为匹配、能发挥最佳效果的药物。

（7）研究型基因检测：用于了解某基因影响人体健康或与疾病发展和预后的关联性。虽然有时研究结果并不会直接让参与者获益，但通过帮助研究者扩展对人体、健康和疾病的理解，今后将让更多人受益。

7.2.2 基因诊断技术

基因诊断的诞生与发展得益于分子生物学理论和技术的迅速发展，基因诊断中常用的分子生物学技术主要有以下几种：

（1）分子杂交技术。世界首例基因诊断就是以 DNA 分子杂交技术为基础开展的遗传病诊断，此后，分子杂交技术得到了广泛应用并衍生出了一系列的相关技术。该技术主要包含：核酸的分离与纯化、探针的制备和分子杂交三个步骤，可应用于基因克隆的筛选和酶切图谱的制作、基因组中特定序列的定量和定性检测、基因突变分析等方面。近年来，核酸纳米技术的发展产生了一组新型结构探针——连接探针，其在构建生物传感、合成生物学和基因调控相关系统中得到了广泛应用。

（2）PCR 技术。自发明以来，PCR 已经成为实验室生物学的一项标准技术，但科学家们仍在继续为它寻找突破性应用。PCR 产物的限制性片段长度多态性分析（PCR-RFLPs），即 PCR 扩增含待测多态性位点的 DNA 片段，然后用识别该位点的限制性核酸内切酶进行切割，根据限制酶片段长度多态性分析作出诊断。PCR 结合特异性寡核苷酸探针斑点杂交（allele-specific oligonucleotide，ASO），即根据常见的突变体类型，合成一系列具有正常序列和突变序列的等位基因特异性寡核苷酸和相应的引物，PCR 产物能与正常和突变探针均杂交者为杂合子，仅与突变探针杂交者为纯合子，而只与正常探针杂交则说明是健康者。PCR 结合单链 DNA 构象多态性（SSCP），即双链 DNA 经变性成为单链 DNA，在非变性聚丙烯酰胺凝胶中电泳，由于碱基序列发生变化（至少一个碱基的变化）就可导致构型的改变，使泳动速率发生改变，从而将变异的 DNA 与正常 DNA 区分开来。

（3）荧光定量 PCR 技术。该技术是 DNA 定量检测技术的一次飞跃，可以对 DNA、RNA 样品进行定量和定性分析。相对定量分析可以对不同方式处理的两个样本中的基因转录水平进行比较，而绝对定量分析可以得到某个样本中基因的转录拷贝数。该技术已被广泛应用于生物医学研究、临床诊断、药物研发和用药指导等领域。

（4）DNA 测序技术。第一代测序技术主要包括 Sanger 双脱氧链终止法和 Maxam-Gilbert 化学降解法，Sanger 测序是目前所有基因检测的国际金标准。第二代测序技术包括 Roche 公司的 454 技术、Illumina 公司的 Solexa/HiSeq 技术和 ABI 公司的 SOLID 技术，在保持高准确性的同时，大幅提高了测序速度，并极大地降低了测序成本。第

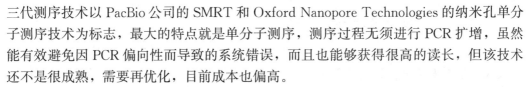

三代测序技术以 PacBio 公司的 SMRT 和 Oxford Nanopore Technologies 的纳米孔单分子测序技术为标志，最大的特点就是单分子测序，测序过程无须进行 PCR 扩增，虽然能有效避免因 PCR 偏向性而导致的系统错误，而且也能够获得很高的读长，但该技术还不是很成熟，需要再优化，目前成本也偏高。

（5）荧光原位杂交技术（fluorescence in situ hybridization，FISH），即用生物素或地高辛等非放射性物质标记探针，根据碱基互补配对原则进行杂交，并通过荧光素偶联的抗原抗体检测系统，在组织、细胞及染色体上对 DNA 或 RNA 进行定性及定位分析的一种技术。

（6）免疫组织化学技术（immunohistochemistry，IHC），又称免疫细胞化学技术，它利用抗体与抗原之间的结合具有高度特异性这一特性，将抗原与抗体间的免疫反应引入组织切片或细胞标本中对待测抗原或抗体作定性、定位、定量检测。

（7）基因芯片技术，是一种建立在杂交测序基本理论上的全新技术，该技术是将许多特定的基因片段有规律地排列固定于支持物上，然后通过与待测的标记样品按碱基互补配对原理进行杂交，再通过检测系统对其进行扫描，并用相应软件对信号进行比较和检测，得到所需的大量信息，进行基因高通量、大规模、平行化、集约化的信息处理和功能研究。如图 7-10 所示。该项技术已经在基因多态性分析、基因表达分析等多方面得到了广泛的应用，并已开始应用于临床诊断。

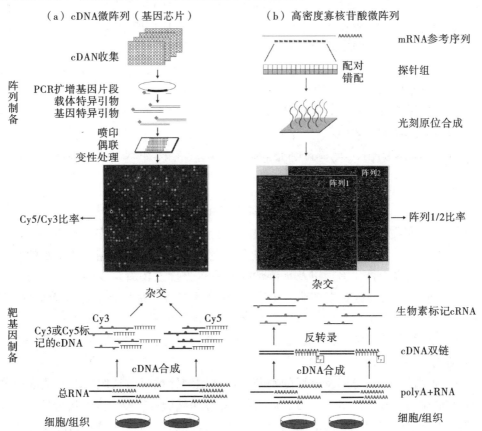

图 7-10 利用基因芯片进行基因诊断流程图

7.2.3 基因诊断的临床应用

基因诊断的应用主要集中在以下三个方面：一是肿瘤的诊断，基因芯片已用于检测人肺癌基因表达谱、肿瘤原癌和抑癌等基因的发现和定位。二是遗传疾病的诊断，例如血红蛋白病、苯丙酮尿症、杜氏肌营养不良症等疾病的诊断。随着人类基因组计划的进展，肥胖症、老年痴呆症、精神疾病等许多遗传病的相关基因相继被定位，1996 年起，Affymetrix 公司就可以制备一种携带 2 000 种位点变异样本的 DNA 芯片，使生物学家可通过遗传家谱进行研究。三是感染性疾病的诊断，例如 SARS-CoV-2 病毒、人乳头瘤病毒、肝炎病毒、结核杆菌、HIV、人类巨细胞病毒、疱疹病毒、淋病奈瑟菌、幽门螺杆菌、脑膜炎奈瑟菌、螺旋体及疟原虫、弓形虫以及支原体、衣原体、立克次体等的检测。

7.2.3.1 肿瘤的诊断

肿瘤是一类多因素、多基因相关、多阶段发展而导致的疾病，其发展过程复杂、临床表现多样，涉及多个基因的变化，并与多种因素有关，因而相对于感染性疾病及单基因遗传病来说，肿瘤的基因诊断难度更大。但肿瘤的发生和发展从根本上离不开基因的变化，随着人类基因组序列的剖析以及相关基因功能的识别，肿瘤的基因诊断成为肿瘤研究领域最活跃的学科，也逐渐成为分子医学的重要组成和研究热点，极大地推动了肿瘤早期诊断等技术的发展，具有广阔的临床应用前景。

肿瘤的基因诊断主要表现在以下四个方面：一是肿瘤的早期诊断及鉴别诊断。如结直肠癌早期和腺瘤中期，发现有 *K-ras* 基因先于 *p53* 突变的情况，因此利用 PCR 技术检测粪便样本中的 *K-ras* 基因表达情况，可早期诊断结直肠癌，如图 7-11 所示。这种方法较结肠镜检有更高的特异性和敏感性，并且基因诊断为非侵袭性，便于应用于高危人群的大规模调查和追踪。

图 7-11　肿瘤早期诊断流程图

HER2 基因在乳腺癌的早期表达比较高，与患者的预后和化疗药耐药相关，利用 FISH 或 IHC 等检测乳腺癌组织中 *HER2* 基因的表达，作为乳腺癌早期诊断的参考依据，并在指导患者个性化治疗以及预测治疗效果等方面发挥着重要的诊断价值。循环肿瘤 DNA 是一种无细胞状态的胞外 DNA，存在于血液、滑膜液和脑脊液等体液中，其主要是由单链或双链 DNA 以及单双链 DNA 混合物组成，以 DNA 蛋白质复合物或游离 DNA 两种形式存在，是一种具备广泛应用前景、高敏感性、高特异性的肿瘤标志物，且适用于多种肿瘤。

二是肿瘤的分级、分期及预后的判断。如利用细针抽吸活组织检查方法取得多例甲状腺肿瘤患者的肿瘤细胞，再用 DNA 芯片对肿瘤细胞进行基因表达谱分析，建立能够区别良性和恶性甲状腺肿瘤的基因模型，从而为临床医师诊断甲状腺肿瘤提供一个更为精确的诊断工具。

三是微小病灶、转移灶及血中残留癌细胞的识别检测。如检测胆囊癌患者 *p16* 基因的改变情况，对发生点突变、甲基化、染色体 *9p21 ~ 22* 缺失等比例进行分析、统计，可以得出 *p16* 改变与患者平均生存期的相关性。

四是检测手术中肿瘤切除是否彻底、有无周围淋巴结转移及靶向药用药指导等。

7.2.3.2 遗传疾病的诊断

随着生活条件和卫生条件的改善，遗传疾病在人类疾病谱中的地位显得更为突出和重要。然而，对绝大多数遗传疾病至今尚无有效的治疗方法，因此通过产前诊断阻断遗传病的逐代传递，对于提高人口素质具有极其重要的意义。现在已经探明多种遗传疾病的相关基因及其突变类型，下面将介绍基因诊断遗传疾病的几个实例。

1）镰状细胞性贫血的基因诊断

镰状细胞性贫血是指红细胞含有血红蛋白 S（hemoglobin S，HbS）的一种常染色体显性遗传的溶血性疾病，其症状包括：精神不振和呼吸急促、出现黄疸症状、骨骼及胸部或腹部出现剧烈疼痛。镰状细胞贫血由珠蛋白的 β 基因发生单一碱基突变引起。正常 β 基因的第六位密码子为 GAG，编码谷氨酸；突变后为 GTG，编码缬氨酸，成为 HbS。在纯合子状态，当形成 HbS 后，HbS 在脱氧状态下聚集成多聚体，因形成的多聚体排列方向与膜平行，与细胞膜的接触又非常紧密，所以当多聚体达到一定量时，细胞膜便由正常的双凹形盘状变成镰刀形。该细胞僵硬，变形性差，易破而溶血，造成血管阻塞，组织缺氧、损伤、坏死。采用 RFLP 进行诊断，用限制性核酸内切酶 Mst Ⅱ 或 Dde Ⅰ 对编码 β 珠蛋白链的 DNA 进行切割，如能切割，即为正常；如已发生突变（A→T），由于突变消除了一个酶切位点，内切酶切割后的片段长度发生改变，通过电泳检测可以区别正常和突变 β 珠蛋白链基因，达到诊断的目的。

2）β-地中海贫血的基因诊断

地中海贫血是一类血红蛋白合成异常所致的遗传病，以一条或多条成熟血红蛋白球蛋白链的缺失或表达量降低为特征。在我国，β-地中海贫血的发病率是 0.67%，是我国最常见的遗传病之一，高发于南方各省，尤以广东、广西、福建、云南、贵州、四川等地区最多。据估计，我国南方的高发区约有 2%～3% 的人为 β-地中海贫血的携带者，个别地区如香港、云南则高达 6%。

地中海贫血分为 α、β 两类，β-地中海贫血是由于人体无法产生足够量的血红蛋白 β 链造成的。如图 7-12 所示，β-地中海贫血是由超过 150 种 β 球蛋白基因突变造成的，这些基因突变引起 β 球蛋白链缺失或表达量降低。根据造成病情的严重性，可将 β-地中海贫血分为三种类型：一是轻型地中海贫血，也被称作携带者状态，是指人体携带了地中海贫血的基因性状。这些人通常能正常生活，但可能有轻微的贫血症状。二是中间型地中海贫血，由于可利用的血红蛋白 β 链减少所致，可以引起中度直至重度的贫血症状以及一系列的并发症，包括骨骼畸形和脾肿大。三是重型地中海贫血，由于无法合成血红蛋白 β 链所致，如果不接受治疗可引起非常严重的致命的贫血。

产前诊断（prenatal diagnosis，PND）（绒毛活检术或羊膜腔穿刺术）后终止异常妊娠是预防诸如 β-地中海贫血等严重遗传病发生的最流行的方法，另一种可供选择的方法

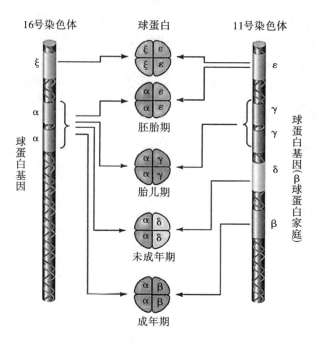

图 7-12 地中海贫血相关基因所在染色体

是对有生育遗传病的高风险夫妇开展早期胚胎遗传学诊断（preimplantation genetic diagnosis，PGD），如图 7-13 所示。即对通过 IVF 和胞质内单精子注射技术获得的发育至 6～8 细胞的胚胎，活检其 1 至 2 个单卵裂球，并对单卵裂球进行遗传学诊断，随后选择性移植未带有被检测的遗传病的胚胎，从而避免了有创性的胎儿检查和终止异常妊娠。PGD 尤其适合从宗教上、道义上、伦理上拒绝治疗性流产的夫妇和那些经历了多次终止妊娠的夫妇，以及生育力低下和不孕的遗传疾病患者和携带者夫妇。

对 β-地中海贫血进行 PGD 的可能性首先在动物模型上得到证实，1990 年使用人类卵子和极体对 β-地中海贫血成功地进行了 PGD，目前，针对人类 β-地中海贫血的 PGD 的临床应用已被好几个研究小组采用不同的方法予以报道，如采用单链构相多态性（SSCP）分析、非标记的巢式 PCR 法、限制酶消化法、变性梯度凝胶电泳分析、荧光 PCR 技术或结合限制酶消化、自动测序法。目前国内多采用反向斑点杂交膜的方法，即在 PCR 扩增后，对标记的 β 球蛋白基因片段在液相中进行检测。由于点在膜上是所有十几种突变和正常的寡核苷酸片段，这样一次杂交下来，就可检出具体的突变类型，从而作出基因诊断或检出携带者，或作出高危胎儿的产前诊断。

3）甲型血友病（HA）的基因诊断

血友病是最常见的 X 连锁隐性遗传出血性疾病，18 世纪 Schonlein 等人首先报道了本病，并首先提出了"血友病"的概念。血友病分为甲（A）、乙（B）和丙（C）三种类型，HA 是凝血因子Ⅷ编码基因突变导致该凝血因子功能缺陷所致的一种凝血功能障碍性遗传病，由女性传递，男性发病率约为 1/5 000，女性患者极为罕见，无明显种族和地区差异。凝血因子Ⅷ是血浆中的一种球蛋白，它与血管性血友病因子（von Willebrand factor，vWF）以非共价形式结合成复合物存在于血浆中。凝血因子Ⅷ、Ⅸ、Ⅺ缺乏均可使凝血过程的第一阶段中的凝血活酶生成减少，引起血液凝固障碍，导致出血倾向。

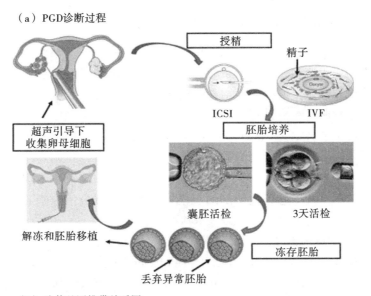

（a）PGD诊断过程

授精

精子

超声引导下
收集卵母细胞

ICSI IVF

胚胎培养

囊胚活检   3天活检

解冻和胚胎移植

冻存胚胎

丢弃异常胚胎

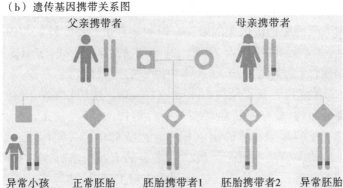

（b）遗传基因携带关系图

父亲携带者   母亲携带者

异常小孩   正常胚胎   胚胎携带者1   胚胎携带者2   异常胚胎

图 7-13   PGD 诊断流程图

因此，出血症状是血友病的主要表现，有轻微损伤或小手术后均可能出现长时间的出血。

目前已报道的突变类型有 300 多种点突变、50 余种小缺失、10 种插入、80 多种大的缺失及很长的基因倒位等，携带者检测和产前基因诊断是减少 HA 患者出生的最有效的途径之一。利用一种长距离的 PCR 技术，可直接为 40% 以上重型 HA 患者作出诊断，也可直接作携带者检查及产前诊断。但是，有近 80% 的 HA 的基因突变因呈现高度异质性，直接查找其基因突变不仅耗时、耗财、费力，而且由于 HA 复杂的分子病理学改变，现有的基因诊断尚不能查明其所有的基因缺陷类型。

对于不是倒位的 HA 家系，可采用间接基因诊断方法，如利用 FⅧ 基因内或其旁侧的与之紧密连锁的多态位点，对 HA 家系进行连锁分析，目前已成为检测携带者和产前诊断的主要途径之一。但此技术有局限性，如必须有先证者的 DNA 样本，携带者必须是某多态性的杂合子才能进行产前诊断，每种间接诊断技术的可诊断率为 70% ~ 75%，联合应用两种甚至三种间接诊断技术，对所有家系都能进行携带者检出和产前诊断。

7.2.3.3 感染性疾病的基因诊断

感染性疾病是由于病原体侵入机体而引起的一类疾病。感染性疾病的基因诊断策略分为一般性检出策略和完整检出策略。一般性检出策略只需要检测是否有某种病原体感染，常采用核酸杂交或核酸扩增技术检测病原体核酸；完整检出策略不仅对病原体是否存在做出诊断，还要进行分型、耐药基因和相关人类基因多态性的检测，常采用核酸杂交、PCR 扩增、基因芯片和 DNA 测序等技术。全球约 75% 的人类感染性疾病，如新冠肺炎、肝炎、脑炎、脊髓灰质炎、流行性感冒、狂犬病和艾滋病等，均由病毒引起，并且某些病毒感染与肿瘤的发生发展密切相关。对感染病毒的快速检测早期诊断和治疗监测有利于感染性疾病的规范化治疗，对提高治愈率、降低暴发性传播有重要意义。

1) 新冠病毒的基因诊断

冠状病毒(coronavirus, CoV)是属于 Nidovirales 的最大病毒组，冠状病毒是一个大型病毒家族，已知可引起感冒以及中东呼吸综合征(MERS)和严重急性呼吸综合征(SARS)等较严重疾病。由于冠状病毒周期性地、不可预测地出现，迅速传播并诱发严重的传染病，对人类健康造成极大的威胁。冠状病毒很容易变异，2019 年 12 月出现的不明原因肺炎病例，经序列测定发现，其与 2003 年爆发的 SARS-CoV 病毒存在 79.5% 的序列同源性，是以前从未在人体中发现的冠状病毒新毒株。冠状病毒是具有外套膜包裹的 RNA 病毒，其直径约 100nm～160nm，遗传物质在所有 RNA 病毒中最大。国家卫健委颁布的《新型冠状病毒实验室检测技术指南》规定，采集标本的种类里有上呼吸道标本、下呼吸道标本、血液标本、血清标本、粪便标本、肛拭子等。但在实际操作中，采取最多的是咽拭子、鼻拭子之类的上呼吸道标本。核酸检测的过程包括样本采集、样本处理、核酸提取、进行荧光定量 PCR 检测等多个步骤，现在平均检测时间需要 2 h～3 h。由于它是直接对采集标本中的病毒核酸进行检测，特异性强、敏感度相对较高，因此是新冠病毒感染检测的主要手段。除了核酸检测，抗体检测法，包括胶体金法和磁微粒化学发光法，也是常用的诊断方法。一般情况下，人被新冠病毒感染后，免疫系统会产生抗体来攻击病毒，但在病毒感染早期可能还没有抗体产生，存在检测的窗口期，因而抗体检测法只能作为确诊的补充诊断手段或应用于聚集性疫情溯源。

2) 乙型肝炎的基因诊断

乙型肝炎(hepatitis B virus, HBV)引起人类乙型病毒性肝炎，与肝硬化和肝细胞癌的发生、发展密切相关，属嗜肝 DNA 病毒科，是有包膜的 DNA 病毒。基因变异可分为以下两种类型：①前 C 区和核心启动子的变异。HBV 的 C 基因区分为前 C 区和 C 区，编码 HBeAg 的基因起始于前 C 区，编码 HBcAg 的基因起始于 C 区。HBeAg 可以看作是 HBcAg 的分泌型，对 HBV DNA 复制具有调节作用，前 C 基因超表达时病毒复制被明显抑制，故当前 C 基因变异使 HBeAg 不表达或低表达时会产生高复制水平的病毒株。②抗病毒治疗引起的耐药突变。长期服用拉米夫定进行抗病毒治疗易出现 HBV 的 YMDD 变异，产生耐药性，抗病毒效应发生逆转，即血清中 HBV 的 DNA 水平重新上升，称为病毒学突破。YMDD 包括酪氨酸(Y)、蛋氨酸(M)、2 个天冬氨酸

(D)，YMDD 变异即保守序列 YMDD 中蛋氨酸(M) 被缬氨酸(V)或被异亮氨酸(I)所取代，称为 YVDD 或 YIDD。变异后，拉米夫定针对此位点抑制病毒复制的作用难以发挥，病毒开始继续复制，HBV DNA 和 ALT 水平出现反弹，因此快速检测 YMDD 变异在对患者实施个体化治疗方案方面具有重要意义。

HBV 的基因诊断包括病毒载量、基因种类、基因分型、亚型和变异的检测。HBV 病毒载量的检测是判断疾病进程、针对性地开展临床治疗的基本依据。HBV 基因型和变异的检测则是判断 HBV 变异，对病毒的耐药性进行跟踪分析，有效开展抗病毒治疗的基本依据。HBV 病毒载量和突变检测的结合是优化 HBV 抗病毒治疗的根本措施。HBV 病毒载量的检测技术包括 PCR 测定和生物传感器检测等，而序列测定、限制性片段长度多态性分析、DNA 杂交和基因芯片则主要用于基因分型和耐药突变的检测。

3) 人类免疫缺陷病毒的基因诊断

人类免疫缺陷病毒(human immunodeficiency virus，HIV)是引起人类获得性免疫缺陷综合征(acquired immunodeficiency syndrome，AIDS)的病原体。1983 年首次分离出第一株 HIV 病毒，目前发现引起 AIDS 的病毒主要有 HIV-1 和 HIV-2 两型，其中全球广泛传播且毒力较强的是 HIV-1 型。HIV 是一种高度变异的反转录病毒，传播途径包括血液传播、性接触传播、母婴传播(垂直传播)。由于 HIV 感染细胞后会自我反转录成 cDNA，并整合到宿主细胞基因组中复制，因此可用感染细胞的 DNA 为模板进行荧光定量 PCR 检测对患者进行诊断。同样，也可用反转录 PCR 扩增 HIV 病毒的 RNA 来检测，该方法对极少量病毒能够得到很高的阳性反应，特别适应于无症状感染者。核酸依赖性扩增检测技术(nuclear acid sequence-based amplification，NASBA)是在 PCR 基础上发展起来的一种新技术，是由 1 对带有 T7 启动子序列的引物引导的连续、等温、基于酶反应的核酸扩增技术，在 41℃进行反应，可以在 2 h 左右将模板 RNA 扩增 109 倍，扩增效率较常规 PCR 高，特异性和灵敏度高，操作简单，不需要特殊仪器，是在 HIV 感染的早期阶段检测血液中病毒载量非常灵敏的方法。

4) 禽流感的基因诊断

禽流感病毒(avian influenza virus，AIV)属于正黏病毒科 A 型流感病毒属，A 型流感病毒感染的范围最广，危害最大，可以感染人、猪、马、海洋哺乳动物、禽类等，是人和畜禽呼吸道疾病的重要病原。人感染后的症状主要表现为高热、咳嗽、流涕、肌痛等，多数伴有严重的肺炎，严重者心、肾等多种脏器衰竭导致死亡，病死率很高，通常人感染禽流感死亡率约为 33%。此病可通过消化道、呼吸道、皮肤损伤和眼结膜等多种途径传播。2003 年 12 月开始，禽流感在东亚多国，主要在越南、韩国、泰国严重暴发，并造成越南多名感染者丧生。2012 年 3 月，中国台湾地区首度发生 H5N2 高致病性禽流感，引发重视。

AIV 一般为球形(如图 7-14 所示)，直径为 80 nm～120 nm，但也常有同样直径的丝状形态，长短不一。病毒表面有 10 nm～12 nm 的密集钉状物或纤突覆盖，病毒囊膜内有螺旋形核衣壳。表面有两种糖蛋白突起，具有抗原特性，分别是红细胞凝结素(HA 蛋白)和神经氨酸酶(N 蛋白)。HA 和 N 各有"本领"，前者可以使病毒轻松附着在生物细胞的受体，使其感染；后者则会破坏细胞的受体，使病毒在宿主体内自由传播。禽流感病毒基因组由 8 个负链的单链 RNA 片段组成。这 8 个片段编码 10 个病毒蛋白，其中 8 个是病毒粒子的组成成分（HA、NA、NP、M1、M2、PB1、PB2 和 PA），另 2 个是相对分子质量最小的 RNA 片段，编码两个非结构蛋白——NS1 和 NS2。

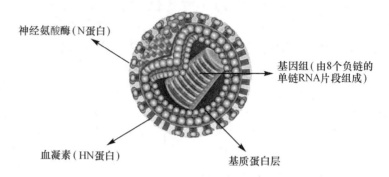

图 7-14　禽流感病毒结构示意图

AIV 的基因突变率很高，尤其是其中的血凝素（HA）和神经氨酸酶（NA）基因极易发生点突变，其机理涉及分子水平的抗原漂移和抗原转变，导致其编码的氨基酸序列改变，从而逃避宿主免疫系统的识别和清除，这也增加了对病毒进行检测的难度。对 AIV 检测常规采用的方法是病原学检测和血清学检测。病原学检测方法包括病毒的分离培养和电镜观察；血清学检测方法包括血凝和血凝抑制试验、琼脂凝胶免疫扩散试验、神经氨酸酶抑制试验、病毒中和试验、酶联免疫吸附试验等。

由于禽流感病毒亚型或血清型众多，不同亚型或血清型之间交叉反应性低，给禽流感的及时诊断和预防带来了很大困难。因此，要从禽流感的基因组入手，研究和利用更先进、更科学的诊断技术进行禽流感早期监测。目前基因诊断中常用的技术有：①RT-PCR，如荧光 RT-PCR 技术、多重 PCR、多重实时 RT-PCR 等。有研究者针对 AIV 各亚型中最保守的基质蛋白（M）及 H5、H9 亚型 AIV 的 HA 基因保守区分别设计特异性引物建立起了多重 RT-PCR，结果表明，其可有效地用于 AIV 的快速检测和分型。②核酸探针技术。核酸探针技术是目前生物化学和分子生物学研究应用最广泛的技术之一，是定性和定量检测特异性 DNA 或 RNA 的有力工具。2001 年，就有研究者利用 PCR 技术建立并优化了检测 AIV 核蛋白片段（NPC）的地高辛标记的 cDNA 探针杂交法。该探针有较好的特异性和敏感性，为从分子水平探讨 AIV 的发病机理和临床早期快速诊断提供了新的研究手段。③基因芯片技术。通过设计 AIV 的 25 个特异性引物和 1 个通用引物，经 RT-PCR 或重叠 PCR 扩增出了 25 个亚型的 cDNA，研制出了一种能检测禽流感 16 个 HA 和 9 个 NA 的 DNA 芯片。由于基因芯片技术特异性强、灵敏度高且允许同时扫描成百上千的核苷酸序列，已成为一种具有巨大潜能的禽流感诊断方法。

7.3　基因治疗

基因治疗是通过基因水平的改变来治疗疾病的方法。传统上指插入一段功能基因纠正细胞的功能缺陷。2009 年，*Science* 杂志公布的年度十大科学进展中，基因治疗位列其中，其在遗传疾病治疗中具备的巨大潜力得到了肯定。

1967 年，诺贝尔奖得主 Marshall Nirenberg 首次提出利用合成信息加工处理细胞，并对其前景和危险性作了分析，从而拉开了人类基因治疗的序幕。1979 年—1980 年，美国加州大学洛杉矶分校的研究员 Martin Cline 博士进行了人类历史上第一次替代基因治疗，将重组 DNA 转入来自意大利和以色列的两例遗传性血液病患者的骨髓细胞中。1984 年，重组 DNA 顾问委员会(RAC)设立人类基因治疗工作组。1990 年 9 月 14 日，Blease 和 Anderson 合作实施了人类历史上经批准的首次基因临床治疗。一位 4 岁的小女孩 Ahsanti DeSilva 因缺少腺苷脱氨酶(adenosine deaminase，ADA)而患重度联合免疫缺损和免疫系统功能低下，在美国国立卫生研究院(NIH)临床中心接受了第一例基因治疗。通过分离患者的单个核细胞，将正常 ADA 编码基因导入激活的 T 淋巴细胞，然后再回输体内，使机体产生 ADA 的能力提高。目前，全球已有 20 多个基因治疗产品上市，产品类型涉及寡核苷酸类、溶瘤病毒、CAR-T 疗法、干细胞疗法以及其他基于细胞的基因疗法。2021 年 6 月 26 日，《新英格兰医学杂志》发表首个人体 CRISPR 基因编辑治疗 I 期临床试验结果。该疗法名为 NTLA-2001，由美国生物技术公司 Intellia Therapeutics 和 Regeneron 联合研发，用于治疗转甲状腺素蛋白淀粉样变性(ATTR)患者，显示出良好的有效性和安全性。

7.3.1　基因治疗的策略与技术

7.3.1.1　基因治疗的策略

基因治疗按照靶细胞的类型可分为生殖细胞基因治疗和体细胞基因治疗。生殖细胞基因治疗是将正常基因转移至患者的生殖细胞(精细胞、卵细胞、早期胚胎)中，使其发育成正常个体；体细胞基因治疗是将正常基因转移到体细胞，基因可能整合到染色体上，也可能独立于染色体外，使之表达基因产物从而达到治疗的目的。

按照基因转移的途径可分为活体直接转移(*in vivo*) 和间接体内法(*ex vivo*)。活体直接转移是将目的基因直接转移到机体的靶细胞中，如 DNA 注射、喷雾、口服等。活体直接转移基因治疗的效率与目的基因进入靶细胞的能力有关，主要包括通过各种膜屏障的能力以及识别靶细胞和非靶细胞的能力。间接体内法是指在体外进行基因转移，将人体细胞从体内取出，进行转基因操作，筛选可表达外源基因的细胞，再将这些细胞转移至体内。如图 7-15 所示。这一方法的优点是在将细胞移植回体内前，可以对细胞进行检查和优化。但该方法仅局限于可移植细胞，如淋巴细胞、骨髓细胞等，同时仍需对可能发生的免疫反应进行检查。间接体内法比活体直接转移具有更高的转染效率，因此是目前基因治疗的主要途径。

基因治疗主要有两种策略：一是上调低表达基因，主要技术包括基因置换、基因矫正、基因增补、免疫基因治疗、自杀基因治疗等；二是下调高表达基因或使基因失活，主要包括基因敲除、三链 DNA、诱骗序列、反义核酸、干扰 RNA 等技术。具体如下：

①基因置换：指采用正常的基因将细胞内变异基因进行原位替换。

②基因矫正：指将变异基因的突变碱基从核苷酸序列上予以纠正，原来正常的基

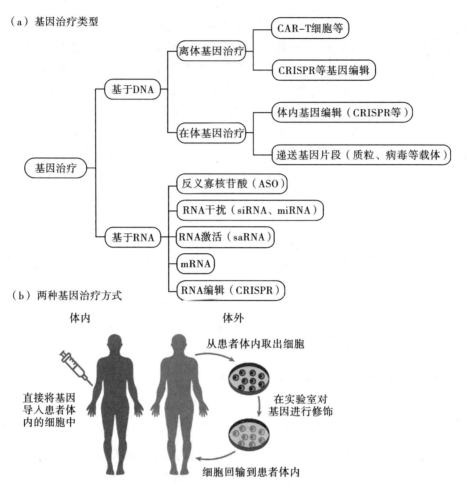

（a）基因治疗类型

基因治疗
- 基于DNA
  - 离体基因治疗
    - CAR-T细胞等
    - CRISPR等基因编辑
  - 在体基因治疗
    - 体内基因编辑（CRISPR等）
    - 递送基因片段（质粒、病毒等载体）
- 基于RNA
  - 反义寡核苷酸（ASO）
  - RNA干扰（siRNA、miRNA）
  - RNA激活（saRNA）
  - mRNA
  - RNA编辑（CRISPR）

（b）两种基因治疗方式

体内　　　　　　　体外

直接将基因导入患者体内的细胞中

从患者体内取出细胞

在实验室对基因进行修饰

细胞回输到患者体内

图 7-15　基因治疗策略

因予以保留。

③基因增补：指将正常的目的基因导入细胞，其表达产物能修饰缺陷的细胞功能，使得原有的功能恢复，但仍保留了原缺陷细胞。

④免疫基因治疗：指将抗体、抗原和细胞因子的基因导入人体，改变免疫状态，达到预防、治疗疾病的效果。

⑤自杀基因治疗：自杀基因是一类药物代谢基因，导入细胞后可使无毒性的前体药物代谢转化为毒性较强的细胞药物，从而选择性地杀伤基因导入的肿瘤细胞，也可将药物敏感基因转入肿瘤细胞，以提高肿瘤患者对药物治疗的敏感性。

⑥基因敲除：也称基因打靶，在细胞分裂过程中，通过重组载体和靶定基因进行基因交换从而敲除靶基因。

⑦三链 DNA：指人工合成单链，通过正反式 Hoogsteen 型氢键与 DNA 的一条链相互作用而形成，阻止 DNA 双链解旋、启动子结合和转录。

⑧诱骗序列：指导入的序列能同靶 DNA 序列竞争结合胞内转录因子，减弱或消除依赖于此转录因子的某些基因的转录。

⑨反义核酸：指导入的反向互补寡核苷酸与 mRNA 形成碱基配对，抑制与疾病发

生直接相关基因的表达。

⑩干扰 RNA：指外源 dsRNA 导入后，引起内源性序列同源 mRNA 特异性降解，从而消除基因表达。

7.3.1.2　基因治疗的基本流程

图 7-16 以慢病毒载体介导的基因治疗为例对基因治疗的基本流程进行了说明。

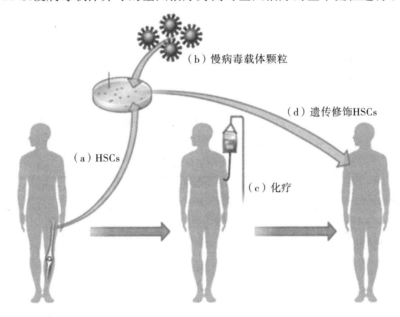

（b）慢病毒载体颗粒

（d）遗传修饰HSCs

（a）HSCs

（c）化疗

图 7-16　慢病毒载体介导基因治疗过程示意图

1）治疗性基因的选择

选择合适的基因是基因治疗取得疗效的前提。一般可以选择癌基因、抑癌基因、凋亡抑制基因、生长因子等基因，最好选择单基因突变导致的疾病，能增强基因治疗的靶向性。基因治疗过程中可以向患者导入抑癌基因、免疫基因、自杀基因、抗肿瘤血管生成基因、耐药基因等。例如，人类 50% 以上的肿瘤与抑癌基因 *p53* 的变异有关，将野生型 *p53* 基因转染肿瘤细胞，肿瘤细胞会发生凋亡，在动物体内的致瘤能力下降，因此携带 *p53* 基因的腺病毒可以用来治疗肿瘤。

2）基因载体的选择

目前使用的有病毒载体和非病毒载体两大类，导入受体细胞的方式有多种，前面章节中提到的显微注射、电子打孔磷酸钙转染、融合法等均可以采用，另外还要选择合适的生物载体和非生物载体，表 7-1 中列举了常见载体的优缺点。

3）靶细胞的选择

基因转移的受体对象称为靶细胞或靶器官，基因治疗不同类型的疾病的靶细胞或器官存在差异。对于某些遗传性疾病，要求对特定细胞的功能缺陷进行纠正，称为原位纠正，它对靶细胞的要求较高。例如，囊性纤维化涉及呼吸道的病理改变，必须以肺部的细胞作为靶细胞，纠正基因缺陷后才能治疗疾病。根据治疗基因性质的不同，对靶细胞的要求不同。例如，以杀伤细胞为目的，自杀基因或诱导凋亡基因必须选择性转移到肿瘤细胞内，而以增强机体免疫功能为目的的细胞因子基因不一定要转移到肿瘤细胞内。总体上讲，遗传性疾病基因治疗中应用较多的靶细胞是造血干细胞、皮肤成纤维细胞、成肌细胞和肝细胞；而肿瘤治疗采用最多的是肿瘤细胞本身，其次是淋巴细胞、树突状细胞和造血干细胞。造血干细胞能够不断自我分裂，而且分化为各种外周血细胞，是理想的靶细胞。但这种细胞的分离纯化和扩增较困难，基因转移效率较低。皮肤成纤维细胞取自皮肤，生长容易，基因转移效率高，对实验设备要求不高，因而这是一种采用间接体内法途径对遗传病和肿瘤进行基因治疗均合适的靶细胞。

4) 目的基因的转移

目的基因的转移包括间接体内法和活体直接转移等策略。

5) 目的基因表达的检测

检测靶细胞或靶器官中目的基因的表达水平，以明确其转染效率和表达情况。

最后一个步骤就是临床治疗效果观察。

表 7 1　常见载体的优缺点

载体	优点	缺点
腺病毒载体	可特异性整合于人 19 号染色体 无毒、无致病性 病毒滴度高 生物学特性清楚	需腺病毒辅助复制 携带外源基因能力有限(<4 kb) 不与宿主基因组整合
慢病毒载体	可感染分裂期、非分裂期细胞 经修饰的载体，能够诱导调控 宿主适应范围较广	携带外源基因一般<10 kb 随机整合，可引起插入突变 安全性较低
单纯疱疹 病毒载体	外源基因容量大，达 40 kb～50 kb 嗜神经特性，可在神经组织中获得终 生潜伏性感染，适用于各种严重的神 经系统疾病 可转染分裂期、非分裂期细胞 由于具有潜伏性感染特征，可应用于 需较长时间治疗的疾病	不适于要求具有高水平表达特征的基 因传递 细胞毒性较强
脂质体	无感染能力 理论上无 DNA 大小限制 毒性低	无特异性靶细胞 转染效率低 体内应用困难

造血干细胞是人类发现最早的一种干细胞，也是目前研究最多的一种干细胞，造血干细胞起源于骨髓，具有自我更新、多向分化和归巢潜能。它的标志性特征在于采用不对称的分裂方式：由一个细胞分裂为两个细胞，其中一个细胞仍然保持干细胞的生物学特性，从而保持体内干细胞数量相对稳定，即自我更新，另一个则进一步分化为不同的血细胞系，并进一步生成血细胞。造血干细胞在基因治疗上有许多优势：①造血干细胞的"永生性"为导入目的基因的持续表达提供了理想的靶细胞。②造血干细胞除了可分化为各种血细胞外还能分化成非造血组织细胞，因此能够矫正造血细胞

系的细胞缺陷。③造血干细胞参与血液循环，有利于转入的目的基因表达产物随着血液循环到达靶器官。④造血干细胞可以从人体的外周血、骨髓或脐带血中获取，采集方便。

目前，CD34$^+$细胞及其亚群是造血干细胞主要的分离纯化靶细胞。主要方法包括流式细胞分选法和免疫吸附分离法。流式细胞分选是将骨髓单个核细胞与荧光素连接的抗 CD34$^+$单克隆抗体孵育标记后，应用流式细胞分选仪，根据造血干细胞与淋巴细胞相同的光散射特性和绿色荧光标记来分离出较高纯度的 CD34$^+$细胞。免疫吸附分离的基本步骤是将与特异性的抗 CD34$^+$单克隆抗体相结合的细胞通过某种亲和力量吸附于特定的吸附物上，然后通过一定的方法将分离的 CD34$^+$细胞自吸附物上洗脱并收集。

7.3.2 基因治疗的临床应用

基因治疗研究涉及多门学科和多种技术，随着分子生物学、分子遗传学以及临床医学等学科的快速发展，基因治疗在临床上得到广泛的应用。目前基因治疗的范围已从遗传性疾病扩大到肿瘤、传染病和心血管等疾病，而且研究的重点已转移到肿瘤基因治疗方面。

7.3.2.1 基因治疗临床应用现状

1) 国外基本状况

以 1972 年 Friedmann 和 Roblin 正式提出 gene therapy 这一概念为起点，基因治疗领域已经发展了近 50 个年头。尽管其间历经起伏，近年来基因治疗药物的不断涌现证实基因治疗正在不断走向成熟。根据《2020 年全球生命科学展望》数据，截至 2019 年，全球细胞和基因疗法临床试验中，处于第一阶段和第二阶段的试验所占的比重为 85%，说明细胞及基因治疗的临床试验大多数仍处于初期，基因治疗的技术研发到产品应用仍有较长的路要走。自 2017 年美国 FDA 批准第一款基因疗法产品以来，全球基因疗法的批准步伐迅速加快，目前，全球已经有超过 20 款基因疗法上市。从 2010 年 1 月 1 日到 2019 年 12 月 31 日，在全球范围内对 178 种细胞和基因疗法进行了 491 项临床试验，相关临床试验的数量平均每年增长 16.1%，细胞和基因治疗中Ⅰ期和Ⅱ期临床试验占每年新开试验的 90% 以上。据中商产业研究院整理的数据显示，全球正在进行的基因治疗临床试验中，超过一半是针对肿瘤开发的。此外，由于新型冠状病毒的影响，2020 年新增大量针对感染性疾病的基因治疗，占比达 10.7%；其他适应证分布在血液系统疾病、内分泌系统和代谢性疾病、神经系统疾病、免疫系统疾病等领域。按基因治疗试验所处临床阶段，全球 39.5% 的临床试验处于临床Ⅰ期，27.8% 的临床试验处于临床Ⅰ/Ⅱ期，24.8% 的临床试验处于临床Ⅱ/Ⅲ期，5.6% 的临床试验处于临床Ⅲ期。另据 ASGCT 数据，截至 2020 年底，美国是开展基因治疗临床试验数量最多的国家，累计超过 650 项；其次为中国，累计超过 300 项。中国已成为基因疗法药物研发主要市场之一，临床研究数量仅次于美国，位居全球第二。基因治疗的发展历程如图 7-17 所示，全球部分获批上市在售的基因治疗药物见表 7-2。

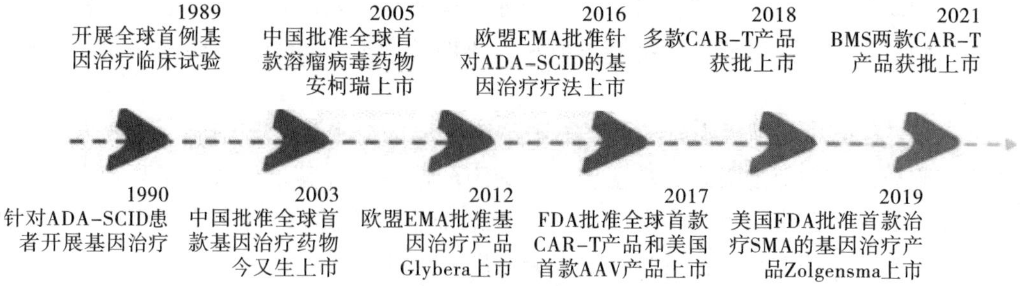

| 1989 开展全球首例基因治疗临床试验 | 2005 中国批准全球首款溶瘤病毒药物安柯瑞上市 | 2016 欧盟EMA批准针对ADA-SCID的基因治疗疗法上市 | 2018 多款CAR-T产品获批上市 | 2021 BMS两款CAR-T产品获批上市 |

| 1990 针对ADA-SCID患者开展基因治疗 | 2003 中国批准全球首款基因治疗药物今又生上市 | 2012 欧盟EMA批准基因治疗产品Glybera上市 | 2017 FDA批准全球首款CAR-T产品和美国首款AAV产品上市 | 2019 美国FDA批准首款治疗SMA的基因治疗产品Zolgensma上市 |

图 7-17　基因治疗的发展历程图

表 7-2　全球部分获批上市在售的基因治疗药物

通用名	商品名	生产厂家	适应证	疗法分类	相关病毒载体	获批时间	获批地区
重组人 p53 腺病毒注射液	今又生 (Gendicine)	深圳市赛百诺基因技术有限公司	头颈部鳞状细胞癌	基因修饰腺相关病毒	腺相关病毒	2003	中国
重组人 5 型腺病毒注射液	安柯瑞 (Oncorine)	上海三维生物技术有限公司	头颈部肿瘤、肝癌、胰腺癌、宫颈癌等	基因修饰溶瘤病毒	溶瘤病毒	2005	中国
Talimogene Laherparepvec	Imlygic	Amgen Inc.	不能通过手术完全切除的晚期黑色素瘤	溶瘤病毒	单纯疱疹病毒	2015	美国
Autologous CD34+ enriched cell fraction that contains CD34+ cells transduced with retroviral vector that encodes for the human ADA cDNA sequence	Strimvelis	GSK	由于腺苷脱氨酶缺乏症（ADA-SCID）而导致的严重联合免疫缺陷	基因修饰的自体干细胞	逆转录病毒	2016	欧盟
Tisagenlecleucel	Kymriah	Novartis Pharmaceuticals Corporation	难治或复发性B淋巴细胞白血病	CAR-T	慢病毒	2017	美国、欧盟
Voretigene Neparvovec-rzyl	Luxturna	Spark Therapeutics, Inc.	RPE65 基因突变相关的视网膜萎缩	病毒载体疗法	腺相关病毒	2017	美国、欧盟
Axicabtagene Ciloleucel	Yescarta	Kite Pharma, Inc.	复发或难治性成人大 B 细胞淋巴瘤	CAR-T	逆转录病毒	2017	美国、欧盟

通用名	商品名	生产厂家	适应证	疗法分类	相关病毒载体	获批时间	获批地区
Spinraza	nusinersen	Biogen/昆泰	脊髓性肌肉萎缩症	反义寡核苷酸	反义寡核苷酸	2019	美国、中国
Betibeglogene autotemcel	Zynteglo	Bluebird Bio	β-地中海	基因修饰的自体造血干细胞	慢病毒	2019	欧盟
Onasemnogene Abeparvovec-xioi	Zolgensma	Novartis Pharmaceuticals Corporation	脊髓性肌肉萎缩症	病毒载体疗法	腺相关病毒	2019	美国、欧盟
Brexucabtagene Autoleucel	Tecartus	Kite Pharma, Inc.	成人复发或难治性大B细胞淋巴瘤	CAR-T	逆转录病毒	2020	美国
Autologous CD34$^+$ cell enriched population that contains hematopoietic stem and progenitor cells（HSPC）	Libmedly	Orchard Therapeutics (Netherlands) BV	异色性白细胞营养不良	基因修饰的自体造血干细胞	慢病毒	2020	欧盟
Idecabtagene vicleucel	Abecma	Celgene Corporation	成人复发或难治性多发性骨髓瘤患者	CAR-T	慢病毒	2021	美国、欧盟
Lisocabtagene Maraleucel	Breyanz	Juno Therapeutics, Inc.	成人复发或难治性大B细胞淋巴瘤	CAR-T	慢病毒	2021	美国

2）国内基本状况

复旦大学在1991年就对两例血友病B患者进行基因治疗特殊临床试验，这也是我国第一个基因治疗临床试验方案。目前，我国对单基因遗传病、恶性肿瘤、心血管疾病、神经性疾病、艾滋病等多种人类重大疾病开展了基因治疗基础和临床试验研究。中国已有2款国产基因治疗产品上市，分别是重组人p53腺病毒注射液（商品名：今又生）和重组人5型腺病毒注射液（商品名：安柯瑞）。

2004年1月，深圳赛百诺基因技术有限公司将世界上第一个基因治疗产品重组人p53腺病毒注射液（商品名：今又生）正式推向市场，这是全球基因治疗产业化发展的里程碑。目前只有我国的重组腺病毒——p53抗癌注射液，作为世界上第一个基因治疗产品正式上市，这代表着我国在生物技术领域的高起点、高水平，并将在生物产业链中抢占先机。截至目前，国内已有20余项基因疗法进入临床阶段，适应证主要集中于罕见病以及黑色素瘤等实体肿瘤疾病。2022 年国产 CAR-T 疗法迎来新发展，进入确认性Ⅱ期临床试验。国内基因治疗药物研发公司还有博雅基因、复星凯特、传奇生物、药明巨诺等，多数专注于 CAR-T、TCR-T 等免疫细胞疗法。

近年来，全球基因治疗行业开始高速发展。2016—2020 年，市场规模从 0.50 亿美元增长到 20.75 亿美元。根据预测，2021—2025 年，中国基因治疗行业市场规模将从504 亿元人民币增长至 1208 亿元人民币，年复合增长率为 24.4%。其中，罕见病基因治疗市场规模将从 45.6 亿元人民币增长至 104.8 亿元人民币，肿瘤基因治疗市场规模将从 4.8 亿元人民币增长至 16.1 亿元人民币。从全球细胞及基因治疗市场区域分布来看，2019 年全球各地区中，美国的细胞及基因治疗市场规模占比最大，2019 年美国市场规模为 8 亿美元，占比约为 42.10%；其次是欧盟和中国，2019 年市场规模分别为 6亿美元和 2 亿美元，占比分别为 31.58% 和 10.53%。

7.3.2.2 肝癌的基因治疗

大量科学研究证实，绝大多数肿瘤是由遗传、环境及感染等因素引起，而且均从基因损伤开始。因此，理解基因和癌变的联系，进而尝试"修改"引发癌变的基因，被认为是"根治"癌症的有效方法。肝癌是发生于肝脏的恶性肿瘤，包括原发性肝癌和转移性肝癌两种，人们常说的肝癌多指原发性肝癌。原发性肝癌是临床上最常见的恶性肿瘤之一，据统计，全世界每年新发肝癌患者约 60 万，居恶性肿瘤的第五位。我国约90% 的乙肝患者是由慢性肝炎及肝硬化发展而来，我国肝癌发病率位居全球第 5 位，死亡率高居第 2 位，肝癌已经成为严重威胁我国人民生命健康的一大杀手。肝移植是目前认为最有效的治疗手段，但由于捐赠肝脏的缺乏限制了其广泛应用，所以肝癌的治疗迫切需要新的治疗方法，其中基因治疗就是一种富有前景的治疗方法，其原理主要依靠转染遗传物质至肿瘤细胞内，使其产生有效的抗肿瘤效果。

1）溶瘤病毒治疗

溶瘤病毒治疗的主要原理是利用病毒复制而优先杀死肿瘤细胞，从裂解的肿瘤细胞中释放的新病毒颗粒可以继续感染周围的肿瘤细胞。第一个在 2015 年获得 FDA 批准的抗癌药物是溶瘤疱疹病毒。这一批准激起了人们对溶瘤病毒作为抗癌治疗平台的兴趣。

（1）溶瘤病毒的来源。目前基因工程采用的病毒载体多是无复制能力的缺陷株，因此无法保证转化效率，难以达到理想的治疗效果。因此，需要借助一类具有复制能力的肿瘤杀伤性病毒，这类病毒并不是外源基因的载体，而是依靠病毒本身特异性在肿瘤细胞中的复制来杀死并裂解肿瘤细胞，从中释放出的病毒又可以进一步感染周围的肿瘤细胞，这一类基因工程病毒被称为溶瘤病毒。目前基于腺病毒的研究最为深入，选择增殖型腺病毒，其本身即具备杀伤肿瘤细胞的能力，使用安全性好，又能使其携带的外源基因在宿主靶细胞内长期表达。

（2）溶瘤病毒的复制靶向性。最初获得肿瘤特异性复制的策略为：对病毒基因组中的某个位点进行删除或使其突变，如 dl1520 病毒的改造，它利用多数肿瘤细胞都有p53 基因突变后 p53 蛋白失活的特点，删除了腺病毒的相关基因，使改造后的 dl1520病毒只在无 p53 功能的肿瘤细胞中复制。改造的另一个方向是在病毒基因组内加入肿瘤特异性启动子或改造病毒蛋白的结构。

（3）溶瘤病毒在肝癌治疗中的应用。ONYX-015 是第一种溶瘤腺病毒，其缺失 E1B 病毒基因，使病毒复制依赖于出现 p53 通路缺陷的肿瘤细胞。体外实验显示，这一腺病毒可以引起不表达 p53 的肝癌细胞的毒性作用；动物体内实验表明，ONYX-015 可明显抑制异体移植的肝癌细胞的生长。对原发和继发的肝癌患者的临床试验进一步证实了 ONYX-015 对肝癌的作用，病毒瘤内注射后，显示患者耐受性良好，并可观察到部分临床反应。

（4）溶瘤病毒联合靶向治疗肝癌的应用。JX-594，也称为 Pexa-Vec（pexastimogene devacirepvec），是一种带有病毒胸苷激酶（TK）基因缺失、人粒细胞巨噬细胞集落刺激因子（hGM-CSF）和 β-半乳糖苷酶转基因表达的武装免疫治疗性痘苗病毒。由于 EGFR/ Ras/Raf 途径的抑制，导致 JX-594 斑块的形成和复制受到剂量相关的抑制。索拉非尼是一种靶向抗癌药物，是一种抑制多种蛋白激酶的酪氨酸激酶抑制剂，包括 VEGFR、PDGFR 和 RAF 激酶。Heo 等人证明了溶瘤痘病毒 JX-594 与索拉非尼序贯联合治疗肝细胞癌（HCC）的临床前和临床疗效。在两种小鼠肝癌模型中，JX-594 和索拉非尼序贯联合用药提高了抗肿瘤效果。随后进行的一项初步临床研究，以探讨 JX-594 联合索拉非尼治疗 3 例肝癌的安全性和有效性。研究表明，序贯治疗具有良好的耐受性，并且与所有患者的肿瘤血液灌注显著降低和客观肿瘤反应相关。

2）自杀基因治疗

自杀基因是肝癌基因治疗中应用最多的目的基因，自杀基因是病毒、细菌等原核生物中具有特殊功能的酶类基因，此类基因转入哺乳动物细胞后产生的酶能将无毒或毒性极低的药物前体转化成细胞毒性代谢产物，导致肿瘤细胞自杀，因此又称为病毒导向酶解药物前体疗法。自杀基因治疗即利用编码酶的自杀基因选择性地转染肿瘤细胞，使肿瘤细胞内无害的药物前体转换成毒性化合物，这样使毒性代谢产物集中在肿瘤组织而避免了全身的毒性。

目前最常见的分子化疗系统是单纯疱疹病毒基因胸苷激酶（the herpes simplex virus thymidine kinase，HSV-tk）和更昔洛韦（ganciclovir，GCV）药物前体的联合。与正常哺乳动物胸苷激酶相比，选择性的 HSV-tk 系统优先使 GCV 单磷酸化，然后在细胞内进一步磷酸化产生三磷酸 GCV，三磷酸 GCV 可直接结合细胞的 DNA，抑制 DNA 的合成，导致细胞的死亡。这种策略具有一定的旁观者效应，即转染的肿瘤细胞死亡后诱导周围未转染细胞的杀伤效应。旁观者效应的产生可能是由于毒性代谢产物扩散至邻近细胞，也可能是将要坏死或凋亡的肿瘤细胞刺激机体免疫系统产生的抗肿瘤免疫反应。自杀基因由于旁观者效应，仅需少量肿瘤细胞表达即可使 GCV 杀死大部分或全部肿瘤细胞，显示出强大的肿瘤杀伤能力，因而成为近年来肿瘤基因治疗方面研究最多的基因之一，并已用于一些肿瘤的临床试验方案中。但正常细胞如被转染上自杀基因，其损伤的后果也是严重的，特别是对肝脏等重要器官而言，只要有一部分正常肝细胞表达自杀基因，即可导致严重后果。这也限制了自杀基因治疗的临床应用。

3）抗血管生成基因治疗

肝癌是血管高度密集的肿瘤，促血管生成因子是肿瘤生长所必需的，一些细胞因子与肿瘤血管形成密切相关,抑制肿瘤血管形成可以使肝癌细胞衰退。因此,肝癌是抗血管基因治疗的理想靶标。这一策略利用长期表达基因的载体将抗血管生成因子的基因转染至肿瘤或瘤周组织,或通过 RNAi 技术下调肿瘤血管生成因子的表达,使肿瘤病灶抗血管生成因子/促血管生成因子比值升高,从而抑制肿瘤血管的生成,同时减轻全身的毒副作用。最近几年发现了一种称为 NK4 的血管生成抑制因子,它是肝细胞生长因子(hepatocyte growth factor,HGF)的一种拮抗物,已经被临床证实具有抗肿瘤的活性。暴露于 HGF 的肝癌细胞转染 NK4 基因后,可抑制细胞的增殖和迁移,转染肿瘤细胞还可分泌 NK4,通过旁观者效应来抑制未转染肿瘤细胞的迁移和肿瘤内血管内皮细胞的增殖。动物体内实验也表明,Ad-NK4 输入治疗可使裸鼠肿瘤的生长受明显抑制。

4)siRNA 介导的靶基因沉默治疗

小干扰 RNA(small interfering RNA,siRNA)是新发展起来的一种技术,它通过促进靶 RNA 的降解而使特异性基因表达沉默,称之为 RNA 干扰(RNA interference,RNAi)。通过转染 21~23 对碱基组成的 siRNA 至哺乳动物细胞而诱导 RNAi,除人工合成的 siRNA 外,可使用表达发夹状 RNA 的病毒或质粒转染,发夹状 RNA 通过胞内 Dicer 复合物生成 siRNA,如图 7-18 所示。相对早期的基因逆转技术,siRNA 具有更高的基因特异性和更好的沉默效果,因此成为临床应用研究的热点。

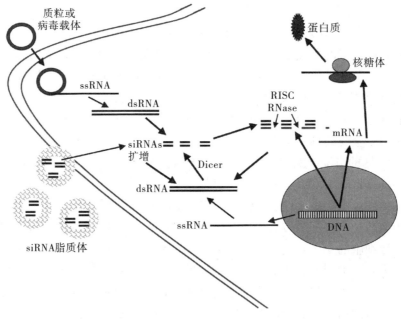

图 7-18　RNA 干扰机制示意图

7.3.3　基因治疗存在的问题

基因治疗的研究与实践存在若干重要问题,所以更多的是处于研究阶段,临床应用还依赖于对基因调控机制和疾病分子机理的基础研究。

7.3.3.1 基因治疗技术本身不完善

1) 基因导入系统效率较低

如以腺病毒为载体的 $p53$ 基因转移治疗恶性肿瘤的方案中，只能直接将腺病毒注射到肿瘤局部。若静脉注射，病毒颗粒将很快被清除，真正能够到达肿瘤组织的很少，难以达到治疗效果，且增加了副作用。前面提到的第一例逆转录病毒介导 ADA 基因转移成功治疗重症联合免疫缺陷病的病例，因为导入效率较低，前后经历了 11 次体外转导和回输。

2) 基因治疗靶向性差

目前针对遗传性疾病的基因治疗方案大多采用逆转录病毒载体，其插入或整合到染色体的位置是随机的，有引起插入突变及细胞恶性转化的潜在危险。而理想的基因治疗方案应该是在原位补充、置换或修复致病基因，或者将治疗基因插入宿主细胞染色体上不致病的安全位置。

3) 基因治疗效果难以保证

理想的基因治疗应能根据病变的性质和严重程度不同，调控治疗基因在适当的组织器官内和以适当的水平或方式表达。但目前还达不到这一目标，主要原因是现有的基因导入载体容量有限，不能包容全基因或完整的调控顺序，同时人们对导入的基因在体内的转录调控机理的认识有限。

4) 导入基因的表达效率不高

外源基因转移入病人体内细胞表达的效率与转移方法有关，化学和物理方法所导入的基因效率低，表达水平低。反转录病毒载体介导的基因只能对分裂状态的细胞进行传染，因此常采取如 5-Fu 处理，使细胞分裂增强，再用含有目的基因病毒颗粒传染可获较好效果。所以，对骨髓细胞培养、干细胞纯化、培养时使用造血因子等方法，可促进基因稳定高效表达。

7.3.3.2 基因治疗的安全性

自 1990 年首例临床基因治疗在美国取得成功后，基因治疗为很多患者挽救了生命，在一定程度上得到社会的认可。但是，18 岁的 Jesse Gelsinser 是一个患有一种遗传性疾病——良性鸟氨酸基转移酶缺陷症的男孩，在接受了相对高剂量实验性基因疗法 4 天后死于宾夕法尼亚大学；德国的华人科学家及其同事在用反转录病毒基因标记的动物模型中率先观察到白血病诱导作用；2002 年，法国基因治疗小组在为一名 X 染色体连锁的严重联合免疫缺陷性疾病患者进行临床基因治疗试验后，又发现了白血病样副作用。由于病毒整合和病原体活动，转基因过程中广泛使用的病毒载体或非病毒载体会导致病理或免疫反应，如急慢性毒性、细胞或体液免疫反应；另外使用的逆转录病毒可能会非特异性地插入宿主细胞的基因组中，因此导致难以预见的后果，如果插入到了一个癌基因附近，就可能引发癌症。因此，在进行基因治疗时选择一个安全有效的载体是相当关键的，载体不当引起的插入突变可能引发重要基因的失活，或者激活原癌基因，后果不堪设想。同时，导入的外源基因一般不具有表达调控系统，其表达水平的高低又可能会影响机体的一些正常生理活动。

7.3.3.3　基因治疗与社会伦理道德

体细胞基因治疗是符合伦埋道德的，但试图纠正生殖细胞和胚胎细胞遗传缺陷或通过工程手段来改变正常人的遗传特征则是引起争议的领域。人类生殖细胞基因治疗可能引发的伦理学问题有以下几种：

1）社会风险问题

通过生殖细胞基因治疗，可能会改变遗传病的相关基因，即通过剔除自身或后代的致病基因或坏基因，可达到预防子女患病的目的。长此以往，不断消除与家族、民族，甚至人类有关的致病基因，使得特定的遗传构成持续改变，这种想法会鼓励强迫性的优生规划和对遗传病患者的歧视，生殖细胞基因治疗可能会导致"道德滑坡"。难怪遗传学家和生物学家们这样说："如果基因研究成果用于改良人种，这无异于当年希特勒灭绝种族的'优生'。"

2）改变人类多样性的问题

不同的生物以其多姿多彩的形态、形形色色的生活方式、极其广泛的空间分布和对环境变化的巧妙适应能力，世代繁衍，生生不息，构成了五光十色的生命世界。基因修饰也可能影响人类基因多样性。持续、频繁地导入或剔除某些基因将会改变人类的遗传多样性，并有可能使其后代成为某种疾病的易感者。长此以往，人类适应环境的能力将大大降低，防御未知疾病的能力也大大降低。人类基因历经数亿年的进化，奥妙无穷的生命编码和复杂缜密的遗传信息都是自然选择的产物，如果任意进行改造，可能导致某些人类尚未完全认识的宝贵基因彻底消失，从而改变人类的多样性。

3）人权问题

生殖细胞基因治疗的对象多是早期胚胎，而对早期胚胎进行基因修饰和筛选，决定权在于其父母和医生，这意味着这个婴儿在出生前，他的先天自由权和自决权就已经被剥夺，这就存在着"早期胚胎是不是应该被当作病人看待"的医学和伦理问题。并且由于基因治疗存在一定的风险性，可能还有潜在的副作用，而这些都是在婴儿出生前就被决定了的，这是对人的尊严和基本人权的严重侵害，违背了伦理学中最基本的为任何人所享有的自决权的原则。

基因编辑技术的发展使得人类对自身基因的改造在技术层面上已经可行，2015 年中山大学黄军就博士利用 CRISPR 基因编辑技术首次成功修复了人类胚胎中引起地中海贫血的 β-球蛋白基因，但也发现仅有 30％胚胎的基因编辑成功，脱靶效应十分明显。2018 年，曾就职于南方科技大学的贺建奎宣布，2 名 CCR5 基因编辑婴儿已经诞生，她们出生后拥有天然抵抗艾滋病毒的能力。这项研究引起全世界人们对科学与伦理问题的深刻思考和深度担忧，遭到全球科学家、中国科技部和科技工作者的一致谴责。贺建奎等人因在此过程中构成非法行医罪，分别被依法追究刑事责任。为避免再次出现类似基因编辑婴儿事件，同时也为进一步完善生物医学新技术临床研究与转化应用管理制度，推动生物医学新技术临床研究与转化应用规范有序进行，2019 年 2 月 26 日，国家卫健委在官网上正式发布了《生物医学新技术临床应用管理条例（征求意见稿）》。

从历史上看，科学的发明创造对人类生存发展的影响极其深刻，基因治疗恰当发挥作用必须做到：国家建立有效的管理制度；基因治疗应符合国际技术规范和伦理规范；科学家和医学工作者应该加强道德修养，掌握应有的伦理学知识。同时，政府、科学家以及医务工作者应对该治疗的普及工作大力宣传，使公众对其方法、原理、治疗适应证与禁忌证、治疗效果和副作用等有一个全面的认识，消除公众的种种疑虑。到目前为止，所进行的多数研究表明，基因治疗临床试验总体上是安全、有效的。今后，随着基因导入系统、表达调控元件以及新的治疗基因的发现，针对恶性肿瘤等疾病，基因治疗将会成为综合治疗的一员，在防止转移、复发等方面可能会有其重要的位置，将为人类的健康带来不可估量的利益。

7.4 其他领域中的基因工程

7.4.1 亲缘关系鉴定

遗传标记是指在遗传分析上用作标记的基因，是能代表生物体遗传组成，具有足够变异类型、分布规律，具有种群特征的某一类表型特征或其遗传物质。亲缘关系鉴定是依据遗传学的基本原理，采用现代化的 DNA 分型检测技术检测生物检材中具有个体特异性的遗传标记，综合评判个体之间是否存在某种亲缘关系。通过检测各种遗传物质标记的分子，根据遗传定律证明被鉴定人之间是否存在某种特定的亲缘关系。亲子鉴定是遗传统计学理论在法医学中的一个典型应用，通过统计学中的似然比检验思想，推测父母与孩子之间是否具有亲缘关系的一种方法。除亲子鉴定外，亲缘鉴定还包括隔代亲缘关系鉴定与疑难亲缘关系鉴定。

在进行母系亲缘鉴定时，可对线粒体 DNA（mitochondrial DNA，mtDNA）进行分析鉴定。mtDNA 是独立于核基因组 DNA 的遗传物质，普遍存在于真核细胞线粒体中，只能通过母系遗传方式获得，男性也能从母亲那里继承，但不能遗传给自己的后代。mtDNA 具有分子量小、拷贝数高、结构和组织简单、高度保守等特点，用于确认家族中母系亲属之间的亲缘关系十分理想。在进行父系亲缘关系鉴定时，可通过检测 Y 染色体上 STR 位点的多态性分布情况进行亲缘关系鉴定。Y 染色体是男性特有的遗传物质，它只由父亲遗传给儿子，具有父系遗传的特点。

7.4.2 法医鉴定

1985 年，英国遗传学家 Teffreys 等人首先报道采用 DNA 指纹技术解决一起移民争端案件，开创了法医 DNA 分析的时代，目前世界上有 120 多个国家和地区已应用 DNA 分析技术办案，解决刑事、民事纠纷，以及追查尸体身源等。DNA 技术已成为与犯罪分子作斗争和解决亲权争议的非常重要的工具。我国 1987 年开始 DNA 分析研究，目前公安部物证鉴定中心、各省市及部分地区刑科所等单位均成功地运用 DNA 分析技术，在实际办案中取得了很大成果。

短串联重复序列（short tandem repeat，STR）是广泛存在于人类基因组中的一类具有长度多态性的 DNA 序列，具有高度多态性、高杂合度、高信息含量、检测简便、快捷等优点。单核苷酸多态性（single nucleotide polymorphism，SNP）主要是指在基因组水平上由单个核苷酸的变异所引起的 DNA 序列多态性。它是人类可遗传的变异中最常见的一种，占所有已知多态性的90%以上。在遗传学分析中，SNP作为一类遗传标记具有密度高、富有代表性、遗传稳定性、易实现分析的自动化等特点。STR和SNP位点检测大多以PCR技术为基础，分别是第二代、第三代DNA分析技术的核心，是继可变数量串联重复序列多态性（variable number of tandem repeat，VNTR）研究而发展起来的检测技术。在进行检测时，最大程度获得检材中的有效DNA分子，是保证基因分型准确的前提条件，通过方法标准化和操作自动化可提高法医鉴定的质量。总之，基于基因工程操作的检测技术为法医物证鉴定提供了科学、可靠和快捷的手段，使物证鉴定从个体排除过渡到可以作同一认定的水平，成为破案的重要手段和途径，为众多重大疑难案件的侦破提供了准确可靠的依据。

7.4.3　新药筛选

组合化学、基因科学、高通量筛选（high throughput screening，HTS）是近年来新药开发中比较先进的方法。组合化学为新药开发提供新化合物源，基因科学提供新的作用靶标，HTS提供有效的筛选方法，这三项技术被誉为新药发现的"基本三件套"。如何分离和鉴定药物的有效成分是目前中药产业和传统的西药开发遇到的重大障碍，基因芯片技术是解决这一障碍的有效手段。生物芯片是近年来在生命科学领域中迅速发展起来的一项高新技术，它主要是指通过微加工技术和微电子技术在固体载体（如玻璃、塑料等）的表面构建的微型生物化学分析系统，以实现对细胞、蛋白质、DNA及其生物组分的准确、快速、大信息量的检测。一方面，生物芯片能够大规模地筛选药物，通用性强；另一方面，它能从基因水平解释药物的作用机理，即可以利用基因芯片分析用药前后机体的不同组织、器官基因表达的差异。如果再从cDNA表达文库得到肽库制作肽芯片，则可以从众多的药物成分中筛选到起作用的部分物质。另外，利用RNA或单链DNA有很大的柔性、能形成复杂的空间结构、更有利于与靶分子相结合等性质，可将核酸库中的RNA或单链DNA固定在芯片上，然后与靶蛋白孵育，形成蛋白质-RNA或蛋白质-DNA复合物，用于筛选特异的药物蛋白或核酸。因此芯片技术和RNA库的结合在药物筛选中将得到广泛应用。在寻找治疗HIV药物的过程中，Jellis等人用组合化学合成及DNA芯片技术筛选了654 536种硫代磷酸八聚核苷酸，并从中确定了具有XXG4XX样结构的抑制物。实验表明，这种筛选物对HIV感染细胞有明显阻断作用。生物芯片技术使得药物筛选、靶基因鉴别和新药测试的速度大大提高，成本大大降低。这一技术具有很大的潜在应用价值。

7.4.4　临床用药指导

在国际上，2011年11月1日，美国科学院、美国工程院、美国国立卫生研究院及美国科学委员会共同发出"迈向精准医学"的倡议，其要点是在疾病重新"分类"基础上的对"症"用药。美国学者定义的精准医学（precision medicine）是将个体疾病的基因组学信息用于指导精确诊断和用药。该模式实质上是从过去基于疾病临床诊断的对"症"用药改变为依据个人疾病的遗传信息量身设计的对"人"下药方略。这一基于分子诊断学和分子药理学的"美国版"精准医疗概念与我国学者提出的基于系统医学的"精准医疗"

概念在内涵上有明显差别。2014 年 8 月,英国出台了"十万基因组计划",在国家层面倡导推动精准医学计划。2015 年 1 月 20 日,美国总统奥巴马在国情咨文中宣布美国启动"精准医学倡议"(Precision Medicine Initiative),促进了全球对精准医疗理念的关注和应用研究。2016 年,精准医疗被正式列入我国"十三五"规划。精准医疗理念的提出正在给人类健康医疗带来革命性的变化。全面实现精准医疗有赖于通过系统的临床医学研究、基础医学研究和临床转化科学研究,构建一个精准医疗理论和技术体系,这是破解人类面临的复杂医学问题的一项浩大工程。我国精准医疗研究应以促进健康和防治疾病的需求为导向,以降低恶性肿瘤、心脑血管疾病、传染病等危害国人健康的重大疾病的发病率、致残率和病死率为重点目标进行顶层设计和组织化科研。以系统医学的创新思想、方法和技术,建立跨领域多学科融通的大科学研究模式和团队,破译生命密码,认知疾病本质,对维护、恢复和促进人类健康的传统策略、路径和方法进行革新,推动整个健康医疗产业的高质量发展。这对当前实现我国医疗改革目标、打造"健康中国"并推动经济转型升级具有重要战略意义。

精准用药是精准医疗最为关键的一环。临床上,由于病人的身体在遗传学水平上存在差异(单核苷酸多态性,SNP),相同的药物对于不同的病人,往往效果不同。我国卫计委药品不良反应监测中心的数据显示:住院病人中,每年约有 19.2 万人死于药品不良反应,不良反应发生率为 10%～20%;因家庭用药不良反应需要住院治疗的病人则多达 250 万人,约占 5%。除药物不良反应外,降压药的无效利用率高达 50%,降糖药的无效利用率为 43%,降脂药的无效利用率为 38.5%。由于肿瘤的高度异质性,同一种肿瘤的不同患者需要根据其实际情况采用不同的治疗方案,以实现真正意义上的"一人一药,一人一量"。这些情况都有赖于精准用药来改善。例如,细胞色素 P450 酶与多至约 25% 的广泛使用的药物的代谢有关,如果病人该酶的基因发生突变,就会对降压药异喹胍产生明显的副作用。乙肝有较多亚型,HBV 基因的多个位点如 S、P 及 C 基因区易发生变异,若用乙肝病毒基因多态性检测芯片每隔一段时间就检测一次,这对指导用药防止乙肝病毒耐药性很有意义。现用于治疗 AIDS 的药物主要是病毒逆转录酶(RT)抑制剂和蛋白酶(PRO)抑制剂,在用药 3 至 12 个月后常出现耐药,原因是 rt、pro 基因产生一个或多个点突变。rt 基因四个常见突变位点是 $Asp_{67} \rightarrow Asn$、$Lys_{70} \rightarrow Arg$、$Thr_{215} \rightarrow Phe$、$Tyr$ 和 $Lys_{219} \rightarrow Glu$。这四个位点均在较单一位点突变后对药物的耐受能力成百倍的增加。如将这些基因突变部位的全部序列构建 DNA 芯片,则可快速地检测出病人是这一个或那一个或多个基因发生突变,从而对症下药,对指导治疗和预后有很大的意义。

随着测序技术的不断发展,以及测序数据与人工智能的结合,基因检测在用药指导方面已经有了很强的普适性。基因检测在精准用药上,尤其在靶向药物和免疫检查点抑制剂的使用方面已经发挥着不可或缺的作用。癌症的精准用药需要实现两大关键性技术的突破:一是通过大量癌症病人基因异常数据的分析,筛选出对药物治疗敏感的药物靶点;二是通过分析大量的能够维持癌细胞体内特征的体外模型,验证药物治疗敏感性靶点。前者随着测序技术的出现,已经成为现实。后者随着癌症体外模型,尤其是最新的类器官(organoids)的发展,也将得以实现。随着大数据、云计算等创新

IT技术逐渐应用于临床，不断提升的计算力极大地提高了医疗领域的数据分析能力和诊断水平，结合算法的优化以及机器学习，人工智能将极大地提升医疗诊断的速度与精准度，有力推动精准医疗领域的创新与进步。

拓展阅读

基因工程技术与病毒鉴定——2020年诺贝尔生理学或医学奖

2020年诺贝尔生理学或医学奖授予美国病毒学家哈维·阿尔特(Harvey J. Alter)、英国生物化学家迈克尔·霍顿(Michael Houghton)和美国病毒学家查尔斯·M. 赖斯(Charles M. Rice)，以表彰他们在"发现丙型肝炎病毒"方面作出的贡献。基于他们的发现，如今已实现高度灵敏的血液检测病毒，在世界上很多地方消除了输血后肝炎，极大地改善了全球健康。他们的发现也使得针对丙型肝炎的抗病毒药物得以快速开发，为根除丙型肝炎病毒带来了希望。

2019年开始，新型冠状病毒在世界范围内流行并不断出现新的变异毒株，截至2022年8月累计确诊人数超5.9亿，累计死亡人数达644万，给全球公共卫生安全带来严峻挑战和威胁。由于基因组测序技术和核酸检测技术已经过了数十年的发展和完善，使得我国能够在两周内确定致病病毒为新型冠状病毒，并快速研发检测试剂盒和治疗药物，为新型冠状病毒的有效防控提供了依据和保障。此外，核酸检测技术已在我国医疗卫生机构广泛用于流行性感冒、麻疹、风疹、手足口病、病毒腹泻、乙型肝炎、艾滋病等传染病病原体的检测和筛查。

思 考 题

1. 简述基因工程药物的生产流程。

2. 简述基因工程药物的研究策略

3. 以一种基因工程药物的生产为例，介绍如果选择不同类型的受体细胞，应怎么设计技术路线。

4. 简述基因诊断的基本流程和基本技术

5. 基因诊断与其他诊断技术相比有什么特点？

6. 什么叫基因诊断？

7. 基因治疗中的常用载体有哪些，各有什么优缺点？

8. 请说明基因治疗的关键技术是什么。

9. 基因治疗的基本原理是什么？试说明其基本流程。

10. 简述你对基因治疗的看法。

8 环境保护领域中的基因工程

20 世纪 50 年代以来，随着工业的迅速发展，环境污染的问题日趋严重。研究污染物质在环境中的运动规律以及防治污染的原理和方法，已成为世界各国重点探索的课题之一。基因工程为环境污染的生物防治开辟了更加广阔的途径。

8.1 基因工程对环境保护的积极意义

8.1.1 减少农药和化肥对环境的污染

利用基因工程减少农药和化肥对环境的污染，有两种思路：一是通过改良微生物的降解作用更有效地减少已经存在的污染，二是通过转基因获得优良性状的工程菌或抗性植株，从而减少农药、化肥等污染物对环境的破坏。

8.1.1.1 基因工程技术在农药降解上的应用

农田长期过量施用农药严重破坏了生态平衡，造成土壤、水质及食品中残留毒性增加，给人畜带来潜在危害。如何消除农药污染、保护环境已成为当今世界的一个迫切问题。由于微生物在物质循环中的重要作用，它在环境修复中一直扮演着重要的角色。然而微生物对农药(特别是难降解农药)降解能力的限制以及生物修复具有周期性长的特点，阻碍了这一技术在现实中的发展和应用。应用基因工程原理与技术对微生物进行改造，是环境科学工作者向更深更广的研究领域拓展时必不可少的途径。环境微生物尤其是细菌中的农药降解基因、降解途径等许多农药降解机制的阐明，为构建具有高效降解性能的工程菌提供了可能。构建高效的基因工程菌可以显著提高农药降解效率。

构建基因工程菌的方法主要有转移质粒法和改变基因法两种。目前已发现了一些可以降解除草剂 2,4-D、杀虫剂"666"和烟碱等农药的农药降解质粒，人们曾用它们构建过同时具有多种功能的多质粒菌株，但由于多质粒菌株往往不够稳定，所以现在更多的是研究用重组 DNA 技术把质粒中的农药降解基因连接在一起，形成重组质粒，以便获得遗传性更加稳定的新菌株。

通过分析污染物生物降解的机制及阻碍污染物降解的相关因素，可以从三个角度来构建高效基因工程菌：通过重组互补代谢途径、改变污染物代谢产物流向和同源基因体外随机拼接来优化污染物的降解途径，通过重组表面活性剂编码基因和重组污染物跨膜转运基因来提高污染物的生物可利用性，以及通过重组微生物抗性机制相关编码基因来增强降解性微生物的环境适应性。

通常，从自然界筛选的菌种中的降解酶活性较低或作用缓慢，直接利用往往达不到预期的效果。为了提高降解酶的催化活性以增强降解菌的降解能力，可以通过定向诱变、随机突变或 DNA 改组，以及加入强启动子等分子生物学技术进行基因改造。2021 年 2 月研究人员将从农杆菌中得到的 *OpdA*（编码有机磷降解基因）和从黄杆菌（*Flavobacteium* sp.）中得到的 *Opd*（有机磷降解酶基因）分别构建了原核表达质粒，并分别转到大肠杆菌 *E. coli* DH10B 中表达，对其表达产物进行了研究。通过其表达产物有机磷水解酶（OpdAOPH）对几种农药的酶解动力学比较，发现 *OpdA* 能作用更多底物的类似物，降解范围更广。

8.1.1.2　转基因作物在农业中的应用

转基因作物减少了农药对环境的污染。转基因作物是利用重组技术将目的基因转入作物中培育而成的，主要用来选育具有特殊优良性状（抗虫、抗病毒、抗除草剂、抗盐碱、抗干旱和抗高温等）。基因工程育种可减少农药、化肥对环境的污染，改善人类的生存环境，并打破地域、季节的限制，扩大农作物种植的范围和面积。

基因工程在农业中的应用包括培育新品种，改良作物品质，促进作物增产，防除杂草，防治病虫害等。这里主要介绍病虫害防治和减少化肥施用量两方面。

1）转基因作物抗病虫害育种

抗植物病虫害的基因有很多，目前经常使用的主要有 3 种，即来源于苏云金芽孢杆菌（*Bacillus thuringiensis*，Bt）的杀虫结晶蛋白基因、胰蛋白酶抑制剂（Trypsin inhibitor，*TI*）基因和植物凝集素（Lectin gene）基因。

目前，人们对于抗虫转基因研究得最深入、应用得最广泛的是苏云金杆菌毒蛋白基因。苏云金芽孢杆菌是一种革兰氏阳性菌，其在形成芽孢的同时，会在芽孢的周围形成一颗菱形或方形抑或不规则形的碱溶性蛋白质晶体，称为伴孢晶体。杀虫型 Bt 伴孢晶体又称杀虫晶体蛋白（insecticidal crystal proteins，ICPs）。来源于工程菌或转基因植物编码的 ICPs 被敏感昆虫吞食后进入中肠腔内，在中肠液的碱性条件下发生溶解，经蛋白酶（胰蛋白酶与胰凝乳蛋白酶等）的作用去除 N 端的一部分和 C 端的一部分，剩下抗蛋白酶消化的活性毒素片段。活性毒素片段与昆虫中肠组织的上皮细胞膜上的特异受体发生结合，随后插入质膜，多个活性毒素分子形成的六聚体共同形成离子通道，使细胞发生渗透裂解，导致昆虫死亡（如图 8-1 所示）。

尽管 ICPs 的杀虫效果非常好，但实际应用中却存在很多问题：①单一杀虫晶体蛋白的抗虫谱相对较窄，对其敏感的主要是一些鳞翅目和鞘翅目类的害虫，目前还不能有效地利用这些杀虫晶体蛋白控制许多其他重要农业害虫的危害；②由于细菌基因的密码子选用规律与植物的差异较大，ICPs 在高等植物中的表达量并不高，长期种植昆虫对 Bt 晶体蛋白会产生不同程度的耐受性；③由于编码 ICPs 是一种外源基因，其安全性还有待观察，目前主要应用于棉花等经济作物，而没有用于水稻、玉米等粮食作物。

而高等植物的蛋白酶抑制剂（proteinase inhibitor，*PI*）基因是存在于许多植物种子、块茎、叶片等器官和组织中的相对分子质量较小的蛋白质分子，其抑制取食昆虫胰蛋白酶和胰凝乳蛋白酶的活性，使昆虫得不到必需的营养而死亡。

相比伴孢晶体蛋白，植物蛋白酶抑制剂更具有优势：①蛋白酶抑制剂的抗虫谱更

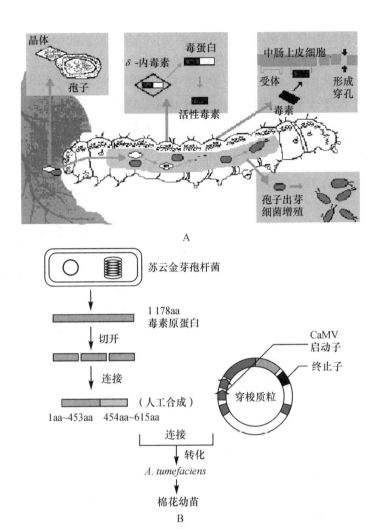

图 8-1　A：苏云金芽孢杆菌伴孢晶体蛋白的作用机理（引自 Hodgman T C，1990）；
B：含毒素蛋白编码基因的转基因植物的构建（引自张惠展：《基因工程》，2010）

广，几乎涵盖了鳞翅目、直翅目和鞘翅目等许多农作物常见害虫，而且还兼具抵抗植物病原微生物的作用；②植物 *PI* 具有特异性的损伤诱导表达机制，大多数植物受到昆虫侵害后，受害植物的局部组织或整个植株的 *PI* 含量和活性都会急剧增加，被摄食的 *PI* 直接作用于昆虫消化酶的活性中心，这里通常是酶最保守的部位，产生突变的可能性非常小，基本上可以排除害虫通过基因突变产生抗性的可能性；③蛋白酶抑制剂基因作为一种植物内源基因，对人畜无毒副作用，这是因为人畜和昆虫的消化机制不同，与人畜相比，昆虫缺乏蛋白质的重要消化器官——胃。大部分蛋白酶抑制剂在进入人畜的胃后，首先被酸性的胃蛋白酶消化掉了，所以转入食用农作物后更容易得到公众的认可。此外，供体植物的 *PI* 基因与受体植物自身的基因，在进化上具有相似的遗传背景，不需要做太多的修饰或改变即可直接用于转化寄主植物。

　　植物凝集素在自然界中分布广泛，是含有至少一个特异识别并可逆结合糖类复合物的糖基部分而不改变被识别糖基的共价结构的一类非免疫性糖蛋白质，包括真菌或植物病毒表面、昆虫或草食动物肠道细胞表面的糖蛋白的外源多糖可能是许多植物凝集素最可能的受体。基于凝集素和糖的相互作用，对凝集素的生理作用有许多假说。例如，植物凝集素被认为与糖的运输、储藏物质的积累、细胞间的互作以及细胞分裂的调控等有关。同样，凝集素和外源糖的互作被认为是植物—微生物互作和对外源生物防御机制建立的决定因素。后来人们认识到植物凝集素不仅在植物体内起作用，如作为氮源、特异的识别因子等，而且在植物抵抗外来生物如植物病毒、昆虫、草食动物的防御反应中也起作用。大多数植物凝集素存在于储藏器官中，它们既可能作为一种氮源，也可以在植物受到危害时作为一种防御蛋白发挥功能。

而对于植物病毒，人们曾利用交叉保护原理获得抗毒植株，这种方法类似于动物的疫苗接种，即用一种较为温和的病毒感染植物，培育出来的子代植物一般能抵御更为严重的同类病毒侵袭。构建抗病毒的转基因植物有两种策略：转病毒包衣蛋白基因和转病毒复制酶亚基的反义基因。烟草花叶病毒(TMV)的基因组全长 6.5 kb，共编码 4 种多肽：两个复制酶亚基、一个包衣蛋白(CP)和一个宿主结合蛋白。高效表达的 CP 基因的转基因烟草植物在 TMV 存在时，能维持抗病毒状态 30 d 左右，而正常植物 3 d～4 d 后便出现感染症状。研究人员将 TMV 5′端含复制酶亚基编码序列的片段作为目的基因，成功地构建了反义基因的转基因烟草植株，使病毒 RNA 基因的复制被抑制了 25～30 倍。类似地，也有人将真菌的壳多糖酶编码基因导入植物用来对抗植物病原真菌的感染。

2) 通过生物固氮减少化肥的施用

生物固氮技术为减少化肥用量、增加作物产量、减少环境污染也提供了有效途径。利用基因工程技术，让非豆科植物可以像豆科植物那样利用空气中游离的氮，一直是科研人员的梦想。目前，已有两种技术取得了成效。一是运用现代生物技术的基因重组技术把固氮功能基因导入禾本科植物根际的细菌中去，使其具有固氮能力，为作物提供氮肥。我国科学家培育的小麦根际固氮菌肥，试用于小麦拌种，可使小麦增产近 20%，大大减少了氮肥的施用量，有利于农业生态环境的保护。二是利用基因工程和细胞融合技术把固氮基因直接重组到作物细胞的基因组中，从而获得自身可以固氮的农作物，从根本上解决了固氮问题。目前，通过细胞融合技术已把豆科植物固氮基因转导到稻、麦、玉米等细胞中，成功地把肺炎克氏杆菌的固氮基因转导到大肠杆菌、酵母菌细胞中，把豆科植物的固氮基因导入胡萝卜细胞内。由此，人们看到了利用现代生物技术培育人们所需要的作物和减少化肥施用，保护生态环境的光明前景。

8.1.2　减少原料的浪费和污染物的排放

途径工程(pathway engineering)又被称为第三代基因工程，它是一门利用分子生物学原理系统分析细胞代谢网络和信号转导网络，并通过 DNA 重组技术合理设计细胞代谢途径及遗传修饰，进而完成细胞特性改造的应用性学科。利用途径工程可以提高微生物对复杂有机物的降解或转化活性，得到更多副产品，从而减少原料的浪费和污染物的排放。

8.1.2.1　途径工程的战略思想

1) 在现存途径中提高目标产物的代谢流

增加目标产物的积累可以从以下五个方面入手：一是增加代谢途径中限速步骤酶

所编码基因的拷贝数；二是强化以启动子为主的关键基因的表达系统；三是提高目标途径激活因子的合成速率；四是灭活目标途径抑制因子的编码基因；五是阻断与目标途径相竞争的代谢途径。

2) 在现存途径中改变物质流的性质

在天然存在的代谢途径中更换初始底物或中间产物从而得到新产物，目前至少有两种方法：①利用某些代谢途径中酶对底物的相对专一性，投入非理想型初始底物参与代谢转化反应，进而合成细胞中原本不存在的化合物；②在酶对底物的专一性较强的情况下，通过蛋白质工程技术修饰酶分子的结构域或功能域，以扩大酶对底物的识别和催化范围。

3) 利用已有途径构建新的代谢旁路

在明确已有的生物合成途径、相关基因以及各步反应的分子机制后，通过相似途径的比较，利用多基因间的协同作用构建新的代谢途径是可能的。这种战略包括两方面的内容：①修补完善细胞内部分代谢途径以合成新的产物；②转移多步代谢途径以构建杂合代谢网络。

8.1.2.2　途径工程在木质纤维生产乙醇燃料中的应用

木质纤维是地球上数量最大的一种可再生资源。而乙醇是一种重要的化工原料，广泛用作有机溶酶，并作为一种环境友好型的生物能源逐渐取代日益减少的化石燃料。我国每年产生大量农业废弃物(如秸秆、皮壳等)，林业残余物(如锯木屑、刨花、木材和造纸工业废料等)，城乡垃圾和杂草等低成本木质纤维资源的原料，据估算，如果发展能源林业与回收利用废弃木质纤维并举，则每年可保障替代 1/3 以上运输燃料的酒精产量。

木质纤维主要由纤维素、半纤维素和木质素组成。纤维素和半纤维素经过糖化和发酵转化为乙醇，而木质素的降解物不含可发酵糖，只能通过燃烧供热或化学转化为燃料添加剂(其他生物制品或工业原料)加以综合利用。

许多细菌、真菌和高等植物中都存在着由丙酮酸生成乙醇的途径，它对厌氧条件下的糖酵解途径起着再生 NAD^+ 的重要作用。其中，丙酮酸脱羧酶(PDC)催化丙酮酸的非氧化脱羧反应，形成二氧化碳和乙醛；后者在乙醇脱氢酶(ADH) 的作用下转变为乙醇。由于丙酮酸在糖酵解途径中是个关键的节点，与草酰乙酸、乙酰辅酶 A、乳酸等合成途径均有密切联系，因此可以通过构建基因工程菌强化表达细胞内 PDC 和 ADH 的活性来扩增目标途径，阻断副产物的形成路线，解除乙醇生物合成的代谢阻遏作用，从而提高菌株的乙醇产量。

利用木质纤维素原料生产酒精并实现商业化的主要技术难题在于开发合适的菌种。淀粉质原料水解液主要是葡萄糖，而木质纤维素水解液中除含有葡萄糖等六碳糖外，还含有木糖、阿拉伯糖等五碳糖。传统的酒精工业所采用的菌种酵母和运动发酵单胞菌都不能发酵木糖或阿拉伯糖。自然界的一些细菌虽能发酵五碳糖，但是其发酵时产生多种副产物。因此，人们通过代谢工程的手段构建重组菌，使之能够发酵葡萄糖、木糖或者阿拉伯糖，产生酒精(如图 8-2 所示)。将分子生物学手段用于开发能发酵六碳糖和五碳糖的产乙醇优良菌株，主要从两方面着手：一是对常规的产乙醇菌株进行工程改造，拓宽其底物利用范围；二是对能天然利用多种底物的微生物进行工程改造，赋予并提高其产乙醇能力。

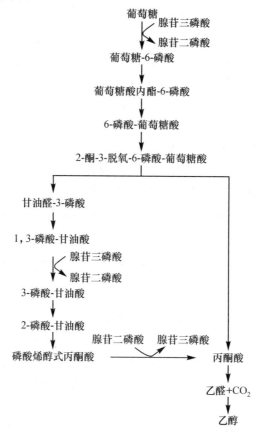

图 8-2　乙醇代谢途径(引自王敏：《基因工程菌在木质纤维素生产燃料乙醇中的应用》，2009)

　　大肠杆菌（*E. coli*）的野生菌株能够利用非常广泛的碳源，其中包括六碳糖（葡萄糖、果糖、甘露糖）和五碳糖（木糖、阿拉伯糖）以及糖酸等物质，即大肠杆菌可以利用木质纤维素降解产生的各种糖类。但是野生型大肠杆菌缺少强有力的产醇发酵酶系统，厌氧发酵时糖代谢的主要产物是各种有机酸，乙醇含量很低。故大肠杆菌菌种改造的重点是增强其产醇能力。为了实现这一目标，一般是用基因工程手段将运动发酵单胞菌的两个基因——*pdc*（丙酮酸脱羧酶基因）和 *adh*（乙醇脱氢酶基因），克隆到大肠杆菌中，促使丙酮酸定向地转化成乙醇。

　　美国佛罗里达大学于 20 世纪 80 年代就尝试了以外源基因补充或改进受体微生物的发酵代谢途径。他们将运动发酵单胞菌（*Z. mobilis*）的 C_6 发酵基因转入具备 C_5 发酵途径的大肠杆菌（*E. coli*）中，除了成功使大肠杆菌获得在富氧和缺氧条件下发酵丙酮酸的功能外，这个由 lactose 启动子加 *pdc* 和 *adh* 基因串联组合的操作元还使丙酮酸的代谢具有向发酵乙醇方向倾斜的选择性，并使微生物生长明显优于对照。相对于酵母菌发酵（以小时计）来说，细菌发酵的速度更快（以分钟计）。

　　木质纤维含有半纤维素，其糖化不仅产生六碳糖，而且有五碳糖。由于普通酵母菌只能发酵六碳糖，对五碳糖缺乏代谢能力，而且易受降解产物的抑制，半纤维素的利用在相当长的时期被忽视，直接影响了木质纤维原料生物转化乙醇的经济效益。自然环境下的微生物不能将木质纤维糖化液中的六碳糖和五碳糖同时快速有效地转化为乙醇，因此开发对六碳糖和五碳糖进行快速、完全、同步发酵并且抗逆性强的工程菌株成为当务之急。郭亭等人以 AS2.1190 作为出发菌株，在其中建立木糖代谢途径，并对工程菌株 GZ4-127 进行初步酒精发酵研究。但对木糖的利用过程中，乙醇的产率很低，远远不能满足要求。沈煜等人根据代谢工程原理，利用整合载体 pYMIKP，将来自 *T1thermophilus* 的木糖异构酶（XI）基因（*xy1A*）和 *S1cerevisiae* 自身的木酮糖激酶（XK）基因（*xks1*）插入酿酒酵母工业菌株 NAN227 的染色体中，在酿酒酵母工业菌株中建立了 XI 路径的木糖代谢途径，得到工程菌株 NAN2114。木糖、葡萄糖共发酵摇瓶实验结果表明，工程菌株较初始菌株的木糖消耗和乙醇产率分别有很大提高。

8.2　环境监测与评价中的基因工程

目前聚合酶链反应（PCR）技术、核酸探针技术和基因芯片技术是水环境中常用的微生物检测技术。随着 DNA 分离技术和非放射性标记核酸技术水平的提高，核酸探针技术和 PCR 技术可能取代常规的水质分析，发展成为一种快速可靠的水体微生物检测技术，并将在细菌、病毒及其他毒物检测中得以迅速地应用发展。

8.2.1　杂交探针技术在环境监测与评价中的应用

8.2.1.1　核酸探针

核酸探针是特定的具有高度特异性的已知核酸片段，它能与其互补的核酸序列杂交。其原理是特定微生物的特定核酸序列存在于 rRNA 或者 DNA 中，针对 rRNA 的寡核苷酸探针是最直接的一种途径。寡核苷酸探针被构造为代表微生物目标基因信息的单链 DNA，碱基对数量可以少至 15 到 18，多则超过 100。探针的碱基序列与目标细胞的 RNA 上的某个区域互补，控制检测条件，可使探针 DNA 与目标细胞的 RNA 被适当固定（如图 8-3 所示）。

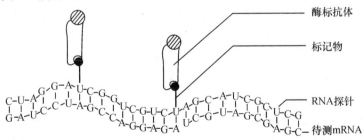

图 8-3　原位杂交组织化学原理（引自向正华，刘厚奇：《核酸探针与原位杂交技术》，2001）

当 RNA 被固定，可以将未杂交的探针冲洗掉，只留下与目标 RNA 杂交的探针，通过检测杂交探针就能确定目标 rRNA 的存在以及数量。此方法的特点是快速、灵敏。用传统方法进行检测，一次要耗费几天或几个星期的时间，精确度也不高；而用 DNA 探针只需要花费一天的时间，并且能够大幅度地提高检测精度。

寂核苷酸杂交作用可以通过两种基本方法进行，比较传统的方法是狭线印迹法，这种方法要求把 RNA 从样品中提取出来。而目前比较常用的做法是不需要进行 RNA 提取的荧光原位杂交。

荧光原位杂交技术(fluorescence in situ hybridization，FISH) 结合了分子生物学的精确性和显微镜的可视性，能够在自然的微生物环境中检测和鉴定不同的微生物个体，并提供污水处理过程中微生物的数量、空间分布和原位生理学等信息。FISH 技术的基本原理是通过荧光标记的探针在细胞内与特异的互补核酸序列杂交，通过激发杂交探针的荧光来检测信号，从而对未知的核酸序列进行检测。但 FISH 技术也有一个缺陷，即一部分微生物自身荧光会干扰检测结果，目前已知在一些细菌如假单胞菌属、军团菌属、世纪红蓝菌、蓝细菌属和古细菌如产甲烷菌中均存在荧光特性。环境样品中自发荧光的生物或化学残留物的自身荧光特性也会影响 FISH 分析的结果。因此，在检测未知混合菌群时要进行防止自身背景荧光干扰的处理，以防止假阳性的发生。

8.2.1.2 肽核酸探针

肽核酸(peptide nucleic acid，PNA)是一类不带电荷的类似于肽链骨架结构并携带有碱基的新人工信息分子，该分子主链骨体为 N-(2-氨乙基)-甘氨酸间通过酰胺键反复连接而成的长链，侧链则是利用亚甲羰酰键将碱基与主链骨架相连而形成(如图 8-4A 所示)。PNA 的特点使之能成为一种方便快捷的检测模式，优越性大大超过了 DNA 探针，它能特异地与目标生物的 rRNA 特异性靶序列发生结合，广泛地应用于环境监测、工业和临床标本的检测和分析。

目前最常用的 PNA 探针有三类。其中 Light Up 探针和 Light Speed 探针为荧光标记的 PNA 探针。当未与靶序列结合的时候，两者都不发生荧光。当与靶序列发生结合的时候，其荧光基团暴露出来，从而省去了杂交后除去游离探针的分离和洗涤步骤。Light Up 探针是噻唑橙标记的探针，而 Light Speed 探针是荧光基团和淬灭基团双标记的 PNA 探针，其标记的位置在线性 PNA 分子相反的两端(如图 8-4 B 所示)。在水溶液中，Light Speed 探针的荧光基团和淬灭基团在空间位置上互相靠近并结合在一起，使荧光基团不发生荧光。当与靶序列发生杂交时，荧光基团和淬灭基团在空间上分开，探针便发出了荧光。相反，噻唑橙标记的 Light Up 探针在非结合状态本身是不发荧光的，在杂交时，探针标记物和核苷酸靶序列相互作用而产生荧光。

另外一种称为 PNA 阻碍探针，比相应的 PNA 探针有着更高的特异性。但有时其特异性也不足以分辨靶分子的单碱基变化，尤其是在某些情况下，错配序列数量大大高于靶序列。在这种情况下，可以用靶序列和非靶序列的信号差异来区分，即用非标记的 PNA 阻碍探针来掩盖非靶区序列，从而使靶序列和标记探针发生特异性杂交。

Light Up 探针和 Light Speed 探针可以与 FISH 技术结合，PNA FISH 比 PNA 化学发光原位杂交(CISH)更具优势。PNA FISH 的分析步骤较少，可直接检测 PNA 探针，省去了化学发光底物。而且，PNA FISH 为使用多重分析手段提供了可能性，如可使用不同标记的 PNA 探针，或 PNA 探针结合其他的核酸染色法进行检测。PNA 探针的使用开辟出许多新颖的传统 DNA 探针从来没有使用过的方法。例如，在一些全细胞杂交方法中，可以使用 PNA 探针有效地穿透疏水的细胞壁，这归因于 PNA 探针的

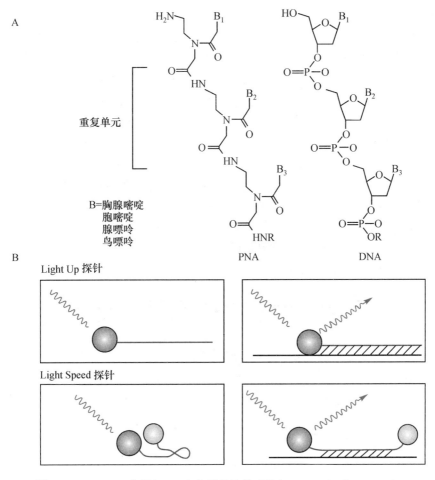

图 8-4　A：PNA 分子与 DNA 分子的比较（引自 www. siercheng. com）；
B：PNA 探针的种类及工作原理

疏水特性。在目标生物于复杂生物群落中不占优势或者有大量背景噪音干扰的情况下，
PNA 探针技术也具有显著的优势。

8.2.2　PCR 技术在环境监测与评价中的应用

PCR 技术是一种在体外模拟自然 DNA 复制过程的核酸扩增技术，常用于监测海
洋环境中存在的微生物。与传统方法相比，PCR 方法不仅检测时间短、灵敏度高，还
可以检出一些依靠培养法不能检测的微生物种类。目前，研究的内容包括 DNA 物质提
取方法的改进、样品中 PCR 抑制物的去除、PCR 方法的改进与比较、扩增产物的分析
技术等。

通过 PCR 技术检测环境生物污染包括环境样品的采集与核酸提取、PCR 扩增、产
物检测三大步骤。由 PCR 技术发展而带动的基于多态性技术在微生物生态系的研究进
展迅速，如随机扩增多态性 DNA 标记（randomly amplified polymorphic DNA,
RAPD）技术、变性梯度凝胶电泳（denaturing gradient gel electrophoresis，DGGE）和
温度梯度凝胶电泳（temperature gradient gel electrophoresis，TGGE）技术都可以检测

各种生物反应器中的微生物种群结构。

RAPD 技术是应用比较广泛的一种以多态性引物来扩增某些片段的技术。此技术建立于 PCR 基础之上，使用一系列具有 10 个左右碱基的单链随机引物，对基因组的 DNA 全部进行 PCR 扩增，以检测多态性。由于整个基因组存在众多反向重复序列，因此须对每一随机引物单独进行 PCR。单一引物与反向重复序列结合，使重复序列之间的区域得以扩增。引物结合位点 DNA 序列的改变以及两扩增位点之间 DNA 碱基的缺失、插入或置换均可导致扩增片段数目和长度的差异，经聚丙烯酰胺或琼脂糖凝胶电泳分离后通过 EB 染色以检测 DNA 片段的多态性（如图 8-5 所示）。RAPD 分析用于检测含有混合微生物种群的各种微生物反应器中的微生物多样性。用 RAPD 分析所得到的基因组指纹图谱在比较一段时间内微生物种群的变化以及比较小试和中试规模的反应器方面是有用的，但还不足以用来估测群落的生物多样性。用 RAPD 分析检测实验室规模的油脂淤泥培养料中的细菌菌群发现，用油脂淤泥改良过的培养料比未经改良的更适合于不同的微生物种群生长。

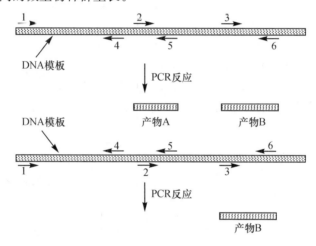

图 8-5　RAPD 技术原理（引自 www.bbioo.com）

DGGE 技术最初是一种用于检测 DNA 突变的电泳技术。它的分辨精度比琼脂糖电泳和聚丙烯酰胺凝胶电泳更高，可以检测到一个核苷酸水平的差异。DGGE 技术检测核酸序列是通过不同序列的 DNA 片段在各自相应的变性剂浓度下变性，发生空间构型的变化，导致电泳速度的急剧下降，最后在其相应的变性剂梯度位置停滞，经过染色后可以在凝胶上呈现为分散的条带。该技术可以分辨具有相同或相近相对分子质量的目的片段序列差异，可以用于检测单一碱基的变化和遗传多样性以及 PCR 扩增 DNA 片段的多态性。1985 年，Muzyers 等人首次在 DGGE 中使用"GC 夹板"和异源双链技术，使该技术日臻完善。1993 年 DGGE 技术首次被应用于分子微生物学研究领域，并证实了这种技术在揭示自然界微生物区系的遗传多样性和种群差异方面具有独特的优越性。由于该技术避免了分离纯化培养所造成的分析上的误差，通过指纹图谱直接再现群落结构，目前已经成为微生物群落遗传多样性和动态性分析的强有力工具。

基于相同原理，又相继出现了用温度梯度代替化学变性剂的温度梯度凝胶电泳（TGGE）、瞬时温度梯度凝胶电泳（temporal temperature gradient gel electrophoresis,

TTGE)等技术。TGGE 技术的基本原理与 DGGE 技术相似，含有高浓度甲醛和尿素的凝胶温度梯度呈线性增加，这样的温度梯度凝胶可以有效分离 PCR 产物及目的片段。TGGE 技术与化学变性剂形成梯度的 DGGE 技术相比，梯度形成更加便捷，重现性更强。

8.2.3　基因芯片技术在环境监测与评价中的应用

随着人类基因组计划（human genome project）的逐步实施以及分子生物学相关学科的迅猛发展，越来越多的动植物、微生物基因组序列得以测定，基因序列数据正在以前所未有的速度迅速增长。然而，怎样去研究如此众多的基因在生命过程中所担负的功能就成了全世界生命科学工作者共同的课题。为此，建立新型杂交和测序方法以对大量的遗传信息进行高效、快速的检测、分析就显得格外重要了。基因芯片（又称 DNA 芯片、生物芯片）技术就是顺应这一科学发展的产物，它的出现为解决此类问题提供了光辉的前景。该技术指将大量（通常每平方厘米点阵密度高于 400）探针分子固定于支持物上后与标记的样品分子进行杂交，通过检测每个探针分子的杂交信号强度进而获取样品分子的数量和序列信息（如图 8-6 所示）。通俗地说，就是通过微加工技术，将数以万计乃至百万计的特定序列的 DNA 片段（基因探针），有规律地排列固定于 2 cm² 的硅片、玻片等支持物上，构成的一个二维 DNA 探针阵列，与计算机的电子芯片十分相似，所以被称为基因芯片。

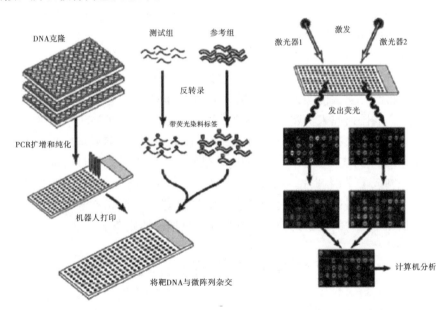

图 8-6　基因芯片技术原理（引自 http://slidesplayer.com/slide/11334338/）

生物芯片技术主要包括四个基本要点：芯片方阵的构建、样品的制备、生物分子反应和信号的检测。主要流程为：①芯片制备。先将玻璃片或硅片进行表面处理，然后使 DNA 片段或蛋白质分子按顺序排列在芯片上。②样品制备。生物样品往往是非常复杂的生物分子混合体，除少数特殊样品外，一般不能直接与芯片反应。可将样品进行生物处理，获取其中的蛋白质或 DNA、RNA，并且加以标记，以提高检测的灵敏度。③生物分子反应。芯片上的生物分子之间的反应是芯片检测的关键一步，通过选择合适的反应条件使生物分子间反应处于最佳状态，减少生物分子之间的错配比率。④芯片信号检测。常用的芯片信号检测方法是将芯片置入芯片扫描仪中，通过扫描以获得有关生物信息。基因芯片可以将大量的 DNA 信息集成到大约 1 cm^2 的芯片上，精确快捷地完成污染物对人类基因表达影响的分析，筛选污染物靶标和确定毒性机理，并能对污染物的毒性进行分类与分级。研究人员设计了以蓝藻毒素合成酶基因 $mcyE$ 和其同源基因 $dnaF$ 为靶标基因的芯片，使用该芯片可从复杂的水体环境样品中灵敏准确地检测出所有产毒素的蓝藻藻株。Azumi 等人设计了海鞘 DNA 芯片，并用来分析比较在不同污染物下海鞘基因表达的变化情况，通过检测海鞘表达图谱指示海洋环境中的污染物，以监测环境污染的程度。美国国立环境卫生研究院目前已研发出能检测环境中有毒污染物的毒理芯片。

在环境保护方面，基因芯片有着广泛的应用。一方面，可以迅速检测污染微生物或是有机化合物对环境、人体、动植物等的危害；另一方面，可以通过大规模的筛选寻找保护基因，制备防治有毒污染物的基因工程药物，或是能够治理污染源的基因产品。基因芯片的快速、准确、高通量检测为分析各种化学物质的毒性作用机理提供了新的技术与途径。基因芯片技术可以快速、高效地检测出环境中的多种致病菌或致病源，可以避免传统微生物检测成本高、速度慢、细菌生长缓慢而难以检测等多种问题。在环境监测、食品卫生、传染病预防与免疫等多个领域都有潜在的应用前景。我国科研人员建立了一种采用基因芯片技术对环境中常见致病细菌检测和测定的实验方法。将自行设计合成的一系列寡聚核苷酸探针固定在显微镜载玻片上，扩增了涉及 12 个菌属的 151 株细菌的 16S rDNA 基因片段与基因芯片杂交，得到一套属（种）特异的典型杂交图谱。该方法准确率达到了 96.2%。该课题组还利用基因芯片对水中常见的肠道致病菌进行了检测，实验证实该基因芯片可以快速准确地同时对 9 个菌属的 143 株致病菌进行测定。我国研究人员建立了一种采用基因芯片技术对临床常见的致病真菌鉴定的分子生物学方法。针对多种临床常见致病真菌如白念珠菌、黄曲霉、絮状表皮癣菌等，以 5.8S rDNA 与 28S rDNA 间的内转录间区 2 为靶标，设计合成了一系列寡聚核苷酸链，并制成了基因芯片。以涉及 8 个属 20 个种的致病真菌菌株对芯片的特异性、重复性、灵敏度进行考察，特异性、重复性良好，与常规鉴定方法的鉴定结果一致，为实现临床常见致病真菌的稳定、特异性、高通量鉴定奠定了基础。

8.3　污染物处理中的基因工程

8.3.1　大气污染处理

20 世纪 80 年代初，荷兰和德国科学家首先将生物处理技术应用于有机废气净化领域且获得良好净化效果之后，这一方法逐渐成为世界工业废气净化处理前沿热点研究课题之一。生物技术处理废气与传统有机废气处理方法相比较具有成本低、效率高、安全性好和无二次污染等技术优点。废气中挥发性有机物和恶臭物质的排放浓度并不是很高，但刺激性和臭味很大，且其中大部分可以被微生物降解，因此很适合用生物方法来去除。根据微生物在废气处理过程中存在的形式可将处理方法分为生物吸收法和生物过滤法两类。生物吸收法主要用来处理含胺、酚和乙醛等污染物的气体，去除率高达95％。生物过滤法常用于有臭味废气的降解。美国利用微生物代谢来净化工业性恶臭气体效果显著，而且不产生二次异臭。

我国从20世纪70年代开始面临大气污染问题，之后两次修正大气污染防治法，建立了污染源排污申报制度，初步完成了国内空气污染质量检测网络和酸雨监测网络建设，主要大气污染物总排放量控制制度、排污许可证制度初步完善，但是新时期国家大气污染形式出现了新的变化，雾霾成为困扰城市居民的主要污染问题，大气污染治理和经济建设之间的矛盾日渐凸显，大气污染治理工作也面临着重重困难，大气环境监督力度有待进一步加强，虽然已经逐步建立了大气污染治理制度和相关政策体系，但是部分地区仍然存在着以环境污染为代价的经济建设短视行为，大气污染防治经济政策不完善，投资渠道组成单一，技术水平不高，大气污染治理效果不理想。

分子环保生物技术在大气污染治理中的应用，能够协助分析污染来源，同时进一步探索大气污染物质转化与降解过程规律，检测污染突变原因。分子环保生物技术还用于研发制作生物传感器，借助生物探测监测大气污染，从而实现环境污染情况的连续实时监测，并可以根据探测结果准确判断，预测环境污染的发展程度，协助相关研究人员制定有效的污染治理策略。废气的生物过滤使用微生物处理废气，使废气通过微生物填料，在适宜的条件下，使用固体载体吸收气体物质，微生物的生命活动能够分解废气，发挥废气除臭的作用。生物膜废气治理技术首先将污染气体经风管转移至洗涤塔，存储在洗涤塔中的气体接受预处理，增加湿度和温度，接受过处理的气体送至生物过滤塔，借助微生物处理气体，生物过滤塔发挥媒介作用，提供微生物反应空间，净化处理气体中的污染物质，再经风机将处理过的气体排出。微生物的生命活动需要稳定的环境条件，使用洗涤泵专门提供水源，从洗涤塔顶部喷水，再将冲洗出的污物转移至储水箱，循环用水；生物过滤塔水源来自喷淋泵，液体和气体逆向流动充分接触，为微生物提供生命活动必需的营养成分，并回收水存储至储水池，使用药泵投放营养液，补充营养成分。

8.3.2 污水处理

由于工业废水和生活污水未经处理就排入江河湖海，造成了水体的严重污染，这不仅妨碍了工农业和渔业生产，影响水生生态系统，而且还直接或间接地危害人体健康。20世纪70年代初，美国每天排放废水4亿吨，主要河流几乎全遭污染，五大湖成为毒源，鱼类相继死亡。1953—1973年，日本小镇水俣由于饮水和食物中含汞量太高，有65人中毒死亡……

废水的处理方法可分为物理法、化学法和生物法三大类。其中生物法应用最为普遍。生物处理法主要有活性污泥法、生物过滤法、生物接触氧化法等。其中最常用的是活性污泥法，即在一个大型水池中，用含多种微生物的活性污泥，在通气条件下处理废水，通过吸附沉淀和氧化分解作用，清除水中的污染有机物，使污水得到净化。工程菌的微生物育种方法经过了诱变育种、质粒育种和基因工程技术的发展。目前，在工业废水的微生物处理中，人们寄希望于基因工程，期望通过重组DNA技术培育出分解性能高并在混合系统中能够占优势的菌种，以使废水在生物处理装置内的停留时间缩短。这样将会节省大量的动力，降低净化成本。

按照污染物成分的不同可将废水分为城市污水、制药废水及工业重金属废水和染料废水。

城市污水中的 N、P 含量高，通过构建聚磷激酶基因（ppk）表达载体 pET28a（＋），并转化大肠杆菌 BL21，可获得过表达 ppk 基因的工程菌 BL-PPK。RT-PCR 结果表明，ppk 基因在转化的大肠杆菌中得到了高效表达。聚磷试验证实，培养 10 h 后，转化了 ppk 基因的大肠杆菌细胞内聚磷含量比对照菌株高 20 倍，而培养液中可溶性磷浓度约为对照菌株的 1/9。因此 BL-PPK 菌不需要经过传统的除磷工艺中的厌氧过程，就能够大量合成聚磷，大大降低处理成本和控制难度。

制药废水的特点是有机物浓度高、毒性大、色度深和含盐量高，特别是可生化性差，属难处理的工业废水。利用以乙酸钙不动杆菌 T3 株（Acinetobacter calcoaceticns T3）为受体，恶臭假单胞菌 6-81 株（Pseudomonas putida 6-81）、节杆菌 4♯ 株（Arthrobacter sp.）为供体，采用多基因转化受体原生质球构建而成的工程菌 LEY6 为工具，以接触氧化方式对制药废水进行处理，结合物化预处理，使得进水 COD 从 40 000 mg·L⁻¹ 降到 200 mg·L⁻1 以下，效果十分明显。

重金属废水主要来自矿山、冶金、电解等行业，是一种严重的水体污染源。Chen 等人通过基因工程技术，在 E. coli 中同时表达 Hg^{2+} 矿转运系统（MerT-MerP）及谷胱甘肽 S-转移酶（GST）与金属硫蛋白（MT）的融合蛋白（GST-MT），该基因工程菌的抗汞能力显著提高，比原始宿主菌提高了 7 倍多，汞去除率可达 80％以上。

8.3.3　土壤污染处理

土壤是人类赖以生存的自然环境和农业生产的重要资源。世界面临的粮食、资源和环境问题与土壤密切相关。由于工业的发展，金属的产量明显增加，由此产生的重金属环境污染问题也随之出现。近年来，人们开始认识到重金属极易被植物的根系吸收而向籽实迁移，然后通过食物链进入人体，从而对人类的生命健康构成威胁。许多发展中国家和发达国家，都面临着土壤污染严重阻碍农业生产的问题。随着社会现代化和生产的发展，土壤污染问题日益严重，已引起人们的广泛关注。

1983 年，美国科学家首次提出运用植物去除土壤中重金属污染物的设想。植物修复技术是一种以植物忍耐、分解或超量积累某些化学元素的生理功能为基础，利用植物及其共存微生物体系来吸收、降解、挥发和富集环境中污染物的环境污染治理技术。与传统修复方法相比较，该技术成本低、过程简单，而且最为关键的是它是一种环境友好型的土壤修复方法。

根据植物修复在某一方面的修复功能和特点，可将植物修复分为植物提取、植物稳定、植物挥发和根系过滤等类型。

8.3.3.1　植物提取

植物提取是指利用超积累植物的根系吸收污染土壤中的重金属，转移并储存在地上部分，随后收获地上部分并集中处理。

早在 1977 年，就已经有人提出过超积累植物（hyperaccumulator）的概念，超积累植物是指能够超量吸收和积累重金属的植物。超积累植物对重金属的富集能力比普通植物高出几十倍到几百倍，因此可以用于对重金属污染土壤的修复。超积累植物能够超量积累重金属而不产生毒害作用，可能是在其进化过程中产生的抵抗重金属毒害的防御机制，使它们在高毒性条件下仍能维持正常的代谢过程。但是，超积累植物往往植株矮小，生物量较低，生长速度慢，生长周期长，而且受到土壤水分、盐度、酸碱度的影响大。

利用基因工程技术可以改良提高植物修复的效率，如将金属螯合剂、MT、PCs 等转入超积累植物，能有效增加其对金属的提取。自然界中的一些细菌及植物根部周围的一些微生物对重金属有着很好的耐性和积累性，借助于基因工程技术，转入这些生物体的抗金属基因而得到的转基因植物可向根际分泌选择性配合基，专门溶解与之相对应的重金属元素。比如，AsO_3^{3-} 对植物的毒害作用比 AsO_3^{4-} 大，植物体内含硫醇基或巯基的多肽物质（RSH）与 AsO_3^{3-} 结合，将其转化为 AsO_3^{4-}，通过转运蛋白运输到细胞外或储存在液泡，使其毒性降低。印度科研人员将一种耐性基因 *SMTA* 转入印度芥菜的秧苗中，发现转基因型植物地上部积累的 Se 量高出野生型的 3～7 倍，根长度是野生型的 3 倍。被转入 *GSH* Ⅱ 基因的印度芥菜，与野生型相比地上组织中积累的 Cd 量增加了 3 倍。将老鼠的一种抗 Se 裂解酶基因转入拟南芥中，其地上部分积累的 Se 浓度是原来野生型的 1.5 倍。但关于经基因移植后的超积累植物能否适用于田间试验和大规模推广，以及是否会对食物链和生态环境产生不利影响，目前还没有可靠的数据。

此外，与超积累植物相反，人们也尝试筛选以体外抗性为主导机制的重金属排异植物，特别是农作物，从而减少重金属向可食用部位转移、积累，降低其在食物链中的数量。通过了解抗金属作物的抗性机制，可以选育抗性强、吸收少的作物品系在金属污染区推广种植。同时研究低吸收的遗传机制及基因定位，并通过基因工程等分子生物学技术进行遗传育种，培育出抗性强、吸收少、产量高、品质好的作物品种，以保证日益严重的重金属污染条件下的农业生产顺利进行。

8.3.3.2 植物稳定

植物稳定是通过吸收、分解、氧化还原和沉淀固定等过程，降低重金属在土壤中的迁移性和毒性，防止重金属的渗滤或扩散。

菌根是高等植物根系与一类特殊土壤真菌建立起来的共生体，能够明显增强耐性植物对重金属污染环境的生态适应性，在强化重金属污染环境植物修复方面已有较多研究。植物促生菌（plant growth promoting bacteria，PGPB）接种植物是一种有效提高植物生物量的方法，在农业方面已有较多应用。近年来，国外科研人员已开始将 PGPB 菌用于废弃地和污染场地的植被重建。PGPB 可通过各种代谢途径来促进植物生长，如固氮、磷酸增溶、产生植物激素、合成含铁细胞或对植物病原菌的生物控制等。上述研究多集中在接种单一菌种研究其植物促生效果，然而，原生状态下菌根菌更具多样性，使植物在一个多样性的植物促生菌条件下生存。因此，可以筛选适于重金属高含量生境、促进植物生长的植物促生菌组合模式或利用途径工程对植物促生菌进行改造，将更有助于减少尾矿改良剂的使用，降低费用，有利于尾矿植物稳定技术的商业化应用和推广。

8.3.3.3 植物挥发

植物挥发是利用植物的吸收、积累和挥发来去除土壤中一些挥发性重金属污染物，主要应用于对金属元素 Hg、非金属元素 Se 和类金属 As 的治理。

与土壤中的某些微生物一样，植物利用根系分泌的一些物质可将土壤中的一些重金属以气体形态释放到大气中。含有 *met* 操纵子基因的细菌能将各种形式的汞转化成毒性最小、最易挥发的元素汞，因此，有人将细菌体内的这种 Hg 还原酶基因转入芥子科植物表达，通过栽种该植物来消除土壤 Hg 污染；而在烟草中转入 *merA* 和 *merB* 基因能使毒性大的二价汞转化为气态汞，但这一方法有可能将污染物转移到大气中，对周围环境造成危害，因此应用范围有限且不利于大规模应用。

8.3.4 石油污染处理

随着全球性广泛的石油勘探、开采、贮运、加工和使用，石油污染已成为普遍而严重的问题。各种人为原因所造成的石油污染，如油田开发中的井喷事故，输油管、贮油罐泄漏和油船海难事故等，正严重威胁着土壤和海洋。

石油污染物进入土壤或水体后，会破坏土壤的通透性或大气与海水之间的气体交换。油污黏着在植物根系上，阻碍植物根系的呼吸作用与营养吸收，引起根系腐烂。高浓度的石油会降低微型藻类的固氮能力，阻碍其生长，最终导致其死亡。石油富含的反应基能与无机氮、磷结合并限制硝化作用和脱磷酸作用，从而使土壤有效氮、磷的含量减少，影响作物的营养吸收。石油中的苯系物 BTEX 和多环芳烃具有致癌、致变、致畸等作用，并能通过食物链在动植物体内逐级富集。石油烃中不易被土壤吸附的部分能渗入地下，污染地下水。石油还会在海面形成油膜，影响海面对电磁辐射的吸收、传递和反射。长期覆盖在极地冰面的油膜，会增强冰块吸热能力，加速冰层融化，对全球海平面变化和长期气候变化造成潜在影响。

石油中含有的各种烃类，绝大部分均可被微生物代谢降解，只是难易程度不同。一般而言，C10~C18 范围的化合物较易分解。其中，烯烃最易分解，烷烃次之，芳烃难，多环芳烃更难，脂环芳烃对微生物作用最不敏感。正构烷烃比异构烷烃易降解。在芳香族中，苯的降解极难，要比烷基代苯类及多环化合物慢一些。含 30 个以上 C 的烷烃，也因溶解度小、表面积小的缘故较难被生物降解。

20 世纪 70 年代以来，人们发现许多具有特殊降解能力的细菌，其降解途径所需要的酶不是由染色体基因编码，而是由染色体外的质粒基因编码。这类质粒叫作"降解质粒"或"代谢质粒"。它们的相对分子质量一般都比较大，大多具有接合转移能力。含有这类质粒的细菌，在某些环境污染物的降解过程中起着重要的作用。

在降解质粒中，目前对石油降解质粒研究得较为深入。人们研究这些质粒的分子特性、遗传结构、降解途径和进化关系等理论问题，同时，试图通过质粒转移和重组 DNA 技术，把不同的降解基因转移到同一菌株中，创造出具有非凡降解能力的"超级微生物"，以用于环境污染物的降解。通过天然质粒的转移实现微生物育种的一个例子

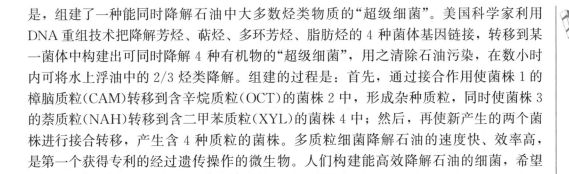

是，组建了一种能同时降解石油中大多数烃类物质的"超级细菌"。美国科学家利用DNA重组技术把降解芳烃、萘烃、多环芳烃、脂肪烃的4种菌体基因链接，转移到某一菌体中构建出可同时降解4种有机物的"超级细菌"，用之清除石油污染，在数小时内可将水上浮油中的2/3烃类降解。组建的过程是：首先，通过接合作用使菌株1的樟脑质粒(CAM)转移到含辛烷质粒(OCT)的菌株2中，形成杂种质粒，同时使菌株3的萘质粒(NAH)转移到含二甲苯质粒(XYL)的菌株4中；然后，再使新产生的两个菌株进行接合转移，产生含4种质粒的菌株。多质粒细菌降解石油的速度快、效率高，是第一个获得专利的经过遗传操作的微生物。人们构建能高效降解石油的细菌，希望能用它们清除因油船失事和排放压舱水而污染海洋的石油。

由于多质粒菌株往往不够稳定，所以人们现在更多的是研究用重组DNA技术把质粒中的石油降解基因连接在一起，形成重组质粒，以便获得遗传性更加稳定的新菌株。近年来，已经把甲苯质粒中的部分甲苯降解基因和萘质粒中的大部分萘降解基因在大肠杆菌中克隆，并使之获得表达。

工程菌具有显著的优点，但现阶段也存在一些问题，制约其大规模应用，主要是因为对工程菌生态安全问题的研究还不够，且没有有效的隔离措施。不同工程菌之间、工程菌与环境间以及工程菌与传统方法间的相互作用关系也不够清楚。若能建立起降解各种复杂有机污染物的菌种资源库，将促进工程菌构建工作的进展。

8.3.5　重金属污染处理

当代矿产资源的大量开采利用、工业生产的迅猛发展和化学药品的广泛使用，带来的一个突出的问题是如何控制和减轻重金属对环境的污染。因为重金属污染会对作物生产、农产品的品质和地下水开采等方面产生重大影响，并通过食物链影响人类的生活和健康。另一方面，重金属污染具有隐蔽性、不可逆性、生物不可降解性、稳定性等特点，使重金属污染的修复比较困难。传统的治理方法在已污染环境的改良和治理方面曾起过积极的作用，但这些方法不仅所需费用昂贵，同时大多只能暂时缓解重金属的危害，还可能导致二次污染，不能从根本上解决问题。通过基因工程技术，将能吸收重金属的基因转到生物量高的受体植物中，加入强启动子大幅度地提高转基因植物对重金属的富集速率和富集程度，获得具有应用价值的重金属富集植物。利用转基因植物将环境中残存的重金属污染物吸收、富集到转基因植物体内，然后收获转基因植物，经过焚烧等途径回收重金属，减少重金属对环境的污染，实现环境修复的目标。

进入21世纪后，国际上基因组测序计划的实施，使基因工程技术迎来了新的开发高潮，随着基因工程技术新的开发高潮到来，初步的试验和生产实践显示，运用基因工程消除重金属等污染源具有廉价、安全的特点，它正在成为研究和开发的热点。用转基因的方式改善植物对重金属这种污染源的吸收已获得成效，检测显示，细菌能将多种造成环境污染的重金属通过代谢使之变为无毒状态，这是现代生物技术取得的又一实验成果。转基因试验显示，转基因植物表达 merA 基因的mRNA水平虽然很低，但它的种子能在含 100 $\mu mol \cdot L^{-1}$ Hg^{2+} 的培养基上发芽并长成幼苗。和对照组相比，转基因植物的抗汞能力提高了 2～3 倍，而且对 Au^{3+} 也有一定的抗性。最近，美国在一项受污染土地的试验中已证明，将进一步诱发处理某种基因引入黄杨，可使黄杨抗汞能力提高 10 倍。

拓展阅读

专吃有毒废弃物的细菌

氯乙烯是一种最常见的有毒工业化学制品，能在土壤中存在好几百年，它通常以一种更复杂的化合物形式存在于干洗剂和金属清洁剂中。据介绍，人短暂接触氯乙烯能引起头昏眼花、嗜睡和头痛，长时间接触则容易罹患一种罕见的肝癌。现在，人们主要通过把受污染的水从地下泵吸出来，撒到空气中形成细密水雾，让阳光暴晒，使化合物自然分解来清除氯乙烯和其他有机化合物。但由于有毒化学制品能够黏附在地下土壤中，用这种方法既费时费事，也无法根除所有的污染物。

美国微生物学家弗兰克·洛佛勒花了 4 年时间，从密歇根州的地下土壤样本中找到了一种微生物，它就是众所周知的 BAV1。过去，科学家已经在利用其他一些吞食有毒废弃物的微生物来治理环境污染，但靠吞食氯乙烯为生的微生物还是首次发现。洛佛勒实验表明，BAV1 只在深达 6 米的土壤中存活，即使大量向土壤中投放这种细菌，也不会对人体造成伤害。而且，它只在有氯乙烯污染物的土壤中存在，当这种有毒物质被吞食完后，它们失去了食物来源，数目便会急剧下降。因此，它确实是一种理想的天然清污系统。

洛佛勒现在正尝试通过给 BAV1 添加植物肥料和其他富含营养的物质来提高它吃掉氯乙烯的能力；在另一项实验中，他将自己在实验室中培育的富含 BAV1 的土样混入被氯乙烯污染的土壤中，使这种有毒害的物质变成无害的物质——水、二氧化碳和盐类，以消除这种有害化学物质。

BAV1 的发现将进一步加速科学家利用细菌清除有毒废弃物的步伐。这项发现将帮助科学家确定分解氯乙烯的酶，如果能够找到这种酶，科学家可能借助基因工程，培育出更多能在有氧条件下生存或能比 BAV1 吞食速度更快的细菌来清洁地下水源。

8.4 废弃物利用中的基因工程

8.4.1 垃圾再利用

城市生活垃圾的处理是目前我国环境污染控制的最重要课题之一。目前，城市生活垃圾处理处置的方法主要包括卫生填埋、堆肥化、焚烧三种，其中前两种处理方式均属于生物处理技术。考察城市垃圾的成分，可以发现各个国家的城市垃圾中的成分均是有机物质为主，因此可以采用生物处理技术，也就是依靠自然界广泛分布的微生物的作用，通过生物转化，将固体废物中易于生物降解的有机组分转化为腐殖质肥料、沼气或其他化学转化产品，如饲料蛋白、乙醇或糖类，从而达到固体废物无害化的

234

目的。

其中一个热点方向是固体废物厌氧发酵制氢。厌氧制氢的细菌主要有 *Enterobacter*、*Bacillus* 和 *Clostridium* 等，这些细菌能利用有机固体废物中的葡萄糖、淀粉、纤维素和半纤维素等作为底物进行厌氧发酵。复杂的有机物在厌氧菌胞外酶的作用下，被分解成简单的有机物，如蛋白质转化成氨基酸，脂类转化成脂肪酸和甘油，淀粉、纤维素和木质素等水解后最终转化为单糖，单糖经酵解酸化生成挥发性脂肪酸乙酸、丙酸、丁酸等，以及氢气和二氧化碳；其后，在氢化酶作用下，上述挥发性脂肪酸进一步转化为氢气、二氧化碳和醇类，代谢的末端产物为氢气、二氧化碳、醇及部分未转化的脂肪酸。

近年来，人们从嗜酸热原体（*Thermoplasma acidophilum*）和激烈火球菌（*Pyrococcus furiosus*）中分离出了氢气体外产生系统的两个酶——葡萄糖脱氢酶（GDH）和氢化酶。GDH 催化葡萄糖氧化为葡糖酸-δ-内酯，而从激烈火球菌中分离的氢化酶可以利用 $NADH^+$ 或 NADPH 作为电子供体，进一步水解产生葡糖酸。GDH 和氢化酶结合使葡萄糖能够在体外转化产生氢气（如图 8-7 所示），其附加条件是需要辅因子连续循环（20 次）。这一途径没有二氧化碳和一氧化碳的中间产物。目前，制约这一技术产业化运用的因素在于产物葡糖酸的再利用、循环使用涉及固定化问题和提高酶促反应速率及高效能量转换途径的设计问题。因此通过基因工程改良工程菌的代谢途径、提高生物制氢产量是目前国内外的主要研究方向。

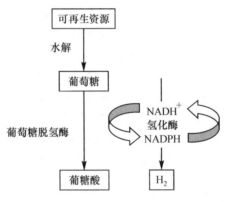

图 8-7　由可再生资源生产氢气（引自张惠展：《基因工程》，2010）

8.4.2　工业废弃物再利用

工业废弃物常指工业固体废弃物，即工矿企业在生产活动过程中排放出来的各种废渣、粉尘及其他废物等，可分为两类：一类是一般工业废物，如高炉渣、钢渣、粉煤灰、废石膏、盐泥等；另一类是工业有害固体废物，包括有毒的、易燃的、有腐蚀性的、能传播疾病的、有较强化学反应的固体废物。工业废弃物具有数量庞大、种类繁多、成分复杂、处理困难的特点。

随着工业生产的发展，工业废弃物数量日益增加，其消极堆放占用土地，污染土壤、水源和大气，影响作物生长，危害人体健康。如经过适当的工艺处理，则可成为工业原料或能源。工业固体废物较废水、废气容易实现资源化。"十一五"期间，我国大宗工业固体废物产生量快速攀升,总产生量 118 亿吨,堆存量净增 82 亿吨,总堆存量达到 190 亿吨。2021 年 3 月,国家发改委等十部门联合发布《关于"十四五"大宗固体废弃物综合利用的指导意见》(发改环资〔2021〕381 号)指出:"目前,大宗固废累计堆存量约 600 亿吨,年新增堆存量近 30 亿吨,其中,赤泥、磷石膏、钢渣等固废利用率仍较低,占用大量土地资源,存在较大的生态环境安全隐患。要深入贯彻落实《中华人民共和国固体废物污染环境防治法》等法律法规,大力推进大宗固废源头减量、资源化利用和无害化处置,强化全链条治理,着力解决突出矛盾和问题,推动资源综合利用产业实现新发展。"

近年来,基因工程作为一种新兴技术得到了极大的发展。环境生物技术应用于环境污染治理和环境监测,不仅对环境保护有着重要意义,也势必推动现代生物技术不断改革创新。以生物传感器为核心的环境生物监测技术,可在线在位迅速地提供环境质量参数,成为环境质量预报和预警中的重要组成部分。而对基因工程菌的深入研究和对环境中微生物的习性及基因工程菌、环境微生物、污染物三者之间的相互作用的研究将有效地预防和治理环境污染、节约资源,改善我们赖以生存的生态环境。

单细胞蛋白指的是在大规模培养装置中,利用非食用资源和废弃资源作原料,工业化培养细菌、酵母、放线菌和藻类等,然后用这些微生物细胞的干物质作为食品和家畜饲料的蛋白质来源。在 20 世纪 70 年代,主要以石油产品为原料生产单细胞蛋白。进入 20 世纪 80 年代以后,人们对利用废弃资源生产单细胞蛋白产生了强烈兴趣,这是因为这一途径有利于充分合理地利用资源,有利于环境保护和降低成本。可以相信,利用废弃资源生产单细胞蛋白的技术开发,必将大大促进饲料工业的迅速发展,从而促进畜牧业的大发展,为人类提供日益丰富的动物蛋白质。

可用作生产单细胞蛋白的废弃原料是多种多样的,例如糖蜜(甘蔗和甜菜提取蔗糖后的母液和洗水)是培养酵母的好原料,4 t 糖蜜可以生产 1 t 单细胞蛋白。在以亚硫酸法造纸的废液中,含糖量为 2% 左右,可以用来培养酵母,1 t 纸浆废液可生产 5 kg～10 kg 酵母。全世界用亚硫酸纸浆生产的单细胞蛋白,年产量曾达到过 30 万 t。生产淀粉和豆制品的废水、生产酒精和味精的废水、奶粉厂分离牛奶时离心出来的乳清废水等,都含有可供细菌、放线菌和酵母生长的营养成分,是生产单细胞蛋白的好原料。又如木质纤维,也可用微生物进行发酵,生产单细胞蛋白。利用纤维单胞菌、木霉、黑根霉和酵母等微生物混合发酵甘蔗渣,于 32 ℃ 振荡培养 108 h,得到的干产物中粗蛋白含量可达 260 g·kg^{-1}。此法可应用于纤维工业的废料处理。

目前,我国动物蛋白仅占食用蛋白量的 69%。要提高我国居民食品中动物蛋白的比例,就要大力发展畜牧业,这就需要大量的复配饲料,为此我国每年都要花费大量外汇进口鱼粉等饲料。因此,开发单细胞蛋白质资源是解决蛋白质饲料问题的重要途径。为了发展单细胞蛋白的生产,筛选和培育优良菌种是当务之急,基因工程技术在这方面具有无比的潜力。在生产菌中插入优良基因,以提高微生物对原料的利用率以及细胞中的蛋白质含量,这是人们正在加紧研究的课题。英国帝国化学公司利用基因工程对生产单细胞蛋白的甲醇氧化菌进行了遗传改良,使该菌对甲醇的利用率大大提高,干菌体的粗蛋白含量达 72%。这种基因工程菌已用于 150 m³ 发酵罐的生产,年产干菌体 $(5～7)×10^6$ kg。目前,单细胞蛋白的生产原料是丰富的,尤其是利用废液生产单细胞蛋白具有明显的优点，这是一条解决饲料蛋白质短缺的多、快、好、省的途径，而现在关键的问题是降低成本、开辟市场。

8.4.3　农业废弃物综合利用

8.4.3.1　基因工程使作物减少化肥施用量

生物固氮技术为减少化肥用量、增加作物产量、减少环境污染提供了有效途径，如利用基因工程，让非豆科植物可以像豆科植物那样利用空气中游离的氮。目前，已有两种技术取得了成效。一是运用现代生物技术的基因重组把固氮功能基因导入禾本科植物根际的细菌中去，使其具有固氮能力，为作物提供氮肥。我国科学家培育的小麦根际固氮菌肥，试用于小麦拌种，可使小麦增产近 20%，大大减少了氮肥的施用量，有利于农业生态环境的保护。二是利用基因工程和细胞融合技术把固氮基因直接重组到作物细胞的基因组中，从而获得自身可以固氮的农作物，从根本上解决了固氮问题。目前，实验通过细胞融合已把豆科植物固氮基因转导到稻、麦、玉米等细胞中，成功地把肺炎克氏杆菌的固氮基因转导到大肠杆菌、酵母菌细胞中，把豆科植物的固氮基因导入胡萝卜细胞内。此外，贵州大学等科研人员发现了多个水稻氨基酸和硝酸根转运基因通过超表达或基因编辑敲除后提高了水稻对外界氮肥的吸收和利用，且水稻分蘖、产量和氮利用效率明显提高，为氮肥减少但水稻产量提高提供了重要途径和思路。由此，人们看到了利用现代生物技术培育人们所需要的作物和减少化肥施用，保护生态环境的光明前景。

8.4.3.2　运用基因工程消除除草剂

利用基因工程构建高效菌种来治理污染，特别是人工合成物（如化学除草剂等）造成的环境污染，是现代环境生物技术发展的热点之一，也是未来环境生物技术发展的趋势所在。最近，科研工作者已经研究出的抗虫棉自身可以分泌一种蛋白，这种蛋白可以代替化学农药杀死害虫，他们还发现了一种能分泌昆虫激素的转基因植物，它分泌的性激素可以扰乱昆虫之间的正常交配，从而达到消灭害虫的目的。美国科学家是将细菌质粒分离而获得一种能降解除草剂的基因片段，将其组建到载体上并转化到另一种繁殖快的菌体细胞内，构建出的基因工程菌具有高效降解 2,4- 二氯苯氧乙酸（致癌性）的功能，大大减少了 2,4- 二氯苯氧乙酸除草剂对环境的危害，当然也减少了该除草剂在食品中的残留量。我国科学家在研发中从龙葵植物的变形株系叶绿体 DNA 基因库中分离得到了抗均二氮苯类除草剂的基因，将该种抗性基因转导到大豆植株中，获得转基因大豆植株，该植株不再吸收环境中的均二氮苯类除草剂，生产出的大豆也不富集这类除草剂残毒，避免了该类除草剂对人类健康的危害。

8.4.3.3　运用基因工程生物生产可降解塑料

随着塑料制品的日益增多，废弃塑料已成为严重的公害，被称为"白色污染"。利用植物生产塑料，需要的仅仅是阳光和水，这种应用性开发非常有利于缓解人类面临的能源危机和环境灾难。近十几年来，许多科学工作者利用现代生物技术——基因工程培育出了能生长塑料的植物和细菌，已取得了可喜的成就。科学家们从广泛收集到的菌种中，筛选出了一些土壤细菌能产生聚羟酯小颗粒，这种材料具有塑料的特性。细菌产生这种小颗粒是作为自己的食物加以储存的。美国密歇根州立大学的克里斯托弗·萨默维尔教授成功地将能产生聚合物的功能基因重组到拟南芥属植物中，这是一种和芥子植物同属的小型杂草，经精心培育，这些基因重组植株获得了表达，导入的基因全部发挥了作用，在世界上首创了能长出塑料的基因工程植物。日本及德国的科学家的开发性研究是直接通过细菌来生产塑料，他们把专门设计的多种细菌生产聚合物的功能基因分离后，重组到事先被选好的细菌中，使这种细菌能高效地生产出多功能的塑料。英国则是利用微生物生产塑料，并已形成了产业，如英国帝国化工股份有限公司开设了一家专门用微生物生产塑料的工厂。威娜宝公司用这种可自然降解的塑料制成洗发液瓶，由于是绿色产品，所以深受注重生态环境保护的消费者的欢迎。目前，科学工作者正在运用现代生物技术，利用土豆、甜菜、玉米等高产作物大量生产塑料，并已取得了重大进展。

思 考 题

1. 基因工程在农作物保护应用上的积极意义主要有哪些方面？
2. 基因工程在减少原料浪费和污染物排放方面主要有哪些积极意义？
3. 简述 PCR 技术在环境监测与评价应用中的主要技术路线。
4. 基因工程在环境监测与评价应用上的方法主要有哪几种？
5. 基因工程在污染物处理上的应用主要有哪些方面？
6. 简述基因工程方法处理石油污染的基本步骤。
7. 基因工程在废弃物处理上的应用主要有哪些方面？
8. 基因工程在环境保护上的应用主要有哪些方面？

参考文献

中文参考文献

[1]陈德富，陈喜文. 现代分子生物学实验原理与技术[M]. 北京：科学出版社，2006.

[2]陈章良. 植物基因工程原理[M]. 北京：北京大学出版社，2001.

[3]邓秀新，胡春根，园艺植物生物技术[M]. 北京：高等教育出版社，2010.

[4]格拉泽，二介堂弘. 微生物生物技术：应用微生物基础原理[M]. 陈守文，喻子牛，等译. 北京：科学出版社，2002.

[5]何光源. 植物基因工程[M]. 北京：清华大学出版社，2007.

[6]李志勇. 细胞工程学[M]. 北京：高等教育出版社，2008.

[7]龙敏南，楼士林，杨盛昌，等. 基因工程[M]. 3版. 北京：科学出版社，2014.

[8]楼士林，杨盛昌，等. 基因工程[M]. 北京：科学出版社，2004.

[9]卢圣栋. 现代分子生物学实验技术[M]. 2版. 北京：中国协和医科大学出版社，1999.

[10]卢因. 基因Ⅷ精要[M]. 赵寿元，译. 北京：科学出版社，2007.

[11]彭银祥，李勃，陈红星. 基因工程[M]. 武汉：华中科技大学出版社，2007.

[12]彭志英. 食品生物技术[M]. 北京：中国轻工业出版社，1999.

[13]齐义鹏. 基因及其操作原理[M]. 武汉：武汉大学出版社，1998.

[14]萨姆布鲁克，拉塞尔. 分子克隆实验指南[M]. 黄培堂，等译. 北京：科学出版社，1995.

[15]王关林，方宏筠. 植物基因工程[M]. 北京：科学出版社，2009.

[16]伍德. 发酵食品微生物学[M]. 2版. 徐岩，译. 北京：中国轻工业出版社，2001.

[17]吴乃虎. 基因工程：上[M]. 北京：高等教育出版社，1998.

[18]夏海武. 园艺植物基因工程[M]. 北京：科学出版社，2010.

[19]夏焕章，熊宗贵. 生物技术制药[M]. 北京：高等教育出版社，2006.

[20]夏启中. 基因工程[M]. 北京：高等教育出版社，2017.

[21]谢继志. 液态乳制品科学与技术[M]. 北京：中国轻工业出版社，1998.

[22]徐碧玉. 花卉基因工程[M]. 北京：中国林业出版社，2006.

[23]许智宏，卫志明. 植物原生质体培养和遗传操作[M]. 上海：上海科学技术出版社，1997.

[24]薛建平，司怀军，田振东．植物基因工程[M]．合肥：中国科学技术大学出版社，2008.

[25]袁婺洲．基因工程[M]．2版．北京：化学工业出版社，2019.

[26]张惠展．基因工程[M]．上海：华东理工大学出版社，2005.

[27]郑用琏．基础分子生物学[M]．北京：高等教育出版社，2012.

[28]周欢敏．动物细胞工程学[M]．北京：中国农业出版社，2009.

[29]朱玉贤，等．现代分子生物学[M]．5版．北京：高等教育出版社，2019.

[30]艾万东．高等植物调渗蛋白与耐旱耐盐基因工程[J]．生物工程进展，1994，15（3）：10-15.

[31]ALAM M F．关于改良杂交水稻品种的抗性转基因保持系（IR68899B）[J]．谢崇华，张玲，译．绵阳经济技术高等专科学校学报，1999，16(2)：81-83.

[32]安广泰．生物技术在畜牧业中的应用[J]．畜禽业，2021，32(12)：52-53.

[33]包满珠．植物花青素基因的克隆及应用[J]．园艺学报，1997，24(3)：279-284.

[34]畅天狮，刘俊果，张桂．基因工程改良乳酸菌发酵剂品质的研究进展[J]．中国乳品工业，2003，31(5)：34-37.

[35]陈秀花，刘巧泉，王兴稳，等．反义 Wx 基因导入我国籼型杂交稻重点亲本[J]．科学通报，2002，47(9)：684-689.

[36]陈悦娇．基因工程技术在食品工业的应用现状与展望[J]．食品研究与开发，2003，24(1)：3-5.

[37]池剑亭．生物监测技术在水环境工程中的应用及研究[J]．绿色环保建材，2021(10)：29-30.

[38]崔文涛，靳二辉，李奎，等．转基因羊研究进展[J]．农业生物技术学报，2007，15(3)：519-525.

[39]邓定辉．抗性基因工程育种[J]．世界农业，2000(9)：27-28.

[40]杜冰清，麦刚，陈拥华，等，异种器官移植的新进展[J]．中国普外基础与临床杂志，2010，17(4)：338-342.

[41]方桦，张依健，李玉丰．基因工程在家禽遗传育种中的运用[J]．广西畜牧兽医，2001(6)：41-42；17.

[42]冯志强．浅谈基因工程在食品中的应用[J]．质量技术监督研究，2010(2)：44-48.

[43]顾继光，周启星，王新．土壤重金属污染的治理途径及其研究进展[J]．应用基础与工程科学学报，2003，11(2)：143-151.

[44]郭陈娴，姚建松，杨易帆．浅谈生物工程技术在环境保护中的应用[J]．中国资源综合利用，2019，37(11)：158-160.

[45]韩北忠，李双石，陈晶瑜．葡萄酒酿酒酵母菌基因工程改良[J]．中国酿造，2007，170(5)：1-6.

[46]侯建军，黄邦钦，赖红艳．肽核酸探针技术在赤潮生物检测中的应用[J]．中国公共卫生，2005，21(12)：1524-1526.

[47]华宝珍，马成杰，罗玲泉．现代生物技术在食品工业中的应用研究进展[J]．江西农业学报，2009，21(5)：134-136.

[48]黄雅琼，邓彦飞，邓海莹，等. 基因工程在转基因动物领域的应用现状及展望[J]. 广西农业生物科学，2008，27(4)：488-491.

[49]黄艺，礼晓，蔡佳亮. 石油污染生物修复研究进展[J]. 生态环境学报，2009，18(1)：361-367.

[50]黄玉政，成勇，柏亚军，等. 人乳铁蛋白转基因小鼠杂交选育的研究[J]. 动物医学进展，2007，28(6)：39-43.

[51]姜晔. 中国食物与营养[J]. 生物学通报，2010(8)：38-40.

[52]金晓磊，沈元月，胡新玲，等. 草莓基因工程研究进展[J]. 果树学报，2007，24(4)：506-512.

[53]金勇丰，张上隆，张耀洲. 基因工程在园艺作物采后保鲜中的应用[J]. 生命科学，1996，8(4)：46-48.

[54]孔青，丰震，刘林，等. 外源DNA导入花粉管通道技术的发展和应用[J]. 分子植物育种，2005，3(1)：113-116.

[55]孔庆然，刘忠华. 外源基因在转基因动物中遗传和表达的稳定性[J]. 遗传，2011，33(5)：504-511.

[56]李海霞，王萍，张跃华. 基因工程干扰素在家禽疾病中的临床应用[J]. 畜禽业，2011(6)：70-71.

[57]李华，何忠宝. 基因重组酵母在葡萄酒酿造中的应用前景[J]. 微生物学杂志，2005，25(3)：62-64.

[58]李立伟，聂麦茜. 微生物发酵木质纤维素类物质生产单细胞蛋白质的研究状况[J]. 山西能源与节能，2007，44(1)：29-30.

[59]李书国，陈辉，庄玉亭. 基因工程在食品工业中的应用[J]. 粮食与油脂，2001(2)：7-10.

[60]李艳，惠有为，张仲凯，等. 转查耳酮合酶基因矮牵牛共抑制的研究[J]. 中国科学，2001，31(5)：401-407.

[61]李志沐，仇志琴，黄玉政，等. 提高动物乳腺生物反应器表达水平的策略[J]. 现代生物医学进展，2009，9(15)：2977-2979.

[62]刘建军，李丕武，田延军. 基因工程技术的产生、应用及研究进展[J]. 山东食品发酵，2000，119(4)：12-16.

[63]刘石泉，余庆波，李小军，等. 观赏植物花色基因工程的研究进展[J]. 贵州林业科技，2004(32)：13-18.

[64]刘伟信，朱庆. 转基因技术及其在家禽遗传育种中的应用[J]. 当代畜牧，1998(3)：1-4.

[65]刘小宁，马剑英，张慧文，等. 植物修复技术在土壤重金属污染中应用的研究进展[J]. 中国沙漠，2009，29(5)：859-864.

[66]卢大鹏. 基因工程技术在农业环境保护中的应用[J]. 现代农业科学，2009，16(5)：186；190.

[67]卢桂宁，陶雪琴，党志，等. 农药降解菌及其基因工程研究进展[J]. 矿物岩石地球化学通报，2005，24(3)：258-263.

[68]卢孟柱，胡建军．我国转基因杨树的研究及应用现状[J]．林业科技开发，2006(20)：1-4.
[69]陆伟东，周少奇．有机固体废物厌氧发酵生物制氢研究进展[J]．环境卫生工程，2008，16(4)：22-27.
[70]马海军，冯学梅，马金平．果树生物技术育种进展[J]．西北林学院学报，2006，21(4)：93-95.
[71]马军，邱立平，冯琦．聚合酶链式反应在微生物检测中的应用[J]．中国给水排水，2002，18(1)：34-36.
[72]莽克强．植物基因工程进展[J]．生物工程进展，1993，13(5)：1-8.
[73]潘海涛，郑启新，郭晓东．受体介导的基因转移研究进展[J]．国际生物医学工程杂志，2006，29(1)：34-38.
[74]潘素君，戴良英，刘雄伦，等．农杆菌介导的遗传转化在水稻基因工程中的应用[J]．中国稻米，2007(3)：10-14.
[75]裴凌鹏，黄勤妮．基因工程与食品工业[J]．植物生理学通讯，2002，38(3)：296-298.
[76]彭永臻，高守有．分子生物学技术在污水处理微生物检测中的应用[J]．环境科学学报，2005，25(9)：1143-1147.
[77]邵莉，李毅，杨美珠，等．查尔酮合酶基因对转基因植物花色和育性的影响[J]．植物学报，1996，38(7)：517-524.
[78]邵学良，刘志伟．基因工程在食品工业中的应用[J]．生物技术通报，2009(7)：1-4.
[79]沈志强．禽流感疫苗的研究进展[J]．禽业导航，2009(3)：40-41.
[80]施季森．迎接21世纪现代林木生物技术育种的挑战[J]．南京林业大学学报，2000，24(1)：1-10.
[81]宋社果，安小鹏，杨明明，等．转基因动物及其食品安全评价技术研究进展[J]．动物医学进展，2011，32(12)：110-115.
[82]苏姚然，张丹，汪清胤，等．花卉基因工程研究进展[J]．北方园艺，1996(4)：26-28.
[83]孙晓波，马鸿翔，王湃．基因工程在能源植物改良中的应用[J]．生物技术通报，2007(3)：1-5.
[84]孙毅．现代生物技术与生态环境保护[J]．科技情报开发与经济，2008(21)：113-114.
[85]魏彦章，谢岳峰，李国华，等．鱼类基因工程研究的现状和展望[J]．水生生物学报，1992(1)：71-78.
[86]王敏．基因工程菌在木质纤维素生产燃料乙醇中的应用[J]．中国酿造，2009，203(2)：11-13.
[87]王晓通，娄义洲，王晓娜．转基因家禽研究概况[J]．山东家禽，2002(12)：37-39.
[88]王玉萍，刘庆昌，翟红．植物类胡萝卜素生物合成相关基因的表达调控及其在植

物基因工程中的应用[J]. 分子植物育种, 2006, 4(1): 103-110.

[89]王忠华, 舒庆尧, 崔海瑞, 等. 转基因克螟稻杂交后代二化螟抗性研究初报[J]. 作物学报, 2000, 26(3): 310-314.

[90]吴明明, 闫守庆, 孙金海. 猪 pGH 基因真核表达载体的构建及其表达[J]. 青岛农业大学学报: 自然科学版, 2010, 27(4): 259-262.

[91]吴松刚, 唐良华. 基因工程在工业中的应用[J]. 生物工程进展, 1999, 19(4): 28-32.

[92]向殿军, 张瑜, 殷奎德. 农杆菌介导的转 $ICE1$ 基因提高水稻的耐寒性[J]. 中国水稻科学, 2007(5): 482-486.

[93]向建华, 陈信波, 周小云. 基因工程技术在花卉中的应用[J]. 生物技术通报, 2007(1): 84-88.

[94]熊彩云, 蔡建新, 温雪民. 林木抗病基因工程研究进展[J]. 生物技术通报, 2007(5): 41-46.

[95]薛生国, 周菲, 叶晟, 等. 金属尾矿废弃地植物稳定技术研究进展[J]. 环境科学与技术, 2009, 32(8): 101-104.

[96]杨莉, 徐昌杰, 陈昆松. 果树转基因研究进展与产业化展望[J]. 果树学报, 2003, 20(5): 331-337.

[97]杨林, 聂克艳, 杨晓容, 等. 基因工程技术在环境保护中的应用[J]. 西南农业学报, 2007, 20(5): 1130-1133.

[98]杨鹏华, 倪凤娥, 李宁. 利用转基因牛生产重组人乳铁蛋白研究[J]. 安徽农业科学, 2008, 36(35): 15507-15509.

[99]杨通进. 转基因技术的伦理争论: 困境与出路[J]. 中国人民大学学报, 2006, 20(5): 53-59.

[100]姚玉静, 王尔茂. 啤酒酵母的基因改良途径[J]. 酿酒科技, 2009, 181(7): 47-48.

[101]叶星, 田园园, 高风英. 转基因鱼的研究进展与商业化前景[J]. 遗传, 2011, 33(5): 494-503.

[102]余大为, 朱化彬, 杜卫华. 家畜转基因育种研究进展[J]. 遗传, 2011, 33(5): 459-468.

[103]曾玲, 吴平治, 魏倩, 等. 麻疯树 $JcFAD7$ 基因启动子克隆及植物表达载体构建[J]. 广东农业科学, 2010(9): 177-180.

[104]翟少伟, 谷艳钗. 转基因动物的研究进展和前景展望[J]. 当代畜牧, 2000(6): 1-3.

[105]翟文学, 李晓兵, 田文忠, 等. 由农杆菌介导将白叶枯病抗性基因 $Xa21$ 转入我国 5 个水稻品种[J]. 中国科学, 2000, 30(2): 200-206.

[106]詹太华, 杜荣茂. 基因工程技术在食品工业中的应用[J]. 宜春学院学报: 自然科学版, 2002, 24(121): 60-63.

[107]张冰玉, 苏晓华, 周祥明. 杨树花发育相关基因及基因工程调控[J]. 分子植物育种, 2007, 5(5): 695-700.

基
因
工
程

［108］张劳. 基因工程在家禽育种和生产中的应用［J］. 世界农业，1990(8)：43-44.

［109］张戊英. 植物基因工程在果树上的应用［J］. 闽西职业大学学报，1999(3)：71-73.

［110］张石宝，胡虹，李树云. 花卉基因工程研究进展Ⅱ：花型、花期、货架期［J］. 云南植物研究，2002，24(1)：94-102.

［111］张颖琦. 动物乳腺生物反应器的应用及研究进展［J］. 中国生物制品学杂志，2009，22(3)：309-312.

［112］张永忠. 转基因动物的应用与展望［J］. 山东师大学报：自然科学版，2001(1)：83-87.

［113］赵世明，祖国诚，刘根齐，等. 通过农杆菌介导法将兔防御素 NP-1 基因导入毛白杨（P. tomentosa）［J］. 遗传学报，1999，26(6)：711-714.

［114］周莉，刘明春. 利用基因工程构建优良啤酒酵母的研究［J］. 四川食品与发酵，2007(6)：5-8.

［115］周卫东. 现代生物技术在食品工业中的应用［J］. 生物学通报，2010，45(6)：13-15.

［116］周秀云. 环境保护的生物监测与治理［J］. 农业与技术，2020，40(13)：146-147.

［117］朱凤荣. 现代生物技术在环保中的应用及展望［J］. 河南机电高等专科学校学报，2007(6)：48-50.

［118］朱祯. 转基因水稻植株再生及外源人 A 干扰素 cDNA 的表达［J］. 中国科学，1992，35(2)：149-155.

［119］邹世颖，贺晓云，梁志宏，等. 转基因动物食用安全评价体系的发展与展望［J］. 农业生物技术学报，2015，23(2)：262-266.

［120］李金花. 杨树 4CL 基因调控木质素生物合成的研究［D］. 北京：中国林业科学研究院，2005.

［121］张玉晶. 紫檀芪通过 NF-κB 通路对 2 型糖尿病大鼠肝损伤的影响［D］. 郑州：郑州大学，2020.

外文参考文献

［1］CARLSON J E. Biological dimensions of the GMO issue ［M］// STEINER K C, CARLSON J E, eds. Proc of conf on restoration of American chestnut forest lands. Washington DC：National Park Service，2005：151-158.

［2］BAN Y，HONDA C，HATSUYAMA Y，et al. Isolation and functional analysis of a MYB transcription factor gene that is a key regulator for the development of red coloration in apple skin［J］. Plant & Cell Physiology，2007，48(7)：958-970.

［3］BÖHLENIUS L，HUANG T，CHARBONNEL-CAMPAA L，et al. CO/FT regulatory module controls timing of flowering and seasonal growth cessation in trees ［J］. Science，2006，321(5776)：1040-1043.

［4］CHEN G，LIU C，GAO Z，et al. OsHAK1，a high-affinity potassium transporter，positively regulates responses to drought stress in rice［J］. Frontiers in Plant Science，2017，8：1885.

[5]CHEN X，LIU P，MEI L，et al. Xa7，a new executor R gene that confers durable and broad-spectrum resistance to bacterial blight disease in rice［J］. Plant Communications，2021，2(3)：100143.

[6] CLARK K，FRANCO J Y，SCHWIZER S，et al. An effector from the Huanglongbing-associated pathogen targets citrus proteases ［J］. Nature Communications，2018，9：1718.

[7]COURTNEY-GUTTERSON N，NAPOLI C，LEMIEUX C，et al. Modification of flower color in Florist's *Chrysanthemum*：production of a white-flowering variety through molecular genetics[J]. Biotechnology，1994(12)：268-271.

[8]DAS A，BASU P S，KUMAR M，et al. Transgenic chickpea (*Cicer arietinum* L.) harbouring AtDREB1a are physiologically better adapted to water deficit[J]. BMC Plant Biology，2021，21(1)：39.

[9] ESPLEY R V，BRENDOLISE C，CHAGNÉ D，et al. Multiple repeats of a promoter segment causes transcription factor autoregulation in red apples ［J］. The Plant Cell，2009(21)：168-183.

[10]FANG Z M，BAI G X，HUANG W T，et al. The rice peptide transporter OsNPF7. 3 is induced by organic nitrogen，and contributes to nitrogen allocation and grain yield ［J］. Front Plant Science，2017，8：1338

[11]FUJIWARA Y，MIWA M，TAKAHASHI R，et al. High-level expression YAC vector for transgenic animal bioreactors ［J］. Molecular Reproduction and Development，1999，52(4)：414-420.

[12]FRANKE R，MCMICHAEL C M，MEYER K，et al. Modified lignin in tobacco and poplar plants over-expressing the *Arabidopsis* gene encoding ferulate 5-hydroxylase[J]. Plant Journal，2000，22(3)：223-234.

[13]FROMM M，TAYLOR L P，WALBOT V. Expression of genes transferred into monocot and dicot plant cells by electroporation ［J］. Proceedings of the National Academy of Sciences of the United States of America，1985，82(17)：5824-5828.

[14]GUERCHE P，BELLINI C，LE MOULLEC J M，et al. Use of a transient expression assay for the optimization of direct gene transfer into tobacco mesophyll protoplasts by electroporation ［J］. Biochimie，1987，69(6-7)：621-628.

[15]GUERCHE P，CHARBONNIER M，JOUANIN L，et al. Direct gene transfer by electroporation in *Brassica napus*[J]. Plant Science，1987(52)：111-116.

[16] GUI J，LUO L，ZHONG Y，et al. Phosphorylation of LTF1，an MYB transcription factor in populus，acts as a sensory switch regulating lignin biosynthesis in Wood Cells[J]. Molecular Plant 2019，12(10)：1325-1337.

[17]HAN S C，WU Z J，YANG H Y，et al. Ribozyme mediated resistance to rice dwarf virus and the transgene silencing in the progeny of transgenic rice plants ［J］. Transgenic Research，2000，9(3)：195-203.

基因工程

[18] HE F，WANG H L，LI H G，et al. PeCHYR1，a ubiquitin E3 ligase from Populus euphratica，enhances drought tolerance via ABA-induced stomatal closure by ROS production in Populus[J]. Plant Biotechnology Journal，2018，16(8)：1514-1528.

[19] HOLTON T A，TANAKA Y. Blue roses—a pigment of our imagination [J]. Trends Biotechnol，1994(12)：40-42.

[20] HSU C Y，LIU Y X，LUTHE D S，et al. Poplar FT2 shortens the juvenile phase and promotes seasonal flowering[J]. The Plant Cell，2006，18(8)：1846-1861.

[21] HUANG W T，BAI G X，WANG J，et al. Two splicing variants of OsNPF7. 7 regulate shoot branching and nitrogen utilization efficiency in rice [J]. Frontiers in Plant Science，2018，9：300.

[22] JIANG Y Z，DUAN Y J，YIN J，et al. Genome-wide identification and characterization of the Populus WRKY transcription factor family and analysis of their expression in response to biotic and abiotic stresses [J]. Journal of Experimental Botany，2014，65(22)：6629-6644.

[23] JIN Y L，TANG R J，WANG H H，et al. Overexpression of Populus trichocarpa CYP85A3 promotes growth and biomass production in transgenic trees[J]. Plant Biotechnology Journal，2017，15(10)：1309-1321.

[24] JOUANIN L，GOUJON T，DE NADA V，et al. Lignification in transgenic poplars with extremely reduced caffeic acid O-methyl transferase activity [J]. Plant Physiology，2000，123(4)：1363-1374.

[25] KAO K N，MICHAYLUK M R. A method for high-frequency intergeneric fusion of plant protoplasts [J]. Planta，1974，115(4)：355-367.

[26] KOBAYASHI S，GOTO-YAMAMOTO N，HIROCHIKA H. Retrotransposon-induced mutations in grape skin color [J]. Science，2004(304)：982.

[27] KU M S B，AGARIE S，NOMURA M，et al. High-level expression of maize phosphoenol pyruvate carbo xylase in transgenic rice plants [J]. Nature Biotech，1999(17)：76-80.

[28] LI H，LI X F，XU Y，et al. High-efficiency reduction of rice amylose content via CRISPR/Cas9-mediated base editing[J]. Rice Science，2020，27(6)：445-448.

[29] LI S，QIAN Q，FU Z，et al. Short panicle1 encodes a putative PTR transporter and determines rice panicle size[J]. Plant Journal，2009(58)：592-605.

[30] LI T，ZHANG Y，LIU Y，et al. Raffinose synthase enhances drought tolerance through raffinose synthesis or galactinol hydrolysis in maize and Arabidopsis plants [J]. The Journal of biological chemistry，2020，295(23)：8064-8077.

[31] LI X D，WANG Y N，CHEN S，et al. Lycopene is enriched in tomato fruit by CRISPR/Cas9-mediated multiplex genome editing[J]. Frontiers in Plant Science，2018，9：559.

[32] LI Y B，FAN C C，XING Y Z，et al. Natural variation in GS5 plays an important

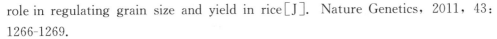

role in regulating grain size and yield in rice[J]. Nature Genetics, 2011, 43: 1266-1269.

[33]LIU Y G, CHEN Y L. High-efficiency thermal asymmetric interlaced PCR for amplification of unknown flanking sequences flanking sequences [J]. Bio Techniques, 2007(43): 649-656.

[34]LU K, WU B W, WANG J, et al. Blocking Amino acid transporter OsAAP3 improves grain yield by promoting outgrowth buds and increasing tiller number in rice [J]. Plant Biotechnology Journal, 2018, 16(10): 1710-1722.

[35]LUNKENBEIN S, COINER H, DEVOS C H, et al. Molecular characterization of a stable antisense chalcone synthase phenotype in strawberry (*fragaria* × *ananassa*)[J]. Journal of Agricultural and Food Chemistry, 2006, 54(6): 2145-2153.

[36]LU S, ZHANG Y, ZHU K, et al. The Citrus Transcription Factor CsMADS6 Modulates Carotenoid Metabolism by Directly Regulating Carotenogenic Genes[J]. Plant Physiology, 2018, 176(4): 2657-2676.

[37]MEYER P, HEIDMANN I, FORKMANN G, et al. A new petunia flower colour generated by transformation of a mutant with a maize gene [J]. Nature, 1987 (330): 677-687.

[38]MILHAVET O, GARY D S, MATTSON M P. RNA interference in biology and medicine[J]. Pharmacological Reviews, 2003, 55(4): 629-648.

[39]MOFFAT A S. Crop engineering goes south[J]. Science, 1999, 285(5426): 370-371.

[40]MOL J N M, HOLTON T A, KOES R E. Genetic engineering of commercial traits of floral crops[J]. Trend Biotechnology, 1995(13): 350-355.

[41]MOYANO E, PORTERO-ROBLES I, MEDINA-ESCOBAR N, et al. A fruit-specific putative dihydroflavonol 4-reductase gene is differentially expressed in strawberry during the ripening process[J]. Plant Physiology, 1998, 117(2): 711-716.

[42]NI L, FU X P, ZHANG H, et al. Abscisic acid inhibits rice protein phosphatase PP45 via H2O2 and relieves repression of the Ca(2+)/CaM-Dependent protein kinase DMI3[J]. Plant Cell, 2019, 31(1): 128-152.

[43]OELLER P W, LU M W, TAYLOR L P, et al. Reversible inhibition of tomato fruit senescence by antisense RNA[J]. Science, 1991(254): 437-439.

[44]PILON-SMITS E A H, EBSKAMP M J M, PAUL M J, et al. Improved performance of transgenic fructan-accumulating tobacco under drought stress [J]. Plant Physiology, 1995, 17(1): 125-130.

[45]PRETORIUS I S, BAUER F F. Meeting the consumer challenge through genetically customized wine-yeast strains [J]. Trends Biotechnol, 2002, 20(10): 426-432.

[46]QU L，YI Z，SHEN Y，et al. Circular RNA vaccines against SARS-CoV-2 and emerging variants[J]. Cell，2022，185(10)：1728-1744. e16.

[47] QUEMADA H D，L'HOSTIS B，GONSALVES D，et al. The nucleotide sequence of the 3'- terminal regions of papaya ringspot virus strains W and P [J]. J. Gen. Virol，1990，71(1)：203- 210.

[48]RHODES C A，PIERCE D A，METTLER I J，et al. Genetically transformed maize plants from protoplasts [J]. Science，1988，240(4849)：204-207.

[49] ROBIN H，CATHY B，EVA P，et al. Expression of antifreeze proteins in transgenic plants[J]. Plant Molecular Biology，1991，17(5)：1013-1021.

[50]SCHULZE A，DOWNWARD J. Navigating gene expression using microarrays—a technology review[J]. Nature Cell Biology，2001，3(8)：E190-195.

[51]SCIORIO R，AIELLO R，IROLLO A M. Review：Preimplantation genetic diagnosis(PGD) as a reproductive option in patients with neurodegenerative disorders[J]. Reproductive Biology，2021，21(1)：100468.

[52]SHEWMAKER C K，SHEEHY J A，DALEY M，et al. Seed-specific overexpression of phytoene synthase：increase in carotenoids and other metabolic effects [J]. The Plant Journal，1999(4)：401-412.

[53]SHEN B R，WANG L M，LIN X L，et al. Engineering a new chloroplastic photorespiratory bypass to increase photosynthetic efficiency and productivity in rice[J]. Molecular Plant (Cell Press)，2019，12(2)：199-214.

[54]SONG J M，XIE W Z，WANG S，et al. Two gap-free reference genomes and a global view of the centromere architecture in rice[J]. Molecular Plant，2021，14：1757-1767.

[55]SONG X J，HUANG W，SHI M，et al. A QTL for rice grain width and weight encodes a previously unknown RING-type E3 ubiquitin ligase [J]. Nature Genetics，2007，39(5)：623-630.

[56]TAKOS A M，JAFFÉ F W，JACOB S R，et al. Light-induced expression of a MYB gene regulates anthocyanin biosynthesis in red apples [J]. Plant Physiology，2006，142(3)：1216-1232.

[57] TANAKA Y. Flower colour and cytochromes[J]. Phytochemistry Reviews，2006，5(2)：283-291.

[58] TERADA R，NAKAJIMA M，ISSHIKI M，et al. Antisense Wx genes with highly active promoters effectively suppress Wx gene expression in transgenic rice [J]. Plant Cell Physiol，2000，41(7)：881-888.

[59]TU J. Transgenic rice variety "IR72" with $Xa21$ is resistant to bacterial blight [J]. Theor Appl Genet，1998(97)：31-36.

[60]VAN DER KROL A R，LENTING P E，VEENSTRA J，et al. An anti-sense chalcone synthase gene in transgenic plants inhibits flower pigmentation [J]. Nature，1988，333(6176)：866-869.

［61］WANG D D，SAMSULRIZAL N H，YAN C，et al. Characterization of CRISPR mutants targeting genes modulating pectin degradation in ripening tomato［J］. Plant Physiology 2019，179(2)：544-557.

［62］WANG J，WU B W，LU K，et al. The amino acid permease 5（OsAAP5）regulates tiller number and grain yield in rice ［J］. Plant Physiology，2019，180(2)：1031-1045.

［63］WANG L J，RAN L Y，HOU Y S，et al. The transcription factor MYB115 contributes to the regulation of proanthocyanidin biosynthesis and enhances fungal resistance in poplar［J］. The New phytologist，2017，215(1)：351-367.

［64］WANG X F，AN J P，LIU X，et al. The nitrate-responsive protein MdBT2 regulates anthocyanin biosynthesis by interacting with the MdMYB1 transcription factor［J］. Plant Physiology，2018，178(2)：890-906.

［65］WANG Y P，CHENG X，SHAN Q W，et al. Simultaneous editing of three homoeoalleles in hexaploid bread wheat confers heritable resistance to powdery mildew［J］. Nature Biotechnology，2014，32(9)：947-951.

［66］WEI Q，LI J，ZHANG L，et al. Cloning and characterization of a β-ketoacyl-acyl carrier protein synthase Ⅱ from *Jatropha curcas* ［J］. Journal of Plant Physiology，2012，169(8)：816-824.

［67］WHITELAW C B，HARRIS S，MCCLENAGHAN M，et al. Position-independent expression of the ovine β-lactoglobulin gene in transgenic mice ［J］. Biochemical Journal，1992，286(1)：31-39.

［68］WONG-ARCE A，GONZÁLEZ-ORTEGA O，ROSALES-MENDOZA S. Plant-made vaccines in the fight against cancer［J］. Trends in Biotechnology，2017，35(3)：241-256.

［69］WOODS J. The genetic engineering of microbial sovent production［J］. Trends Biotechnol，1995(7)：259-264.

［70］WOODSON W R，LAWTON K A. Ethylene-induced gene expression in carnation petals：relationship to autocatalytic ethylene production and senescence ［J］. Plant Physiology，1988(87)：498-503.

［71］WU P Z，LI J，WEI Q，et al. Cloning and functional characterization of an acyl-acyl carrier protein thioesterase（JcFATB1）from *Jatropha curcas* ［J］. Tree Physiology，2009(29)：1299-1305.

［72］XU D，DUAN X，WANG B，et al. Expression of late embryogenesis abundant protein gene，HVA1，from barley confers tolerance to water deficit and salt stress in transgenic rice［J］. Plant Physiology，1996(110)：249-257.

［73］XU J，KANG B C，NAING A H，et al. CRISPR/Cas9-mediated editing of 1-aminocyclopropane-1-carboxylate oxidase1 enhances Petunia flower longevity［J］. Plant Biotechnology Journal，2020，18(1)：287-297.

［74］XU Y，LIN Q P，LI X F，et al. Fine - tuning the amylose content of rice by precise base editing of the Wx gene[J]. Plant Biotechnology Journal，2021，19 (1)：11-13.

[75]XUE L J，WU H T，CHEN Y N，et al. Evidences for a role of two Y-specific genes in sex determination in populus deltoides[J]. Nature Communications，2020，11：5893.

[76] YANASE，HIDESHI，et al. Strain improvement of *Zymomonas mobilis* for ethanol production[J]. Bioprocess Technology，1994(56)：723-739.

[77] YE X，AL-BABILI S，KLOTI A，et al. Engineering the provitamin A（beta carotene）biosynthetic pathway into（carotenoid-free）rice endosperm[J]. Science，2000，287(5451)：303-305.

[78]YU H，LIN T，MENG X B，et al. A route to de novo domestication of wild allotetraploid rice [J]. Cell，2021，184(5)：1156-1170.

[79] YU J ，TU L H，SUBBURAJ S，et al. Simultaneous targeting of duplicated genes in Petunia protoplasts for flower color modification via CRISPR-Cas9 ribonucleoproteins[J]. Plant Cell Reports，2021，40：1037-1045.

[80]ZHANG M，WANG J，LUO Q，et al. CsMYB96 enhances citrus fruit resistance against fungal pathogen by activating salicylic acid biosynthesis and facilitating defense metabolite accumulation[J]. Journal of Plant Physiology，2021，264：153472.

[81]ZHENG X X，WENG Z J，LI H，et al. Transgenic rice overexpressing insect endogenous microRNA csu-novel-260 is resistant to striped stem borer under field conditions[J]. Plant Biotechnology Journal，2020，19(3)：421-423.

[82]ZHOU G Y，WENG J，ZENG Y，et al. Introduction of exogenous DNA into cotton embryos [J]. Meth Enzymol，1983，101：433-481.

[83] ZUKER A，TZFIRA T，VAINSTEIN A. Genetic engineering for cut-flower improvement [J]. Biotechnology Advances，1998，16(1)：33-79.